南方丘陵地区大型灌区
工程规划研究

岳金隆　常志朋　赵　倩　邢小燕　路豪杰　编著

黄河水利出版社

·郑州·

图书在版编目(CIP)数据

南方丘陵地区大型灌区工程规划研究/岳金隆等编
著.—郑州:黄河水利出版社,2022.9
ISBN 978-7-5509-3397-2

Ⅰ.①南… Ⅱ.①岳… Ⅲ.①灌区-水利工程-规划
-研究-广西 Ⅳ.①TV63

中国版本图书馆 CIP 数据核字(2022)第 174048 号

组稿编辑:岳晓娟　电话:0371-66020903　E-mail:2250150882@qq.com

出 版 社:黄河水利出版社　　　　　　　　　网址:www.yrcp.com
　　　　地址:河南省郑州市顺河路黄委会综合楼 14 层　邮政编码:450003
发行单位:黄河水利出版社
　　　　发行部电话:0371-66026940、66020550、66028024、66022620(传真)
　　　　E-mail:hhslcbs@126.com
承印单位:河南新华印刷集团有限公司
开本:787 mm×1 092 mm　1/16
印张:19.25
字数:459 千字　　　　　　　　　　印数:1—1 000
版次:2022 年 9 月第 1 版　　　　　　印次:2022 年 9 月第 1 次印刷

定价:98.00 元

前　言

　　南方丘陵地区位于我国地势的第三阶梯,海拔多在 500 m 以下,主要包括江南丘陵、浙闽丘陵、两广丘陵、桂西岩溶山区、南岭山区、湘西山区和大别山区等丘陵山区,其中低山丘陵面积占比约 3/4。该区域属于亚热带季风气候,土壤以红壤土为主,年日照时间 1 700~2 000 h,年平均气温 15~22 ℃,光热条件好,实行一年两熟或一年三熟的种植制度。该区域夏季高温多雨,冬季低温少雨,全年降雨量在 1 000~2 000 mm,地表水资源丰富,但降雨量年内分布不均,6—10 月多雨,11 月至翌年 5 月少雨,需要发展水利、建设灌溉工程补充作物所需水分。

　　我国是一个农业大国,受降雨时空分布不均匀等因素影响,农业在很大程度上依赖于灌溉,灌溉为我国以占世界 10% 的耕地养活世界 22% 的人口提供了基础。大型灌区一般担负着抗旱灌溉、抗洪除涝、城乡供水、生态补水等多重任务,是农业现代化建设的主战场,是保障农村社会经济高质量发展,促进乡村振兴战略实现的助推器,在增加粮食生产能力、稳定粮食供给、保障国家粮食安全方面发挥着举足轻重的作用。新中国成立以来,国家十分重视灌区的建设和发展,以政府为主导,安排财政资金进行灌区建设。

　　新建大型灌区规模大、投资大、涉及范围广、工期长,从行政区来看,大型灌区一般会涉及多个县或区,甚至会跨地级市或省;从行业来看,新建大型灌区一般会涉及水利、农业农村、交通、生态环境、自然资源等多个部门,从工程类型看,新建大型灌区一般会涉及水库、泵站、引水枢纽、渠道、管道、水闸、涵洞、倒虹吸、渡槽等各类水工建筑物,这导致了新建大型灌区在规划设计前期工作的复杂性和工程方案的多样性。因此,在规划设计过程中,要对灌区进行详细调研,收集基础资料,并进行多方面、多角度、多层次的论证比较,对灌区进行不断的分析和研究,提出可靠的成果,以使投资获得最大的效益。

　　本书坚持新时代治水方针和生态文明建设新理念,以广西桂中旱片的下六甲灌区为典型,研究南方丘陵地区大型灌区规划,通过调查灌区现状,分析水土资源条件,找出经济社会发展和水资源开发利用中存在的问题,考虑当地水源条件、建设条件和未来经济社会趋势,结合粮食作物和特色农产品灌溉需求、革命老区、少数民族地区、边境地区巩固脱贫攻坚成果和乡村振兴战略发展的要求，因地制宜地对灌区进行需水预测、水资源供需分析和配置，提出灌区总体规划布局和工程投资，并进行经济评价，为南方丘陵地区灌区规划设计提供了理论依据。

本书共包括 12 章，具体撰写分工如下：第 1~2 章由岳金隆撰写，约 10.5 万字；第 3~5 章、11 章由常志朋撰写，约 10.5 万字；第 6~7 章由赵倩撰写，约 10.3 万字；第 8~9 章由邢小燕撰写，约 10.3 万字；第 10、12 章由路豪杰撰写，约 3.4 万字。

《南方丘陵地区大型灌区工程规划研究》可供从事水文、水资源、水利、农业等领域的研究、规划、设计、管理工作者使用，也可供高等院校相关专业师生参考。

作　者

2022 年 2 月

目　录

第 1 章 总体规划

1.1 工程概况

下六甲灌区位于广西壮族自治区来宾市,属于桂中旱片,且是《"十四五"水安全保障规划》《珠江流域综合规划》《珠江—西江经济带发展规划》《"十四五"重大农业节水供水工程实施方案》《广西国民经济和社会发展第十四个五年规划和2035年远景目标纲要》《广西水安全保障"十四五"规划》等提出的新建大型灌区。灌区开发任务是农业灌溉,结合供水,为巩固少数民族地区脱贫攻坚成果创造条件。规划灌溉面积59.5万亩(1亩=1/15 hm²,下同),其中保灌面积20.0万亩,改善灌溉面积9.0万亩,新增和恢复灌溉面积30.5万亩。

下六甲灌区灌溉范围涉及来宾市金秀县、象州县和武宣县,其中包含16个乡镇、1个农场。设计水平年2035年受水区多年平均需水量为2.97亿 m³,工程建成后,多年平均供水量为2.88亿 m³。

灌区建设内容主要包括5部分:①拆/改建引水枢纽9座,分别为罗柳总干渠引水枢纽、长村引水枢纽、和平引水枢纽、凉亭引水枢纽、水晶引水枢纽、百丈一干渠引水枢纽、百丈二干渠引水枢纽、江头引水枢纽和廷岭引水枢纽;②泵站工程2座:拆建水源泵站1座,为鸡冠泵站;新建渠道提水泵站1座,为屯抱泵站;③建设灌溉输水骨干渠道/管道共113条,总长683.7 km,配套渠系建筑物1268座;④新建灌区信息化管理工程1项;⑤配套田间工程39.5万亩。本工程匡算总投资约37.4亿元,施工总工期为48个月。

1.2 工程建设的必要性及任务

1.2.1 项目建设依据

1.2.1.1 《"十四五"水安全保障规划》

2022年1月,国家发展和改革委、水利部印发《"十四五"水安全保障规划》(简称《规划》)。

《规划》提出,到2025年,水旱灾害防御能力、水资源节约集约安全利用能力、水资源优化配置能力、河湖生态保护治理能力进一步加强,国家水安全保障能力明显提升。农田灌溉水有效利用系数提高到0.58,农村自来水普及率达到88%,万亩以上灌区灌溉面积达到5.14亿亩。农业水价综合改革深入推进,基本完成改革任务,促进农业节水。

《规划》指出,围绕全面推进乡村振兴、加快农业农村现代化建设要求,按照"保底线、提效能、促振兴"的思路,加大农业农村水利基础设施建设力度,重点向国家乡村振兴重点帮扶县、革命老区、民族地区等特殊类型地区倾斜,实现巩固拓展脱贫攻坚成果同乡村振兴的有效衔接,提高乡村振兴水利保障水平。以粮食生产功能区、重要农产品生产保护区和特色农产品优势区为重点,在东北三江平原、黄淮海平原、长江中下游地区、西南地区等水土资源条件适宜地区,建设一批现代化大型灌区。在"大中型灌区工程专栏"中提出争取开工建设广西下六甲等灌区工程。

1.2.1.2 《珠江流域综合规划(2012—2030年)》

2013年3月,国务院以"国函〔2013〕37号"批复了《珠江流域综合规划(2012—2030年)》。

《珠江流域综合规划(2012—2030年)》提出灌区发展定位主要为保障粮食安全。在西江流域大力发展农业灌溉,保障粮食生产安全。柳江流域生活与生产用水增长较快,灌区建设滞后,供水、灌溉任务较为繁重。柳江的治理、开发和保护的任务以防洪、航运和发电为主,结合供水,兼顾灌溉以及水资源保护和水土保持等。

《珠江流域综合规划(2012—2030年)》以2008年为基准年,近期水平年为2020年,远期水平年为2030年。规划提出大兴流域农田水利等薄弱环节建设,到2020年,基本完成大型灌区、重点中型灌区的续建配套和节水改造任务。在水土资源条件具备的地区,新建一批灌区,尤其要在丘陵山区建设中、小型水库和集水窖、配套节水灌溉设施,增加农田有效灌溉面积,提高流域的粮食生产能力。

《珠江流域综合规划(2012—2030年)》提出新建乐滩、大藤峡、左江、下六甲、莽山等30万亩以上灌区共5个,总设计灌溉面积489万亩,其中新增灌溉面积252万亩。

规划新建的下六甲灌区包括金秀县、象州县、武宣县3县,设计灌溉面积33.4万亩,主要水源为下六甲水利枢纽工程,其中新增灌溉面积19.6万亩,改善灌溉面积13.8万亩,灌溉保证率85%,灌溉水利用系数0.5,设计供水能力3.9亿m^3,灌溉用水量2.7亿m^3。新建下六甲灌区列入规划近期实施安排。

1.2.1.3 《柳江流域综合规划》

《柳江流域综合规划》规划水平年为2030年,规划提出灌区发展定位主要为保障粮食安全。区域农业的主要发展方向是在确保粮食总产量的基础上,优化产业结构,发展现代经济农业,逐步形成合理的农业区域化布局。流域地处亚热带季风气候区,发展双优稻谷生产的光、热、水资源等条件良好,规划柳江、柳城、鹿寨、象州、金秀、宜州区、金城江、罗城以及环江等县(区)是发展优质水稻的重点区域。

规划提出,柳江流域现有耕地1 213.37万亩,有效灌溉面积425.61万亩。其中广西壮族自治区境内耕地941.57万亩,有效灌溉面积332.00万亩。

规划2030年农田有效灌溉面积达到500.56万亩,比基准年净增75万亩,新增灌溉面积中,通过对现有灌区续建配套和现代化改造可新增灌溉面积8.12万亩;通过新建社村水库灌区新增灌溉面积4万亩,新建下六甲灌区新增灌溉面积19.57万亩;通过新建忠诚、下江、的马、岔河、中江、鸭寨、尧弄等水源工程,新增配套灌溉面积约43.31万亩;远期根据落久水库控灌范围及柳州市耕地分布等情况进一步发展落久灌区。

规划提出下六甲灌区受益范围包括金秀、象州、武宣3县12个乡镇的105个村,规划灌溉面积33.44万亩。下阶段结合当地水资源条件,在坚持节水优先和加强生态环境保护的前提下，深入前期研究论证，科学确定下六甲灌区设计灌溉面积。

规划下六甲灌区以下六甲水利枢纽为水源工程。将已建的下六甲水利枢纽发电尾水引入下六甲灌区，满足灌区枯水期用水需求。发电尾水流入罗秀河灌区总干引水坝前，再通过南北分干渠引水补充罗秀河、友谊、河西、石祥河四个灌片。

1.2.1.4 《珠江—西江经济带发展规划》

2014 年 7 月 8 日，国务院以"国函〔2014〕87 号"批复了《珠江—西江经济带发展规划》。

《珠江—西江经济带发展规划》规划期为 2014—2020 年，展望到 2030 年。规划范围包括广东省的广州、佛山、肇庆、云浮 4 市和广西的南宁、柳州、梧州、贵港、百色、来宾、崇左 7 市。规划提出珠江—西江经济带连接我国东部发达地区与西部欠发达地区，是珠江三角洲地区转型发展的战略腹地，是西南地区重要的出海大通道，在全国区域协调发展和面向东盟开放合作中具有重要战略地位。努力把珠江—西江经济带建设成为西南中南开放发展战略支撑带、东西部合作发展示范区、流域生态文明建设试验区和海上丝绸之路桥头堡，为区域协调发展和流域生态文明建设提供示范。

《珠江—西江经济带发展规划》要求加大干支流和重点中小河流整治，加强沿江重点城市和城镇防洪堤工程建设，沿江城市、县城达到国家防洪标准。开展大藤峡、落久、洋溪水利枢纽、桂中治旱乐滩水库引水灌区二期、驮英水库等工程，以及大藤峡灌区、驮英水库灌区、下六甲灌区、百色灌区工程、桂西北旱片综合治理等项目前期工作。加快病险水库（水闸）除险加固、大中型灌区续建配套及节水改造，加强石漠化区水土流失综合治理和崩岗治理。加快农村饮水安全工程建设，提高乡村自来水普及率。加快农村水电、小型农田水利建设，大力发展节水灌溉，扩大有效灌溉面积。加快设区市、重点城镇备用水源及配套管网工程建设，提高城镇供水安全保障能力。建立健全全流域防汛抗旱应急体系。

1.2.1.5 《"十四五"重大农业节水供水工程实施方案》

2021 年 8 月，水利部、国家发展和改革委以"水规计〔2021〕239 号"联合印发了《"十四五"重大农业节水供水工程实施方案》。

实施方案提出按照"确有需要、生态安全、可以持续"的原则，在水土资源适宜的地区，统筹安排新建一批现代化灌区，适度新增灌溉面积，加大脱贫地区和革命老区、民族地区、边境地区等特殊类型地区灌区建设补短板力度，尽快发挥已建重大水资源工程效益。重点推进在建大型灌区和纳入国务院确定的 150 项重大水利工程建设范围内的大型灌区项目建设。

实施方案主要任务之一为新建一批现代化灌区，加大特殊类型地区灌溉发展补短板力度。结合近年灌溉水源工程建设情况以及项目前期工作基础和建设条件，在水土资源条件相对较好的地区，结合在建和规划建设的水源工程，建设配套灌区，尽早发挥水源工程效益，新增农田有效灌溉面积。在特殊类型地区，以支撑提升特色农产品生产能力，有效改善当地经济发展水平和人民群众的生活水平，协调区域用水矛盾，促进边境群众安居乐业为重点，推进一批规模化、集约化、高效利用灌区的建设。实施方案提出新建广西下六甲灌区，位于来宾市，项目涉及金秀、象州和武宣，下六甲灌区已被列为 150 项重大水利工程项目。

1.2.1.6 《广西壮族自治区国民经济和社会发展第十四个五年规划和2035年远景目标纲要》

2021年4月19日,广西壮族自治区人民政府关于印发《广西壮族自治区国民经济和社会发展第十四个五年规划和2035年远景目标纲要》的通知(桂政发〔2021〕11号)。

规划要求推动现代特色农业高质量发展,深入实施优质粮食工程,推广稻渔综合种养,打造"广西香米""富硒米"等特色品牌,做强主粮加工业。毫不放松地抓好粮食生产,落实最严格的耕地保护制度,坚决遏制耕地"非农化"、防止耕地"非粮化"。夯实农业生产基础,持续推进高标准农田建设,加强农业水利设施建设,推进大中型灌区节水改造和精细化管理,建设节水灌溉骨干工程。强化粮食生产功能区、糖料蔗生产保护区、特色农产品优势区的建设和监管。

规划要求:提升水资源配置能力,推进一批标志性水资源配置工程和重点水源工程,保障重点城市和重要经济区的供水安全。实施环北部湾水资源配置工程,加快城市第二供水水源和备用水源建设。继续加强桂中、桂西北、左江三大旱片治理,推进新建大型灌区,加快大中型灌区续建配套与现代化改造。新建高标准农田700万亩以上,改造提升农田420万亩左右。加快县城供水改造提升和农村自来水通达覆盖,推进建设一批规模化供水工程,建设改造一批规范化小型供水工程,更新改造一批老旧工程和管网,有条件的地方推进城乡供水一体化,实现农村自来水普及率达到88%以上。强化饮用水水源保护,完善农村水价水费形成机制和工程长效运营机制。

规划要求"继续推进百色水库灌区、驮英水库及灌区、乐滩水库引水灌区工程建设,建设大藤峡水利枢纽灌区、龙云灌区、下六甲灌区等大型灌区工程,推进左江治旱黑水河现代灌区等工程前期工作。"

1.2.1.7 《广西水安全保障"十四五"规划》

2021年12月,广西壮族自治区人民政府办公厅以桂政办发〔2021〕135号印发《广西水安全保障"十四五"规划》。

规划要求,到2025年,水资源节约集约利用水平明显提高。农田灌溉水有效利用系数提高到0.53以上。全区水资源配置格局进一步完善,城乡供水保障和应急供水能力明显增强。农村供水保障水平进一步提升,全区农村自来水普及率提高到88%以上。农田灌溉基础设施条件进一步改善,"十四五"期间大中型灌区新增农田有效灌溉面积100万亩以上。

规划提出:新建大型灌区工程,续建左江治旱驮英水库及灌区、桂西北治旱百色水库灌区,开工建设大藤峡水利枢纽灌区、玉林市龙云灌区、下六甲灌区,推进桂西北治旱龙江河谷灌区、左江治旱黑水河现代化灌区、桂西北扶贫治旱红水河灌区等工程前期工作,进一步开展隆西灌区、伶俐水库及灌区、广西潇贺走廊灌区、平陆灌区等大型灌区工程研究论证。

1.2.1.8 《广西灌溉发展总体规划》

为配合完成《全国灌溉发展总体规划》,广西水利厅于2013年组织编制完成了《广西灌溉发展总体规划》。

《广西灌溉发展总体规划》提出新建下六甲灌区,灌区涉及象州县和武宣县,规划到2020年下六甲灌区设计灌溉面积达到34万亩,其中改善灌溉面积10万亩,新增灌溉面积 24 万亩,设计灌溉保证率 85%,新建渠首工程 8 处,新建渠道总长度 474 km,新建渠系建筑物 732 座,发展田间高效节水面积 3.9 万亩。

规划灌区内现有水源工程主要有下六甲水库,现有长村、水晶河灌片内的蓄水工程 10 处、引水工程 4 处。下六甲水库建于 2006 年,是一个以发电为主,结合灌溉、旅游的综合利用工程,水库发电尾水进入罗秀河,通过总干渠补充罗秀河、河西和石祥河等 3 个灌片的灌溉用水以及区域环境生态用水。

1.2.1.9 《来宾市水安全保障"十四五"规划》

规划提出,按照"保底线、提效能、促振兴"的思路,全面落实乡村振兴战略部署,加大农业农村水利基础设施建设力度,加强农村水生态环境治理,实现巩固拓展脱贫攻坚成果同乡村振兴的有效衔接,提高乡村振兴水利保障水平。

加快推进大中型灌区续建配套改造,在水土条件具备地区,结合水源工程,按照现代化灌区建设要求,续建桂中治旱乐滩水库引水工程、大藤峡水利枢纽灌区,积极开展新建下六甲灌区工程前期工作,推进高达水库灌区、三渡河灌区等一批新建中型灌区工程。

规划提出下六甲灌区工程地处来宾市桂中旱片,规划灌溉面积 59.5 万亩,年均供水量 3 亿 m³。主要建设内容有:拆建引水枢纽 9 座;泵站工程 2 座;提水泵站 1 座;建设灌溉输水骨干渠道/管道共 124 条,总长 745.8 km,配套渠系建筑物 1 394 座;新建灌区信息化管理工程 1 项;配套田间工程 50 万亩。工程总投资 37.05 万元,其中"十四五"期间投资 27.8 亿元。

1.2.2 工程建设必要性

1.2.2.1 灌溉工程补短板,满足保障粮食安全和糖业发展的需要

下六甲灌区所处的桂中地区是全国粮食、蔗糖主产区,受地形、降雨、蒸发、岩溶等因素影响,旱情常发,属全国有名的"桂中旱片"。据统计,中华人民共和国成立后,平均每 1.4 年会发生一次旱灾,多年平均受旱面积 33 万亩,粮食损失 2 万 t,甘蔗损失 11 万 t。

灌区 2018 年灌溉水利用系数仅 0.47,低于全国平均水平 0.54。骨干渠道过流能力下降和渗漏较大,导致灌溉面积逐年减少,灌区原设计灌溉面积 49.5 万亩,现有效灌溉面积仅 29 万亩,保灌面积仅 20 万亩,灌区内现有耕地灌溉率不到 25%,远远低于国家要求的到 2030 年农田有效灌溉率达到 57% 的要求。灌区涉及的 3 个县人均粮食产粮 0.4 t/人,低于全国平均水平 0.47 t/人;灌区亩均粮食产粮 0.32 t/亩,低于全国、自治区和来宾市平均水平,低于《国家粮食安全中长期规划纲要(2008—2020 年)》亩均产粮 0.35 t/亩的要求。2018 年广西蔗糖总产量 7 293 万 t,与国家规划的广西 2020 年不低于 8 000 万 t 还有一定差距,象州县蔗糖亩均仅 4.4 万 t,低于国家、自治区和来宾市的平均水平。

《全国农业可持续发展规划(2015—2030 年)》《国家粮食安全中长期规划纲要(2008—2020 年)》《糖料蔗主产区生产发展规划(2015—2020 年)》《国务院关于建立粮食生产功能区和重要农产品生产保护区的指导意见》及自治区相关规划均要求发展加强水利设施建设,加强大中型灌区骨干工程续建配套节水改造,加大粮食主产区节水灌溉工程建设力度,推广渠道防渗、管道输水、喷灌、微灌等节水灌溉技术,完善灌溉用水计量设施。

　　本工程将骨干水源工程连通,实现了多源联合调度,为农业灌溉提供了可靠水源,并通过输配水工程节水改造实现了水源工程至田间工程高效灌溉,极大地改善了农业生产条件。下六甲灌区建成后,灌溉水利用系数由 0.47 提高到 0.63,灌溉面积由现状有效 29 万亩增加至 59.5 万亩,其中水稻、玉米等粮食作物和糖料蔗 50 万亩,占设计灌溉面积的 83% 以上,占自治区粮食作物和糖料蔗"两区"划定任务的 61%。灌溉保证率由现有的 50% 提高到 85%,粮食作物和糖料蔗的产量将明显提升。工程实施后,粮食作物播种亩均产量可由 0.3~0.35 t/亩提高到约 0.6 t/亩,按灌溉面积 23 万亩计算并考虑复种指数,可增产约 9 万 t;糖料蔗亩均产量可由 5 t/亩提高至 8 t/亩,按灌溉面积 17 万亩计算,可增产约 50 万 t,工程建设有效保障了粮食安全和糖业发展,推动了农业现代化发展。

1.2.2.2　巩固贫困地区、革命老区脱贫攻坚成果,满足实现乡村振兴战略的需要

　　下六甲灌区涉及的金秀县和武宣县均为贫困县,其中金秀县为国家级贫困县,武宣县为自治区级贫困县。截至 2017 年末,来宾市建档立卡贫困户为 2.04 万户,贫困人口 7.63 万人,灌区涉及的三个县建档立卡贫困户为 0.97 万户,贫困人口 3.67 万人,其中金秀县 0.22 万户、0.81 万人,象州县 0.31 万户、1.15 万人,武宣县 0.44 万户、1.71 人。大部分贫困户居住在偏远地区,农业为主要收入,由于气候影响、交通不便、缺水等原因,收入较低,贫困程度深,脱贫难度大,脱贫后返贫现象时有发生。根据《来宾市统计年鉴》,2018 年 3 个县的人均 GDP 为 3.18 万元、农村居民人均可支配收入 2.01 万元,两指标均低于全国平均水平、自治区平均水平。灌区涉及的 3 个县均为广西壮族自治区革命老区县。

　　在政策层面上,国家进一步加大对贫困地区、革命老区、边疆地区、民族地区的政策扶持力度,出台了《乡村振兴战略规划(2018—2022 年)》等许多利好政策,要求工程建设把打好精准脱贫攻坚战作为实施乡村振兴战略的优先任务,继续把基础设施建设重点放在农村,持续加大投入力度,开展大中型灌区续建配套节水改造与现代化建设,有序新建一批节水型、生态型灌区。

　　本工程建成后,灌溉耕园地复种指数由 1.55 提高至 1.85,灌溉保证率由 50% 提高至 85%,现状保灌面积 20 万亩,改善灌溉面积 9 万亩,新增和恢复灌溉面积 30.5 万亩,可解决粮食作物、糖料蔗灌溉缺水问题,同时发展蔬菜、水果等经济作物用水等到保障,灌区年可增加收益 5.3 亿元,灌溉耕园地亩均收入可达到 2 000 元。贫困人口按人均 2 亩计算,贫困人口年均收入可达到 4 000 元左右,本工程建设为巩固贫困地区、革命老区脱贫成果,实现乡村振兴提供强有力的保障。

1.2.2.3　建"节水型"灌区和"网络型"工程,满足促进经济可持续、高质量发展的需要

　　下六甲灌区大部分工程建于 20 世纪五六十年代,建设时间早,大部分工程已经运行了 60 多年,农田灌溉面积大,渠道长,大部分渠道以土渠灌溉为主,现状灌溉水利用系数仅 0.47,低于全国平均水平 0.54;灌区水源工程主要为下六甲水库、长村水库、落脉河水库、丰收水库、石祥河水库、落脉河引水枢纽、水晶引水枢纽等工程,各水源独立运行,水源间不能相互调度、相互补缺,导致当地水资源利用率低,水利工程效益不能充分发挥,从而影响灌溉面积发展和农作物增产保收,不利于当地的经济可持续高质量发展。灌区涉及的 3 个县 2018 年城镇化率仅 37%~42%,与国家要求少数民族地区 2020 年达到 54.2% 还有很大差距。2011—2018 年 GDP 年均增速 6%,低于国家要求少数民族地区年均增速

8%的要求。

2014 年 3 月 14 日,习近平总书记提出的十六字新时期治水总方针,将"节水优先"放在了首要位置,党的十九大报告明确提出实施国家节水行动,标志着节水上升为国家意志和全民行动。《国家节水行动方案》,提出大力推进农业、工业、城镇等领域节水,深入推动缺水地区节水,提高水资源利用效率,形成全社会节水的良好风尚,以水资源的可持续利用支撑经济社会持的续健康发展。大力推进节水灌溉,优化调整作物种植结构,根据水资源条件,推进适水种植、量水生产。

下六甲灌区工程首先加强工程防渗节水措施,实施骨干工程续建配套与节水改造,并成立灌区管理局加强管理,以"节水型"灌区为目标进行设计和建设,工程实施后,灌溉水利用系数由 0.47 提高至 0.63,现状有效灌溉面积 29 万亩用水由 2.4 亿 m³ 减小至 1.3 亿 m³,节水量 1.1 亿 m³,节水降幅 46%,按用水 480 m³/亩计算,节省的水量可发展灌溉面积 23 万亩。

本工程通过实施连通工程,将丰水地区水量调入缺水地区,实现"网络型"灌溉工程布局,通过"多源互济、联合调度",提高灌区灌溉保证率和灌溉保障程度。本工程充分利用已竣工的下六甲水库的调蓄能力,给罗柳灌片补水约 1 200 万 m³;在满足罗柳灌片灌溉需求的基础上,将约 400 万 m³ 水量向北调入罗脉河流域的运江东灌片。本工程充分利用下六甲水库的调蓄能力、罗柳总干渠引水能力、将罗秀河丰沛的水量约 1 700 万 m³ 向西调入柳江西灌片,约 1 400 万 m³ 向南调入武宣石祥河灌片,优化了灌区水资源配置;同时将渠道沿线的库、塘、坝、泵、池互联互通,各类工程相互补给,实现"多源""网络型"灌溉工程布局,通过信息化管理,对各灌片水资源进行灵活调度,提高了整个灌区的抗旱能力,从根本上解决各灌片的水资源不平衡和灌溉缺水的问题,为当地优质有机稻、糖料蔗、柑橘、蔬菜等绿色优质产品生产提供强力支撑和保障,进而促进第二产业和第三产业的发展,为促进经济可持续高质量发展创造条件。

1.2.2.4　为灌区城乡供水安全提供保障,实现灌区人民对美好生活向往的需要

近年来,来宾市借助其独特的区位优势,经济取得了较快发展,随着城镇化发展和居民生活水平的提高,灌区所在的象州县和武宣县及其周边的城乡供水安全问题日益受到重视,提出了新的供水任务要求,必然会出现城镇用水与农业灌溉争水的矛盾。若不能及时、有效地解决供需矛盾,将进一步影响当地社会经济全面、快速发展,也给社会增加了不可忽视的不稳定因素,而现有水利供水设施不完善,水利节水能力有限,各行业用水矛盾日益突出。

灌区内进行了多年的供水建设,灌区的人饮、灌溉条件较 20 世纪末已有大幅提高,灌区内实施了一大批农村饮水安全巩固提升工程,也取得了显著成绩,但建设规模化农村供水工程进展十分缓慢,农村供水保障水平与实施乡村振兴战略和农村居民对美好生活的向往仍有差距。如武宣县金鸡乡和二塘镇全乡已建成的农村饮水工程中均为单村集中式供水工程且供水水源均为地下水,仍然存在供水规模小、集中化程度低、管理难、水源不够稳定、每逢干旱季节仍会出现缺水或无水现象等问题。

下六甲灌区项目的实施,可向灌区新增人饮供水 0.07 亿 m³,可利用水质较好的中小型水库替代部分山区现有农村的饮水水源,同时在水源地采取水土保持措施,从根本上解

决规模化小、供水不稳定易反复等问题,满足灌区民众对美好生活的需要。

1.2.2.5 提高灌区信息化等综合管理水平,满足灌区强监管的需要

下六甲灌区涉及 3 个县,涉及范围大,控制灌溉面积大,输水线路长、灌溉分水口多,用水户数量大,同时还肩负着防汛抗旱的重要任务,其管理要求高,管理难度大。灌区内目前已经修建 20 座中小型水库工程,但水库之间缺乏联合供水的调度机制,无法发挥"1+1>2"的作用。灌区缺少相应水利信息化设施,无法对相应的水情进行信息采集,无法远程控制相应的关键节点设备,即使已经配套了水利设施的,也采取的是传统模式,耗费了大量的人力和物力去现场采集水情信息和控制数据,而采集的数据还存在很大误差,易引起灌区管理单位和用水户之间的水事纠纷。现有的管理机制和管理手段已经不能适应灌区信息化的需要,更不能满足国家现代化灌区的建设需要。

下六甲灌区工程建设,以现代化灌区建设为理念,通过新建信息化系统,实现水源工程、联通工程和骨干工程的联合调度,利用信息化手段充分实现雨情、墒情、渠系流量、信息采集的自动化,渠系控制的智能化;可以对供水水源全面、及时地监测、控制,同时能提高工作质量和效率,减轻劳动强度;采用先进的调控手段,将用水量及时准确地输送并分配给用水户,从而提高水资源的利用率和用水保证率,发挥水利工程的综合效益,真正做到既高效又安全地用水。使下六甲灌区的传统水利向信息化乃至灌区现代化水利转变,提高水资源利用和管理效率,为实现灌区强监管创造条件。

1.2.2.6 促进少数民族地区水利发展,满足建设民族团结进步示范区的需要

来宾市 2018 年常住人口 223 万,其中 174 万为少数民族人口,占来宾市总人口的 78%;灌区涉及的金秀、象州、武宣 3 个县总人口 80 万,其中少数民族人口 61 万,占三县总人口的 77%,占全国少数民族人口数量的 0.5%,占自治区少数民族人口数量的 3.3%,少数民族主要为壮族和瑶族。灌区范围内的金秀县获得广西第二批民族团结进步创建活动示范区,武宣县东乡镇获得广西壮族自治区民族团结进步示范乡。大部分少数民族居住在农村,以种地为生,农产品为主要收入来源,受气候条件等影响,加之灌溉设施老化失修,作物经常遭受干旱而减产,影响着少数民族的收入和少数民族地区的经济发展。

下六甲灌区工程建设,通过建设输水工程,为农业灌溉提供可靠水源,为经济社会发展提供水资源保障,对于当地经济社会发展水平、增加少数民族地区的经济收入,发挥该地区水陆交通优势、加快经济发展,促进社会稳定,建设民族团结进步示范区具有重要意义。

1.2.3 工程任务

根据《水利改革发展"十三五"规划》《珠江—西江经济带发展规划》《珠江流域综合规划》《广西水利发展"十三五"规划》《来宾市水利发展"十三五"规划》,结合本工程建设必要性论证,本工程任务是新建下六甲灌区,灌区开发任务是农业灌溉,结合供水,为巩固少数民族地区脱贫攻坚成果创造条件。

1.3 工程建设条件

1.3.1 水文

1.3.1.1 流域概况

灌区内的主要河流是柳江及其支流,灌区周边主要河流有黔江及其支流,其他支流呈树枝状分布。

1.柳江

柳江是珠江流域西江水系的一级支流,发源于贵州省独山县,流经贵州省三都县、榕江县、独山县后进入广西北部的三江县,在三江县老堡口与古宜河汇合后称融江,流经融安、融水、柳城县,在柳城县凤山镇与龙江汇合后称柳江,穿过柳州市进入柳江区,于鹿寨县江口镇纳支流洛清江,在象州县运江镇纳支流运江,于象州县石龙镇与红水河汇合后注入黔江。柳江流域面积为 58 398 km²。

2.运江

运江是柳江左岸的一条支流,发源于来宾市金秀瑶族自治县大瑶山,流域处于大瑶山暴雨区的边缘。其上游干流称为大樟河,自南向北流经金秀县大樟乡,在象州县的百丈乡廷都屯与门头河汇合后称中平河,流经中平镇而后折向西,在中平镇以北那曹村独崖山与滴水河汇合为罗秀河,流经罗秀镇,在罗秀圩上游 0.5 km 处有落脉河汇合为运江,在罗秀圩下游有寺镇河汇入,在水晶乡大有村有水晶河汇入,至运江镇汇入柳江,运江流域面积 2 223 km²。

1.3.1.2 气象

下六甲灌区范围内设有象州和武宣两个气象站,灌区范围较大,受地形影响,灌区的降雨量分布稍有差异,灌区多年平均降雨量在 1 224.9(武宣站)~1 305.3(象州站)mm,雨量年内分配不均,多集中于 4—8 月,约占全年总量的 70%;灌区内的多年平均气温约为 21.0 ℃,极端最高气温为 40 ℃,极端最低气温为-3.4 ℃;象州气象站多年平均蒸发量为 1 687.1 mm,武宣气象站多年平均蒸发量为 1 927.7 mm;下六甲灌区相对湿度一般都在 70%~80%;灌区内的象州气象站多年平均风速为 2.3 m/s,最大风速为 18 m/s,武宣气象站多年平均风速为 2.4 m/s,最大风速为 12 m/s。

1.3.1.3 水文基本资料

灌区内的河流大部分属于柳江支流,其余属于黔江支流,流域面积不大,不宜采用面积悬殊的大江大河上的迁江、柳州或武宣等水文站作参证。中平水文站控制流域面积为 596 km²,观测和资料整编规范,资料齐全可靠,代表性好,精度较高,由于其位于灌区内,从下垫面条件看,灌区及附近区域的植被均良好,产汇流条件相似,中平水文站上游无大型的调节性水利工程,观测资料一致性较好。因此,将中平水文站作为本次规划流域面积小的水源工程径流和洪水计算参证站。

1.3.1.4　径流

1. 中平水文站径流

根据中平水文站 1958—2018 年(共 61 年)径流统计,中平水文站多年平均各月径流量见表 1-3-1,不同频率设计径流量见表 1-3-2。

表 1-3-1　中平水文站多年平均各月径流量

项目	月份												全年
	1	2	3	4	5	6	7	8	9	10	11	12	
流量/ (m³/s)	6.01	6.97	8.98	18.15	29.42	42.44	31.67	29.79	17.92	10.33	7.91	6.24	18.0
径流量/ 万 m³	1 610	1 701	2 405	4 704	7 880	10 999	8 484	7 978	4 644	2 766	2 050	1 671	56 892
占比/%	2.83	2.99	4.23	8.27	13.85	19.33	14.91	14.02	8.16	4.86	3.60	2.94	100

表 1-3-2　中平水文站不同频率设计径流量

统计参数			设计径流量/万 m³				
均值/万 m³	C_v	C_s/C_v	$P=5\%$	$P=25\%$	$P=50\%$	$P=75\%$	$P=95\%$
56 893	0.28	2.0	85 377	66 679	55 413	45 497	33 459

2. 各水源工程径流

本阶段分析计算了蓄水工程和河道引提水工程断面历年逐旬径流系列。其中柳江、黔江的提水工程以象州站、武宣站为参证站,其余水源工程径流采用降雨径流关系法和考虑降雨量修正的面积比法计算,中平水文站为参证站,灌区范围内下垫面条件变化不大,面积比法仅考虑降雨量修正。

经计算得到灌区范围内各水源流域径流深为 690~1 307 mm,山区大于平原,降雨量多的地区大于降雨量少的地区,径流深变化大主要是由于降雨量变化,区域多年平均降雨量为 1 330~1 970 mm。各水源地表径流成果见表 1-3-3、表 1-3-4。

1.3.1.5　洪水

1. 参证站洪水

1)中平水文站设计洪水

根据中平水文站 1958—2018 年共 61 年实测洪水系列,将 2005 年洪水作为特大值洪水处理,组成不连续系列,采用统一样本法计算年最大洪峰流量系列经验频率,统计参数采用《水利水电工程设计洪水计算规范》(SL 44—2006)中的计算方法估算。洪水设计见表 1-3-5。

表 1-3-3　各主要水源设计年径流成果

灌片	水源类型	水源名称	流域面积/km²	统计参数			各频率设计径流量/万 m³				
				均值/万 m³	C_v	C_s/C_v	P=5%	P=25%	P=50%	P=75%	P=95%
运江东灌片	蓄水水源	甫上水库	1.85	137	0.38	2	232	167	130	99.0	63.8
		老虎尾水库	1.03	76.0	0.38	2	129	93.1	72.4	55.1	35.5
		大山水库	14.8	1 086	0.38	2	1 841	1 328	1 034	787	507
		长塘水库	2.85	208	0.38	2	352	254	198	151	97
	桐木河引水	凉亭引水工程	103.3	8 018	0.37	2	13 438	9 772	7 655	5 871	3 837
	水晶河引水	和平引水工程	96.4	8 656	0.37	2	14 508	10 550	8 264	6 339	4 142
		水晶引水工程	372	33 588	0.33	2	53 653	40 257	32 374	25 603	17 656
	大山河提水	猫尾泵站	40.08	2 892	0.37	2	4 846	3 524	2 761	2 117	1 384
	落脉河引水	长村引水工程	14.1	1 217	0.38	2	2 064	1 489	1 159	882	568
		落脉河水库	191	19 507	0.36	2	32 308	23 675	18 670	14 431	9 562
	蓄水水源	长村水库	17.7	1 324	0.38	2	2 246	1 621	1 261	960	619
		云岩水库	1.30	91.8	0.38	2	156	112	87.4	66.6	42.9
		歪甲水库	2.49	177	0.38	2	300	217	169	128	82.7
罗柳灌片	罗秀河引水	罗柳总干引水工程	598	57 084	0.28	2	85 663	66 903	55 599	45 650	33 571
	滴水河引水	延岭引水工程	72.0	6 780	0.37	2	11 363	8 263	6 473	4 965	3 244
		江头引水工程	72.0	6 780	0.37	2	11 363	8 263	6 473	4 965	3 244
	门头河引水	百丈二干渠引水工程	241.4	25 745	0.35	2	42 135	31 115	24 699	19 239	12 923
		百丈一干渠引水工程	239.5	25 542	0.35	2	41 803	30 870	24 505	19 088	12 821

续表 1-3-3

灌片	水源类型	水源名称	流域面积/km²	统计参数			各频率设计径流量/万 m³				
				均值/万 m³	C_v	C_s/C_v	P=5%	P=25%	P=50%	P=75%	P=95%
罗柳灌片	蓄水水源	下六甲水库	285	37 237	0.35	2	60 945	45 005	35 726	27 828	18 691
		兰散坑水库	1.20	89.0	0.38	2	151	109	84.8	64.5	41.6
		跌马簝水库	2.10	156	0.38	2	265	191	149	113	72.9
		土会水库	5.38	398	0.38	2	674	486	379	288	186
		百万水库	2.50	183	0.38	2	310	224	174	132	85.4
		两旺水库	4.32	314	0.38	2	532	384	299	227	147
石祥河灌片	蓄水水源	石祥河水库	228	16 931	0.35	2	27 710	20 463	16 244	12 653	8 499
		福隆水库	21.8	1 504	0.38	2	2 551	1 841	1 432	1 090	702
		乐业水库	13.98	971	0.38	2	1 647	1 188	925	704	454
	黔江提水	武农一级站	196 813	12 530 000	0.21	2	17 280 000	14 300 000	12 440 000	10 750 000	8 600 000
柳江西灌片	蓄水水源	牡丹水库	7.83	579	0.38	2	983	709	552	420	271
		龙旦水库	12.0	888	0.38	2	1 506	1 087	846	644	415
		丰收水库	39.27	2 888	0.37	2	4 840	3 520	2 757	2 115	1 382
	红水河提水	白屯水沟一级站	137 525	7 450 000	0.21	2	10 200 000	8 440 000	7 340 000	6 350 000	5 080 000
	柳江提水	猛山一级站	58 116	5 050 000	0.22	2	7 000 000	5 740 000	4 960 000	4 260 000	3 370 000

表 1-3-4　各主要水源工程多年平均各月径流量

灌片	水源类型	水源名称	流域面积/km²	多年平均各月径流量/万 m³												全年径流量/万 m³
				1月	2月	3月	4月	5月	6月	7月	8月	9月	10月	11月	12月	
	蓄水水源	甫上水库	1.85	3.84	4.08	5.81	11.1	18.8	26.9	20.9	18.8	11.0	6.59	4.85	3.96	136.63
		老虎尾水库	1.03	2.14	2.27	3.23	6.21	10.4	15.0	11.6	10.5	6.11	3.67	2.70	2.20	76.03
		太山水库	14.8	30.5	32.4	46.2	88.6	149	214	166	150	87.2	52.4	38.5	31.5	1 086.3
		长塘水库	2.85	5.84	6.21	8.83	17.0	28.5	40.9	31.7	28.6	16.7	10.0	7.37	6.02	207.67
运江东灌片	桐木河引水	凉亭引水工程	103.3	226	240	341	655	1 102	1 579	1 224	1 105	644	387	285	232	8 020
	水晶河引水	和平引水工程	96.4	244	259	368	707	1 190	1 704	1 320	1 193	696	417	308	251	8 657
		水晶引水工程	372	947	1 005	1 428	2 744	4 618	6 610	5 122	4 629	2 700	1 618	1 193	974	33 588
	太山河提水	猫尾泵站	40.08	81.3	86.4	123	236	397	569	442	398	232	139	103	83.8	2 890.5
	落脉河引水	长村引水工程	14.1	34.4	36.1	51.6	101	169	239	180	166	98.5	60.3	44.3	35.8	1 216
		落脉河水库	191	552	580	827	1 624	2 715	3 829	2 888	2 669	1 578	964	709	572	19 507
	蓄水水源	长村水库	17.7	37.4	39.3	56.1	110	184	260	196	181	107	65.8	48.2	38.9	1 323.7
		云岩水库	1.30	2.59	2.72	3.89	7.64	12.8	18.0	13.6	12.5	7.43	4.56	3.34	2.70	91.77
		歪甲水库	2.49	5.00	5.25	7.50	14.7	24.6	34.8	26.2	24.2	14.3	8.80	6.44	5.21	177
罗柳灌片	罗秀河引水	罗柳总干引水工程	598	1 616	1 706	2 413	4 720	7 906	11 036	8 512	8 005	4 660	2 776	2 057	1 677	57 084
	滴水河引水	廷岭引水工程	72.0	192	201	287	564	943	1 331	1 004	927	549	335	246	199	6 778
		汇头引水工程	72.0	192	201	287	564	943	1 331	1 004	927	549	335	246	199	6 778
	门头河引水	百丈二干渠引水工程	241.4	729	766	1 092	2 144	3 584	5 053	3 810	3 523	2 083	1 271	935	755	25 745

续表 1-3-4

灌片	水源类型	水源名称	流域面积/km²	多年平均各月径流量/万 m³												全年径流量/万 m³
				1月	2月	3月	4月	5月	6月	7月	8月	9月	10月	11月	12月	
	门头河引水	百丈一干渠引水工程	239.5	723	760	1 083	2 127	3 555	5 013	3 780	3 496	2 067	1 261	928	749	25 542
罗柳灌片		下六甲水库	285	1 056	1 112	1 581	3 100	5 184	7 299	5 511	5 103	3 015	1 834	1 352	1 090	37 237
	蓄水水源	兰靛坑水库	1.20	2.51	2.64	3.77	7.40	12.4	17.5	13.2	12.2	7.20	4.42	3.24	2.62	89.1
		跌马寨水库	2.10	4.41	4.63	6.61	13.0	21.7	30.7	23.1	21.3	12.6	7.76	5.68	4.59	156.08
		土会水库	5.38	11.2	11.8	16.8	33.1	55.3	78.1	58.9	54.3	32.1	19.7	14.5	11.7	397.5
		百万水库	2.50	5.18	5.49	7.91	15.0	24.9	36.0	28.1	25.1	14.5	8.74	6.56	5.26	182.74
		两旺水库	4.32	8.89	9.42	13.6	25.7	42.8	61.9	48.3	43.0	25.0	15.0	11.3	9.03	313.94
石祥河灌片	蓄水水源	石祥河水库	228	480	508	733	1 386	2 309	3 339	2 603	2 322	1 347	810	607	487	16 931
		福隆水库	21.8	41.9	46.2	66.4	124	202	292	232	212	118	73.2	52.7	44.2	1 504.6
		乐业水库	13.98	27.0	29.8	42.9	80.1	130	189	150	137	76.4	47.2	34.0	28.5	971.9
	黔江提水	武衣一级站	196.813	328 000	324 000	373 000	692 000	1 320 000	2 390 000	2 390 000	1 840 000	1 180 000	720 000	590 000	383 000	12 530 000
柳江西灌片	蓄水水源	牡丹水库	7.83	16.2	17.5	25.0	47.2	79.3	112	90.0	80.0	46.4	28.0	21.1	17.0	579.7
		龙旦水库	12.0	24.8	26.9	38.3	72.4	121	171	138	123	71.1	42.9	32.4	26.0	887.8
		丰收水库	39.27	80.6	87.4	125	235	395	557	449	399	231	140	105	84.7	2 888.7
	红水河提水	白屯沟一级站	137.525	220 000	181 000	219 000	338 000	641 000	1 170 000	1 400 000	1 230 000	847 000	550 000	385 000	269 000	7 450 000
	柳江提水	猛山一级站	58.116	117 000	116 000	210 000	369 000	763 000	1 040 000	990 000	605 000	313 000	214 000	177 000	136 000	5 050 000

表 1-3-5　中平水文站设计洪水成果

n/T(年)	Q_m/ (m^3/s)	C_v	C_s	设计洪峰流量/(m^3/s)				
				$P=2\%$	$P=3.33\%$	$P=5\%$	$P=10\%$	$P=20\%$
61/256	770	0.69	$3.5C_v$	2 380	2 080	1 840	1 440	1 050

2) 象州水位站设计洪水

根据象州水位站 1941—2018 年共 77 年(1945 年缺测)历年最大洪峰流量资料。洪峰流量经验频率、统计参数采用《水利水电工程设计洪水计算规范》(SL 44—2006)中的计算方法估算。成果见表 1-3-6。

表 1-3-6　象州水位站设计洪水成果

n/T (年)	Q_m/ (m^3/s)	C_v	C_s	设计洪峰流量/(m^3/s)				
				$P=2\%$	$P=3.33\%$	$P=5\%$	$P=10\%$	$P=20\%$
77/186	17 400	0.35	$3.5C_v$	33 500	31 000	29 100	25 600	21 800

2. 工程断面洪水

1) 罗秀河壅水坝设计洪水

罗秀河壅水坝位于中平水文站下游约 1.3 km 处,且中间无支流汇入,中平水文站流域面积 596 km²,仅比罗秀河壅水坝流域面积 598 km² 小 2 km²,流域面积接近。因此,本次坝址设计洪水系列直接采用中平水文站的实测洪水系列成果,设计洪水成果见表 1-3-7。

表 1-3-7　罗秀河壅水坝设计洪水成果

n/T (年)	Q_m/ (m^3/s)	C_v	C_s	设计洪峰流量/(m^3/s)				
				$P=2\%$	$P=3.33\%$	$P=5\%$	$P=10\%$	$P=20\%$
61/256	770	0.69	$3.5C_v$	2 380	2 080	1 840	1 440	1 050

2) 凉亭壅水坝设计洪水

凉亭壅水坝位于桐木河上,坝址以上流域面积 103.3 km²,桐木河流域内没有水文站,流域附近有中平水文站,中平水文站流域面积 596 km²,凉亭壅水坝与中平水文站同属运江流域,自然地理条件基本一致。因此,本次凉亭壅水坝坝址设计洪水采用水文比拟法移用中平水文站的设计洪水成果,设计洪水见表 1-3-8。

表 1-3-8　凉亭壅水坝设计洪水成果

n/T(年)	Q_m/ (m^3/s)	设计洪峰流量/(m^3/s)				
		$P=2\%$	$P=3.33\%$	$P=5\%$	$P=10\%$	$P=20\%$
61/256	249	832	727	643	503	367

3) 柳江倒虹吸断面设计洪水

柳江倒虹吸位于柳江下游、象州大桥上游 1.5 km 处,断面下游 2.5 km 处有象州水位站,控制流域面积 57 760 km²。由于柳江倒虹吸与象州水位站距离很近,中间无支流汇入,因此断面设计洪水直接采用象州水位站的洪水成果,成果见表 1-3-9。

表 1-3-9　柳江倒虹吸设计洪水成果

n/T（年）	Q_m/（m³/s）	C_v	C_s	设计洪峰流量/（m³/s）				
				$P=2\%$	$P=3.33\%$	$P=5\%$	$P=10\%$	$P=20\%$
77/186	17 400	0.35	$3.5C_v$	33 500	31 000	29 100	25 600	21 800

3. 施工设计洪水

1）凉亭壅水坝施工设计洪水

根据灌区渠道水工建筑物的施工要求和桐木河降雨径流特性,凉亭壅水坝施工期选为 11 月 1 日至翌年 3 月 31 日。施工期洪水计算方法与全年洪水相同,采用水文比拟法移用中平水文站的施工设计洪水成果,凉亭壅水坝坝址施工设计洪水成果见表 1-3-10。

表 1-3-10　凉亭壅水坝施工设计洪水成果

施工时段	设计洪峰流量/（m³/s）				
	$P=5\%$	$P=10\%$	$P=20\%$	$P=33.3\%$	$P=50\%$
11 月 1 日至翌年 3 月 31 日	101	67.1	38.8	23.5	16.2

2）柳江倒虹吸施工设计洪水

根据柳江倒虹吸的施工要求和柳江流域特性,施工期选为 11 月 1 日至翌年 3 月 31 日。柳江倒虹吸断面施工洪水根据《大藤峡水利枢纽工程初步设计报告》（2015 年已通过了水利部水规总院的审查）中的回水成果,结合《广西来宾市象州县城区防洪排涝工程初步设计报告》（2018 年通过广西水利厅的审查）象州水位站施工期洪水成果综合分析采用,成果见表 1-3-11。

表 1-3-11　柳江倒虹吸断面施工设计洪水成果

大藤峡断面号	地名	距坝址距离/km	设计洪峰流量/（m³/s）及洪水位/m					
			$P=5\%$		$P=10\%$		$P=20\%$	
			6 240		4 640		3 150	
			天然	回水	天然	回水	天然	回水
q29	扶满	135.93	56.45	60.05	54.36	60.42	52.54	61.34
	倒虹吸南线	138.46	57.01	60.27	54.95	60.52	53.22	61.38
q30	鸡沙	140.48	57.47	60.44	55.42	60.60	53.76	61.41
q31	象州桥	142.86	57.65	60.52	55.64	60.64	54.02	61.44
	倒虹吸北线	144.36	57.75	60.57	55.75	60.67	54.10	61.45
q32	牛角洲	146.54	57.89	60.63	55.91	60.71	54.22	61.46

1.3.1.6　排涝模数

排涝标准采用 5～10 年一遇;旱地排涝按 1 日暴雨 1 日排完考虑;水田排涝按照 1 日暴雨 3 日耐淹水深考虑。经分析计算,水田、旱地设计排涝模数见表 1-3-12。

表 1-3-12　下六甲灌区设计排涝模数计算成果

地区	频率	24 h 设计暴雨: $H_{24}p$/mm	水田设计暴雨径流深: $R_{水田}$/mm	旱地设计暴雨径流深: $R_{旱地}$/mm	水田设计排涝模数: $M_{水田}$/ $[m^3/(s \cdot km^2)]$	旱地设计排涝模数: $M_{旱地}$/ $[m^3/(s \cdot km^2)]$
象州	$P = 10\%$	195	74.0	152.0	0.285	1.759
	$P = 20\%$	159	38.0	116.0	0.147	1.343
武宣	$P = 10\%$	165	44.0	122.0	0.170	1.412
	$P = 20\%$	135	14.0	92.0	0.054	1.065

1.3.1.7　泥沙

由于下六甲灌区内无泥沙实测资料,因此灌区主要取水口罗秀河壅水坝坝址处的泥沙计算采用间接方法推求。罗秀河壅水坝坝址以上流域面积为 598 km²,查《广西水文图集》中的多年平均输沙量模数等值线图,得流域中心处的年输沙模数为 150 t/km²,推求得罗秀河壅水坝坝址处年输沙量为 8.87 万 t。

1.3.2　工程地质

1.3.2.1　区域地质

1.地形地貌

区域地处广西盆地中部,地势四周高、中间低。地形总趋势为东、西部高,中、北部低。山势走向多为南北向及北东向,主要受构造迹线控制。区域范围内地貌成因类型主要包括构造剥蚀、侵蚀类型,侵蚀堆积类型及构造溶蚀、堆积类型。总体显示了东北部主要为非岩溶山地地貌、西南部主要为岩溶地貌的特征。地貌类型较多,主要包括中低山、丘陵、岩溶和河流阶地等。

2.地层岩性

区域范围内几乎全部为沉积岩分布,地层包括寒武系、泥盆系、石炭系、二叠系、三叠系、白垩系和第四系,其中以石炭系分布最广。

3.地质构造及地震

工程区所处一级构造单元为南华准地台,二级构造单元为桂中—桂东台陷,三级构造单元桂中凹陷,位于四级构造单元来宾断褶带。本区经历了多次构造运动,其中加里东、印支两次运动为强烈的褶皱、断裂运动,构造线方向主要为 NW 及 NNE 向,燕山期与印支期的构造方向大体平行。

工程区域位于广西山字形构造前弧东翼,属来宾断褶带与大瑶山复背斜构造相衔接部位,地质构造线以 SN 向为主,局部为 NNW 或 NNE 向,褶皱构造不甚发育。区域内主要断裂以 NNE 和 NE 向为主,发育的区域性深大断裂有桂林—来宾断裂带(也称桂林—南宁断裂带)F_1、大黎断裂带 F_2、永福—武宣断裂带 F_3、荔浦断裂带 F_4 等。

区域内地震活动弱,构造稳定性较好。根据《中国地震动参数区划图》(GB 18306—2015),工程区 II 类场地基本地震动峰值加速度为 $0.05g$(相应地震基本烈度为 VI 度),II 类场地基本地震动加速度反应谱特征周期为 0.35 s。

4. 水文地质

根据地层岩性、岩层组合及地下水赋存条件,区内共分三种地下水类型,即松散堆积层孔隙水、基岩裂隙水及碳酸盐岩岩溶水。

区域范围内地下水主要接受降雨的垂直渗入补给。不同地下水类型相互之间存在一定的补排关系,总体上是地下水补给地表水。区域地下水化学类型主要为 HCO_3-Ca 型,HCO_3-Ca · Mg 型次之。

1.3.2.2 灌区工程地质

1. 基本地质条件

灌区输水线路沿线地貌主要为侵蚀剥蚀中低山、河谷阶地地貌、侵蚀剥蚀丘陵及岩溶溶蚀地貌。

灌区出露地层主要为第四系全新统冲洪积物(Q_4^{alp})和残坡积物(Q_4^{eld}),下伏基岩为二叠系(P)、石炭系(C)及泥盆系(D),主要以碎屑岩及碳酸盐岩为主,岩性主要为砂岩、泥岩、页岩、硅质岩、灰岩、泥灰岩、白云岩等。

灌片位于桂中凹陷中东部,属来宾断褶带与大瑶山复背斜构造相衔接部位、广西山字形构造东翼前弧,构造线大致为 SN 向,局部为 NNW 或 NNE 向,褶皱构造比较发育。同时本灌区内次级构造较发育,按分布方向分为 NW 及 NE 向两组。受构造影响,区内节理裂隙发育,分布方向与断层基本一致,常以陡倾角节理为主,闭合度一般,其间普遍具泥质充填。

灌区地下水类型主要为孔隙潜水、基岩裂隙潜水及岩溶水。地下水位普遍高于河水位,为地下水补给地表水。

灌区土壤以砂壤土、红壤土为主,其余为砂土、碎石土等;按利用状况可归纳为水田土壤、旱地土壤、自然土壤三部分。

灌区施灌后,耕、园地基本不存在盐渍化问题,可能存在沼泽化等次生灾害问题;林地基本不存在盐渍化及沼泽化等次生灾害问题。

根据区域水文地质资料,灌区地表水和地下水中阴离子以 HCO_3^-、SO_4^{2-} 为主,阳离子以 Ca^{2+}、Mg^{2+} 为主。

2. 灌区工程地质问题

1)引水枢纽

滚水坝基础坐落在弱风化岩体上;坝基及坝肩存在渗漏问题,渗漏形式主要为一般裂隙性渗漏或岩溶渗漏。坝基局部岩体破碎有产生渗透变形的可能,需采取合适的工程处理措施;初步分析认为建基面岩体与混凝土之间的接触面为坝基抗滑稳定的主控面;由于地下水埋深浅,土质边坡在开挖过程中易发生坍塌、滑动,存在边坡稳定问题;同时基坑开挖过程中存在涌水问题。

2) 泵站

泵站基坑开挖过程中存在涌水问题;由于地下水埋深浅,土质边坡在开挖过程中易发生坍塌、滑动,应采取工程处理措施。由于下伏基岩岩溶发育,可能存在岩溶塌陷问题。

3) 渠道

输水渠道沿线地貌主要为侵蚀剥蚀中低山、河谷阶地地貌、侵蚀剥蚀丘陵及岩溶溶蚀地貌。建筑物基础一般坐落在第四系土层及强风化岩体上,存在不均匀变形及沉降问题;存在开挖边坡稳定问题;不存在较大的基坑涌水问题,但局部渠段地下水位埋深浅,因此基坑开挖过程中应考虑地下水影响,注意采取降排水措施。局部过河、沟段存在抗冲刷问题;已建渠系工程存在不同程度的淤积问题。其中柳江西及石祥河灌片位于碳酸盐岩分布区,红黏土分布较为广泛,由于红黏土特殊的工程地质特性,可能对建筑物造成不良影响,应采取适当的工程处理措施。

4) 跨柳江倒虹吸

倒虹吸横跨柳江河床及左岸一级阶地,左岸土层分布广泛,厚度稳定;河床部位砂卵石厚度不均且厚度不大;右岸基岩出露,且岩层倾向右岸,整体对岸坡稳定有利。倒虹吸跨柳江段基岩岩性以灰岩、泥灰岩及灰岩为主,岩体较完整,主要为弱风化微新状。两岸地下水位高于河水位。

工程区地下水类型主要是以基岩裂隙水及孔隙潜水为主,两岸地下水位高于河水位,为地表水补给地下水。

对于沉管方案,建议倒虹吸左岸基础坐落在砂砾石层上,河床及右岸基础坐落在强-弱风化基岩上;土石交界处可能存在不均匀沉降问题;基坑开挖过程中存在涌水问题;开挖边坡主要为土质边坡,受地下水影响,土质边坡在开挖过程中易发生坍塌、滑动,应采取工程处理措施。

对于顶管方案,建议倒虹吸布置于微新岩体中,围岩类别初步分析以Ⅲ为主,Ⅳ类次之,局部Ⅴ类。由于顶管隧洞大部分洞段位于地下水位以下,地下水丰富,且局部溶蚀裂隙发育,开挖过程中可能存在突涌水问题,需考虑应对处理措施。

5) 高岭隧洞

隧洞进、出口段地表分布有一定厚度的覆盖层,初步分析认为隧洞进、出口段边坡不存在大的边坡稳定问题,但受结构面组合切割影响,局部可能存在块体失稳及覆盖层牵引式滑动破坏现象,应采取工程措施。

隧洞轴线与岩层走向呈大角度相交;围岩整体稳定性尚好。隧洞位于地下水位以下,开挖期间存在滴水或小股涌水的可能;岩溶洞段可能存在岩溶塌陷及突涌水、涌泥问题。初步判断围岩类别以Ⅲ~Ⅳ类为主,局部为Ⅴ类。

1.3.2.3　天然建筑材料

灌区内砂卵石料分布较广泛,主要见于罗秀河、落脉河、水晶河、东乡河及柳江河。象州城区的柳江河段具有多处沙洲,砂卵石分布面积大,厚度稳定,含砂率高,储量丰富,质量良好。象州县城区和运江镇码头以及武宣县城区具有大型砂场,各种粗细砂均有出售,工程用料可直接定购,交通方便,运距 10~20 km。根据各渠段的具体位置,可以就近采购。

灌区内石料较丰富,主要分布于灌区东部中低山地区。以上商品石料场岩性均为灰岩。初步分析认为以上石料场储量及质量基本满足规范要求。以上商品石料场属现有的采石场,各种块石、骨料及人工砂均有出售,可直接定购。交通运输较便利,运距一般为 3~20 km,根据工程部位可就近采购。

新修渠道以挖方为主,渠道开挖料以黏性土为主,含少量碎石,主要为残坡积及冲洪积成因,结构较密实,可塑—硬塑状。初步分析认为开挖料基本满足填筑料质量要求。

总体来看工程区各类天然建筑材料丰富,初步分析认为储量及质量可满足工程建设需要。同时开挖料可优先利用。

1.4　总体规划

1.4.1　规划水平年和设计保证率

1.4.1.1　规划水平年

本工程基准年为 2018 年,规划水平年为 2035 年,远期展望年为 2050 年。

1.4.1.2　设计保证率

乡镇供水设计保证率为 95%,灌溉设计保证率为 85%。排涝标准的设计暴雨重现期定为 10 年一遇,水稻区按 3 d 暴雨 3 d 排至耐淹水深,旱作区按 1 d 暴雨 1 d 排至田面无积水。

1.4.2　灌区范围及灌溉分区

1.4.2.1　研究范围

下六甲灌区位于广西来宾市,属于桂中旱片,灌区研究涉及柳江、黔江的相关一级支流流域范围,主要包括罗秀河、落脉河、水晶河、马坪河、石祥河、阴江河和东乡河等流域范围。东部以罗秀河、落脉河和水晶河流域为界;西部以柳江与青凌江分水岭、红水河、黔江干流为界。北部以柳江相关一级支流流域、来宾市界为界。南部以黔江干流和东乡河流域界为界。

研究范围总面积约 4 252 km²(638 万亩),涉及广西来宾市金秀县、象州县和武宣县 3 个县 22 个乡镇 1 个农场。其中金秀县主要为东北部范围,面积 1 450 km²(217 万亩),占县域面积的 57.6%;象州县面积 1 870 km²(281 万亩),占县域面积的 98.5%;武宣县为黔江左岸范围,面积 932 km²(140 万亩),占县域面积的 54.7%。研究范围内耕园地面积172.7 万亩,其中耕地 112.8 万亩,园地 59.9 万亩,耕园地主要分布在地形相对平缓地区。

1.4.2.2　灌区范围及灌溉分区

根据研究范围内水源情况、耕园地分布,结合工程总体布局确定本工程灌区范围边界为:东至高程 260~180 m,南至黔江河高程 130 m;西至马坪河与青凌江分水岭,北至高程 180 m 范围。灌区总面积 1 627 km²(244 万亩)。涉及金秀、象州、武宣三县 16 个乡镇 1 个农场。

根据灌区渠系布置,结合地形地势、河流水系、土壤类别、水文气象条件、种植习惯、当地水利设施等因素,划分灌区为 4 个灌片,分别为运江东灌片、罗柳灌片、柳江西灌片和石祥河灌片。

1.4.2.3　乡镇供水范围

本次规划乡镇供水涉及象州县马坪镇、武宣县金鸡乡和二塘镇等 3 个集镇,38 个农村,设计水平年 2035 年供水人口 11.3 万。

1.4.2.4　灌区规模

规划阶段经四个方案比选,考虑各灌片经济性和巩固脱贫攻坚成果,实现乡村振兴等多方面因素,确定下六甲灌区设计灌溉面积 59.5 万亩,其中保灌面积 20.0 万亩,改善灌溉面积 9.0 万亩,新增和恢复灌溉面积 30.5 万亩。按市县分,金秀县 3.0 万亩,象州县 38.0 万亩,武宣县 18.5 万亩。

1.5　水资源供需分析及配置

1.5.1　需水预测

经计算,本工程多年平均毛需水量 2.97 亿 m³,其中灌溉需水量 2.86 亿 m³,乡镇综合需水量 0.11 亿 m³。

(1)农业灌溉需水预测。根据灌区的灌溉面积、作物组成及灌水定额,并考虑灌溉水利用系数,经计算,规划水平年 2035 年,多年平均灌溉毛需水量为 2.86 亿 m³。

(2)乡镇综合需水预测。本工程乡镇供水范围内规划水平年 2035 年毛需水量 0.11 亿 m³,净需水量 0.091 亿 m³,其中居民生活需水量 0.05 亿 m³,牲畜需水量 0.006 亿 m³,工业需水量 0.02 亿 m³,第三产业需水量 0.005 亿 m³,河道外生态需水量 0.01 亿 m³。

1.5.2　可供水量

1.5.2.1　现状年实际供水量

现状灌区乡镇供水主要以地下水为主,乡镇综合供水量 0.07 亿 m³,现状灌区内农业灌溉水源主要为 4 座中型水库、16 座小型水库及引、提水工程,农业灌溉总供水量 2.43 亿 m³,现状年灌区范围内总供水量 2.50 亿 m³。

1.5.2.2　基准年可供水量分析

基准年农业灌溉多年平均供水量 2.70 亿 m³(水源断面,下同),其中蓄水工程总供水量 1.27 亿 m³,引水工程总供水量 1.25 亿 m³,提水工程总供水量 0.18 亿 m³;$P=85\%$设计枯水年总可供水量 3.38 亿 m³,其中蓄水工程 1.67 亿 m³,引水工程 1.48 亿 m³,提水工程 0.23 亿 m³。

1.5.2.3　规划水平年可供水量分析

1. 仅对现有渠系节水改造后可供水量分析

在保持现状水资源开发利用格局,维持水源不变,按照现状有效灌溉面积29亩,采用规划年预测的农业种植结构,严格定额管理,对现有渠系进行节水改造,改造后灌溉水利用系数由现状0.46左右提高到0.63(水源断面),同时针对基准年断面开发利用超过40%的断面,按照40%来控制。经计算,灌区多年平均供水量1.42亿 m^3,其中蓄水工程0.65亿 m^3,引水工程0.66亿 m^3,提水工程0.10亿 m^3,再生水0.01亿 m^3; $P=85\%$ 枯水年总可供水量1.72亿 m^3,其中蓄水工程0.78亿 m^3,引水工程0.79亿 m^3,提水工程0.14亿 m^3,再生水0.01亿 m^3。

2. 当地现有水源挖潜后可供水量分析

对渠系进行节水改造和续建配套,并考虑柳江西灌片的猛山、白屯沟电灌站部分水量被自流替换后的可供水量,同时各水源断面按照水资源开发利用率不超过40%来控制。经计算,灌区多年平均供水量2.46亿 m^3,其中蓄水工程1.11亿 m^3,引水工程1.11亿 m^3,提水工程0.23亿 m^3,再生水0.01亿 m^3; $P=85\%$ 枯水年总可供水量3.02亿 m^3,其中蓄水工程1.34亿 m^3,引水工程1.33亿 m^3,提水工程0.34亿 m^3,再生水0.01亿 m^3。

3. 本工程实施后可供水量分析

规划水平年,本工程实施后,各水源断面按照水资源开发利用率不超过40%控制。经计算,灌区多年平均供水量2.88亿 m^3,其中蓄水工程1.21亿 m^3,引水工程1.43亿 m^3,提水工程0.23亿 m^3,再生水0.01亿 m^3; $P=85\%$ 枯水年总可供水量3.41亿 m^3,其中蓄水工程1.45亿 m^3,引水工程1.61亿 m^3,提水工程0.34亿 m^3,再生水0.01亿 m^3。

1.5.3　水资源供需分析

1.5.3.1　基准年水资源供需分析

采用1965年4月至2018年3月逐旬长系列径流,根据需水过程,依据现状水源工程布局,按照先引水后蓄水最后提水的供水顺序,进行水资源供需分析计算,灌区多年平均需水量3.12亿 m^3(水源断面,下同),供水量2.69亿 m^3,多年平均总缺水量0.43亿 m^3,缺水率14%;设计枯水年($P=85\%$)需水量3.76亿 m^3,供水量3.37亿 m^3,缺水量0.39亿 m^3,缺水率10%。

1.5.3.2　规划水平年水资源供需分析

1. 仅对现有渠系节水改造后水资源供需分析

需求方面按规划灌溉面积59.5万亩及相应规划的作物构成进行分析,严格定额管理,供水方面,维持现状水源不变,有效灌溉面积仅29万亩,水源工程在各自现状控灌范围内并考虑城乡供水需要全力供水,同时各水源断面水资源开发利用率按不超过40%控制。

经水资源平衡分析,灌区多年平均总需水量2.97亿 m^3,其中城乡需水0.10亿 m^3,农业灌溉需水2.86亿 m^3,城镇生态需水0.01亿 m^3;灌区多年平均供水量1.41亿 m^3,其中城乡供水0.08亿 m^3,城镇生态供水0.01亿 m^3,仅对现有渠系节水改造后,农业灌溉供水

1.32 亿 m³(由于调整种植结构及严格定额管理,比现状年供水量 2.43 亿 m³,减少 1.02 亿 m³)。灌区内多年平均缺水量达到 1.55 亿 m³,缺水率 52.1%,缺水较为严重。设计枯水年(P=85%)灌区总需水量 3.42 亿 m³,供水量 1.72 亿 m³,缺水量 1.70 亿 m³,缺水率 49.7%。

说明在维持现有工程不变的情况下,仅通过调整种植结构、严格定额管理和对现状渠系进行节水改造,无法满足灌区内灌溉需水要求。

2. 对灌区进行节水改造和续建配套后水资源供需分析

需水端按规划灌溉面积 59.5 万亩考虑,灌溉水利用系数从现状的 0.47 提高到 0.63,严格定额管理。供水端,灌区内现有各类水源工程均可继续正常使用,现有灌区续建配套和节水改造等均考虑在 2035 年前完工,各类水源工程在挖潜后的控灌范围内全力供水。

按照平衡原则,对各灌片进行水资源供需平衡分析计算,灌区多年平均总需水量 2.97 亿 m³,其中城乡需水 0.10 亿 m³,农业灌溉需水 2.86 亿 m³,城镇生态需水 0.01 亿 m³;现有水源工程挖潜及续建配套后多年平均供水量 2.48 亿 m³,其中城乡供水 0.10 亿 m³,农业灌溉供水 2.37 亿 m³,城镇生态供水 0.01 亿 m³,多年平均缺水量 0.50 亿 m³;设计枯水年年份(P=85%)灌区总需水量 3.41 亿 m³,其中城乡需水 0.1 亿 m³,农业灌溉需水 3.30 亿 m³,城镇生态需水 0.01 亿 m³;总供水量 3.02 亿 m³,其中城乡供水 0.09 亿 m³,农业灌溉供水 2.92 亿 m³,城镇生态供水 0.01 亿 m³;缺水量 0.39 亿 m³,缺水率 11.6%。

3. 本工程实施后水资源供需分析

本工程实施后,将下六甲水库由原设计的以发电为主,兼顾灌溉、旅游的综合利用,调整为以灌溉为主,兼顾发电、旅游的综合利用,各灌片通过工程连通后,实现了多源互补格局。

规划水平年 2035 年,灌区多年平均总需水量 2.97 亿 m³,其中城乡需水 0.10 亿 m³,农业灌溉需水 2.86 亿 m³,城镇生态需水 0.01 亿 m³。本工程建成后,多年平均总供水量为 2.87 亿 m³,其中城乡供水 0.09 亿 m³,农业灌溉供水 2.77 亿 m³,城镇生态供水 0.01 亿 m³;多年平均缺水量为 0.09 亿 m³,缺水率为 3.1%;设计枯水年(P=85%)灌区总需水量 3.4 亿 m³,其中城乡需水 0.09 亿 m³,农业灌溉需水 3.30 亿 m³,城镇生态需水 0.01 亿 m³;总供水量 3.41 亿 m³,其中城乡需水 0.10 亿 m³,农业灌溉需水 3.30 亿 m³,城镇生态供水 0.01 亿 m³,供需平衡。

1.5.4 水资源配置

1.5.4.1 水资源配置结论

规划水平年 2035 年本工程实施后,下六甲灌区多年平均总配置水量为 2.88 亿 m³。按水源分配,蓄水工程配置水量 1.21 亿 m³,引水工程配置水量 1.43 亿 m³,提水工程配置水量 0.23 亿 m³,再生水配置水量 0.01 亿 m³;按供水对象分配,城乡及工业配置水量 0.09 亿 m³,农业灌溉配置水量 2.78 亿 m³,城镇生态配置水量 0.01 亿 m³。

设计枯水年(P=85%),全灌区配置水量 3.41 亿 m³。按水源分配,蓄水工程配置水量 1.45 亿 m³,引水工程配置水量 1.61 亿 m³,提水工程配置水量 0.34 亿 m³,再生水配置水量 0.01 亿 m³；按供水对象分配，城乡及工业配置水量 0.10 亿 m³，农业灌溉配置水量 3.30 亿 m³，城镇生态配置水量 0.01 亿 m³。

1.5.4.2　本工程新增供水量与节水量分析

1. 规划年新增供水量分析

下六甲灌区恢复和新增灌溉面积 30.5 万亩，此外，利用灌区工程水源保证的优势，解决灌区村镇水源不达标、供水标准偏低的问题，实现灌区内乡镇供水进一步巩固提升。

经计算，工程实施前后可新增供水量 1.46 亿 m³，其中新建江头干渠给运江东灌片新增供水 0.04 亿 m³，新建石祥河引水渠给石祥河灌片新增供水 0.14 亿 m³，新建罗柳连接干渠、柳江西干渠给柳江西灌片新增供水量 0.18 亿 m³，各灌片内现有渠系进行延伸续建配套、现有工程挖潜新增供水量 1.10 亿 m³。

2. 节水量分析

本工程对现状有效灌溉面积 29 万亩的现有灌溉渠系进行节水改造，大幅提高灌溉水利用系数，从现状的 0.47 提高到 0.63，节约水量可用来恢复和发展灌溉面积，促进当地水土资源利用更加充分、配置更趋合理。经计算，规划水平年 2035 年，现状有效灌溉面积 29 万亩和乡镇供水总供水 1.42 亿 m³，与现状年供水量 2.50 亿 m³ 相比，节水量 1.08 亿 m³。

1.5.5　区域取水总量协调分析

根据本次预测，2035 年金秀县、象州县、武宣县全域用水量分别为 0.83 亿 m³、2.99 亿 m³、2.18 亿 m³，合计 6.0 亿 m³，与"来政办函〔2015〕1 号文"调整后的三县用水总量控制指标 0.86 亿 m³、3.17 亿 m³、2.4 亿 m³ 相比，尚余 0.03 亿 m³、0.18 亿 m³、0.22 亿 m³，合计 0.43 亿 m³。因此，下六甲灌区实施后，三县的用水总量符合用水总量红线要求。

1.6　工程总体布局及建设规模

1.6.1　工程总体布局

下六甲灌区工程以现有的下六甲水库、长村水库、丰收水库和石祥河水库等 4 座中型水库作为骨干水源，通过拆/改建 9 座引水枢纽，改/扩/新建 113 条骨干渠/管道，其中通过新建江头干渠连通段将水补入长村水库、新建南柳连接干渠、柳江西分干渠、龙旦干渠将水补入龙旦水库、牡丹水库和丰收水库、新建石祥河引水渠将水补入石祥河水库等 5 处连通工程，将罗秀河丰富的水量以自流方式调入运江东灌片、柳江西灌片和石祥河灌片，并使灌片内水源互联互通，实现"南水北调""东水西调"格局，整个灌区形成"多源互补""网络型"灌溉工程布局。

各灌片工程布局如下：

（1）运江东灌片。

利用现有的长村水库、落脉河水库（规划扩建）、云岩水库、歪甲水库、太山水库、长塘水库、甫上水库和老虎尾水库等水库工程,凉亭、和平、水晶和长村等引水枢纽,本次通过改造引水枢纽 4 座,改造灌区现有骨干渠系 34 条,并延长竹山支渠等 1 条,合计总长 198.7 km;运江东灌片设计灌溉面积达到 12.8 万亩。

(2)罗柳灌片。

利用现有的下六甲水库、兰靛坑水库、仕会水库、两旺水库、百万水库和跌马寨水库等水库工程,罗柳总干、百丈一干、百丈二干、江头、廷岭等引水枢纽,本次通过改造引水枢纽 5 座,改造灌区现有骨干渠系 27 条,并新建南柳连接干渠、石祥河水库引水渠、续建江头干渠、新建热水和古才支渠等 5 条,合计总长 250.5 km;罗柳灌片设计灌溉面积达到 19.0 万亩。

(3)柳江西灌片。

利用现有的丰收水库、龙旦水库和牡丹水库等水库工程,猛山、白屯沟等电灌站,本次通过改造灌区现有骨干渠系 16 条,并新建柳江西分干渠、龙旦干渠、丰收西干渠以及龙富支渠、下桥支渠、龙兴支渠、湾田支渠和福堂支渠等 8 条,合计总长 126.4 km;柳江西灌片设计灌溉面积达到 9.2 万亩。

(4)石祥河灌片。

利用现有的石祥河水库、福隆水库、乐业水库等水库工程,本次通过改造灌区现有骨干渠系 21 条,合计总长 108.2 km;石祥河灌片设计灌溉面积达到 18.5 万亩。

1.6.1.1　水源工程布局

1. 蓄水工程

下六甲灌区以下六甲水库、长村水库、丰收水库和石祥河水库等 4 座中型水库为骨干龙头水源,并结合灌区内已建小(1)型水库 16 座,按照自流补水的原则,利用下六甲水库,通过下游引水枢纽和干渠输水至灌区,并与灌区内现有中小型水库连通,灌区内蓄水工程布局见表 1-6-1。

2. 引水工程

下六甲灌区内主要灌溉引水枢纽有 9 处,分别为罗柳总干引水枢纽、江头引水枢纽、廷岭引水枢纽、水晶引水枢纽、和平引水枢纽、凉亭引水枢纽、百丈一干渠引水枢纽、百丈二干渠引水枢纽和长村引水枢纽。引水工程均利用已有工程,不再新增引水枢纽。引水工程布局见表 1-6-2。

3. 提水工程

1)水源泵站

灌区内水源泵站共计 8 座,分别为白屯沟、猛山、新龟岩泵站、武农一级站、樟村一级站、武农二级站、樟村二级站、鸡冠泵站。其中鸡冠泵站计划原址、原规模拆建,其他泵站维持现状。

2)非水源泵站

灌区内非水源泵站共计 5 座,分别为林塘、马王、赖村、根村、屯抱泵站等。其中屯抱泵站为新建站,其他泵站维持现状。

下六甲灌区提水工程分布情况见表 1-6-3 和表 1-6-4。

表1-6-1 蓄水工程布局

序号	工程名称	所属灌片	水库规模	原开发任务	坝址径流/万m³	校核洪水位/m	正常蓄水位/m	死水位/m	总库容/万m³	兴利库容/万m³	死库容/万m³	说明
1	下六甲水库	罗柳灌片	中型	发电为主,兼顾灌溉	36 206	297.51	295	275	3 202	1 680	1 270	骨干水源
2	长村水库	运江东灌片	中型	灌溉为主,兼有发电	1 324	146.05	144.12	138.72	1 384	684	276	骨干水源
3	石祥河水库	石乐灌片	中型	灌溉为主,兼有发电	16 931	94.33	90.4	82	7 399	3 500	1 200	骨干水源
4	丰收水库	柳江西灌片	中型	灌溉	2 888	78.46	77	69.9	3 335	2 309	86	骨干水源
5	落脉河水库	运江东灌片	小(1)型	灌溉为主,兼有发电	19 507	240.47	235	209.3	794	542	34	骨干水源
6	太山水库	运江东灌片	小(1)型	灌溉	1 165	187.99	187	177	516	295	10	补偿
7	长塘水库	运江东灌片	小(1)型	灌溉	241	176.68	176	163	573	494	6.6	充蓄/补偿
8	甫上水库	运江东灌片	小(1)型	灌溉	137	114.15	113.25	108.22	315	206	62.1	充蓄/补偿
9	老虎尾水库	运江西灌片	小(1)型	灌溉	77	100.59	100	93.8	179	134	25.5	充蓄
10	兰靛坑水库	罗柳灌片	小(1)型	灌溉	89.0	131.4	130.8	119.1	231	205	0.42	充蓄
11	仕会水库	运江东灌片	小(1)型	灌溉	398	138.81	137.65	130	160	124	2	补偿
12	两旺水库	罗柳灌片	小(1)型	灌溉	314	111.19	110.51	103	912	654	165	充蓄
13	百万水库	罗柳灌片	小(1)型	灌溉	183	81.32	80	71.44	101	73	1.7	充蓄
14	歪甲水库	罗柳灌片	小(2)型	灌溉	195	124.19	123.08	118.67	143	84	3	补偿
15	云岩水库	罗柳灌片	小(1)型	灌溉	92	114.37	113	98	133	105	9.5	充蓄
16	跌马寨水库	罗柳灌片	小(1)型	灌溉	157	225.67	224.5	217	142	110	2	补偿
17	龙旦水库	柳江西灌片	小(1)型	灌溉	888	114.95	113.74	100	949	757	15.3	充蓄
18	牡丹水库	柳江西灌片	小(1)型	灌溉	579	113.18	111.5	98.6	386	297	4	充蓄
19	福隆水库	石乐灌片	小(1)型	灌溉	1 504	110.43	107.8	92.74	673	493	8	补偿
20	乐业水库	石乐灌片	小(1)型	灌溉	908	103.7	90.2	86.5	730	495	11.2	补偿
21	中型水库小计		4座			57 349				15 320	8 173	2 832	
22	小(1)型水库小计		16座			26 434				6 937	5 067	360	
23	合计		20座			83 783				22 257	13 240	3 192	

表 1-6-2　引水工程布局

序号	工程名称	水源	所在二级灌片	补水主要水源	灌溉设计流量/(m³/s)	控制灌溉高程/m
1	罗柳总干引水枢纽	罗秀河	罗柳总干直灌灌片	下六甲水库	14.0	130
2	江头引水枢纽	中平河	友谊灌片	下六甲水库	1.9	175
3	廷岭引水枢纽	中平河	友谊灌片	下六甲水库	7.5	9.4
4	水晶引水枢纽	水晶河	水晶灌片	长塘水库	1.5	129
5	和平引水枢纽	水晶河	桐木灌片		0.6	230
6	凉亭引水枢纽	桐木河	桐木灌片		3	185
7	百丈一干渠引水枢纽	门头河	罗秀河上灌片		0.4	180
8	百丈二干渠引水枢纽	门头河	罗秀河上灌片		0.8	170
9	长村引水枢纽	落脉河	长村灌片		1.5	165

表 1-6-3　水源提水泵站工程分布情况

序号	提水泵站名称	水源	所在二级灌片	装机台数/台	总装机容量/kW	设计流量/(m³/s)	设计扬程/m	说明
1	鸡冠泵站	运江	罗柳—北干渠灌片	3	330	0.3	39.0	本次拆建
2	白屯沟电灌站	红水河	柳江西—丰收灌片	3	600	0.68	36.57	维持现状
3	猛山一级电灌站	柳江	柳江西—马坪灌片	3	1 650	2.79	32.85	维持现状
4	新龟岩泵站	黔江	石祥河灌片	6	1 005	1.2	49~69	维持现状
5	武农一级电灌站	黔江	石祥河灌片	4	1 520	2.6	21.8	维持现状
6	樟村一级电灌站	黔江	石祥河灌片	4	1 520	2.65	19.7	维持现状
7	武农二级电灌站	黔江	石祥河灌片	3	600	1.6	13	维持现状
8	樟村二级电灌站	黔江	石祥河灌片	4	1 260	2.65	20	维持现状

表 1-6-4　非水源提水泵站工程分布情况

序号	工程名称	所在二级灌片	装机台数/台	泵站装机容量/kW	设计流量/(m³/s)	提水净扬程/m	设计灌溉面积/万亩	说明
1	林塘泵站	北干渠灌片	6	450	0.4	43	0.6	维持现状
2	马王泵站	石祥河灌片	3	810	0.8	30	1.2	维持现状
3	赖村泵站	石祥河灌片	3	270	0.3	25	0.5	维持现状
4	根村泵站	石祥河灌片	3	400	0.3	30	0.6	维持现状
5	屯抱泵站	北干渠灌片	3	1 680	0.9	40	1.2	本次新建

1.6.1.2　灌溉输水骨干工程布局

1.灌区现有骨干工程布局

下六甲灌区现有输水骨干主要有罗柳总干渠、罗柳北干渠、罗柳南干渠、长村干渠、落脉干渠、凉亭干渠、和平干渠、水晶干渠、石祥河干渠等32条干(分干)渠,总长378.4 km;支(分支)渠77条,总长335.1 km。经调查分析,列入本次规划改扩建长度为561.2 km。

2.灌区新建骨干工程布局

下六甲灌区新建输水骨干渠道主要为新建南柳连接干渠、新建石祥河引水渠、新建柳江西分干渠、延长江头干渠和新建龙旦干渠等5条干渠,总长78.1 km;新建热水支渠、古才支渠、龙富支渠、下桥支渠、龙兴支渠、湾田支渠和福堂支渠等支渠7条,总长44.4 km;合计总长122.5 km。

柳江西灌片规划灌溉面积9.2万亩,本区水资源量少,水低田高,现状主要靠提水工程解决灌区用水,农民负担重用不起,泵站分散,管理难度很大,现状多处泵站处于废弃或停用状态。由于缺少来水,现有丰收、龙旦和牡丹等3座水库未能充分发挥其调蓄功能,在枯水年或连续枯水段,水库基本处于无水可用状态,造成农作物减产甚至绝收,已严重制约当地农业发展。

根据供需分析及工程总体布局,柳江西灌片缺水量较大,本次通过新建南柳连接干渠和柳江西分干渠将罗秀河的水量自流引水输送至柳江西灌片,将水调至龙旦水库、牡丹水库和丰收水库进行调蓄,从而形成"丰枯调剂、多源互补、可调可控"的水网体系,优化了水资源配置,解决柳江西灌片灌溉缺水问题,经计算,需渠道补水量为1 760万 m³。

(1)南柳连接干渠:起于罗柳南干渠末端,终于柳江倒虹吸进口,总长8.3 km,设计流量为1.2~1.5 m³/s。根据地形地貌,为了避让象州县城,渠道向北沿等高线输水至古才支渠分水闸后向西输水至柳江倒虹吸进口结束,倒虹吸位置选在象州县二桥北侧约500 m处穿越柳江。

(2)柳江西分干渠:起于柳江倒虹吸出口,终于牡丹水库,总长22.0 km,设计流量为0.8~1.2 m³/s。根据地形地貌,渠道向西沿等高线输水至龙富村,并跨过龙富河,至下桥支管分水闸后向北输水至龙旦水库,在龙旦水库设置分水口补水,为保证足够的水位,渠道从龙旦水库库盘底部穿过库区向北输水至牡丹水库结束。

石祥河灌片规划灌溉面积 18.5 万亩,其中石祥河水库控制灌溉面积 16.4 万亩,石祥河水库的供水对能否保证下游灌区用水至关重要。现状本区水资源可利用量十分有限,水库兴利库容 3 500 万 m³,未能充分发挥其调蓄功能,在枯水年或连续枯水段,石祥河水库仅能保灌约 10 万亩地,造成农作物减产甚至绝收,已严重制约当地农业发展。

根据供需分析及工程总体布局,石祥河水库灌片缺水量较大,新建引水渠线路短,代价小。通过新建石祥河引水渠将罗秀河自流引水输送至石祥河水库灌片,为减少新建渠道输水规模,将水调至石祥河水库进行调蓄,从而形成"丰枯调剂、多源互补、可调可控"的水网体系,优化了水资源配置,解决了石祥河水库灌片灌溉缺水问题。经计算,需渠道补水量为 1 414 万 m³。

石祥河引水渠起于罗柳南干渠末端,终于石祥河水库,总长 8.9 km,设计流量为 1.0 m³/s。根据地形地貌,渠道向南沿等高线输水,沿线灌溉耕园地 0.6 万亩,至石祥河水库结束。

3. 江头干渠

根据供需分析及工程总体布局,运江东灌片缺水量较大,通过北延江头干渠,利用下六甲水库补水,由江头引水枢纽引水入江头干渠,通过干渠自流输送至长村引水枢纽上游落脉河内,再经过长村引水枢纽和长村引水渠将水调至长村水库进行调蓄,以解决运江东灌片灌溉缺水问题,渠道补水量为 398 万 m³。

江头干渠起于江头引水枢纽进水闸,现状干渠长 1.0 km,通过续扩建,干渠终于长村引水枢纽上游落脉河内,总长 19.3 km,设计流量为 1.8 m³/s。根据地形地貌,渠道向北沿 170 m 等高线布置,沿线新增灌溉架村、岭南等村耕园地 0.7 万亩,至长村引水枢纽上游投入落脉河结束。

综上,下六甲灌区输水骨干工程总计 836.0 km,其中维持现状 152.3 km,新/扩建、改造 683.7 km。

1.6.1.3　乡镇供水工程布局

规划以乡镇为单元,结合来宾市、象州县和武宣县"十四五"供水保障规划对各乡镇的水源安排,对各乡镇水源进行逐一梳理,将乡镇水源与灌区水源工程一致的乡镇纳入灌区乡镇供水范围,不采用灌区水源工程的乡镇不列入灌区供水范围。

乡镇供水涉及象州县马坪镇、武宣县金鸡乡和二塘镇等 3 个集镇、38 个农村,设计水平年 2035 年供水人口 11.3 万。灌区水源预留水量,并利用灌区渠系满足人饮供水要求。具体为:马坪镇利用龙旦水库作为供水水源;罗秀镇潘村及土办村利用长村水库作为供水水源。武宣县金鸡乡利用石祥河水库作为供水水源;二塘镇利用福隆水库作为供水水源。各乡镇的水厂均规划建于水库放水洞出口附近,因此本工程不再单独设乡镇供水管等设施。另外,下六甲灌区渠系沿线经过水晶、百丈乡、象州镇、运江镇等均可以利用灌区水源作为应急备用生活水源。

1.6.1.4　排水工程布局

经调查,现状灌区均为丘陵地貌,骨干排水系统工程主要为天然河道和溪沟,基本不存在内涝问题。本次排水布局基本维持现有布局,现分片说明如下。

1. 运江东灌片

从地形上来看,运江东灌片东南高西北低,主要的排水河道为运江及其支流水晶河、那罗河等。灌区地形以山丘为主,地形坡度较大,排水较为顺畅,灌片范围内基本无涝灾发生。

2. 罗柳灌片

从地形上来看,罗柳灌片东高西低,南高北低,主要的排水河道为运江及其支流罗秀河、落脉河、中平河、寺村河、下腊河和北山河等。灌区地形以山丘为主,地形坡度较大,排水较为顺畅,灌片范围内基本无涝灾发生。

3. 柳江西灌片

从地形上来看,柳江西灌片北高南低,主要的排水河道为马坪河和龙富河等,灌区地形以山丘为主,且岩溶较为发育,地形坡度较大,排水较为顺畅,灌片范围内基本无涝灾发生。

4. 石祥河灌片

从地形上来看,石祥河灌片东高西低,北高南低,主要的排水河道为黔江及其支流新村河、甘涧河、陈康河、福隆河、新江河和阴江河等。灌区地形以山丘为主,地形坡度较大,排水较为顺畅,灌片范围内基本无涝灾发生。

1.6.1.5 田间工程布局

按照骨干工程与田间工程划定原则,田间工程为支渠(管)以下的工程,主要包括沟、渠、路及配套建筑物等工程。本工程田间工程的主要目的是将水从骨干工程顺利送达至田间,提高现有灌区灌溉水利用系数,根据灌区现状情况,本工程田间工程共实施39.5万亩。

1.6.1.6 工程建设内容

根据工程布局,本工程建设内容包括以下5部分内容:①拆/改建引水枢纽9座,分别为罗柳总干渠引水枢纽、长村引水枢纽、和平引水枢纽、凉亭引水枢纽、水晶引水枢纽、百丈一干渠引水枢纽、百丈二干渠引水枢纽、江头引水枢纽和廷岭引水枢纽;②拆/新建泵站2座,拆建1座,为鸡冠泵站;新建泵站1座,为屯抱泵站;③建设灌溉输水骨干渠道/管道共113条,总长683.7 km,配套渠系建筑物1 268座;④新建灌区信息化管理工程1项;⑤配套田间工程39.5万亩。

1.6.2 工程规模

1.6.2.1 引水及提水工程

1. 引水工程

根据供需分析及工程总体布局,本次规划均利用已建引水工程,但由于现有引水枢纽大部分已不能满足引水要求,需要进行改造和拆建,列入建设内容的引水枢纽有9处。本次设计流量先采用"逐旬长系列法"计算,若计算成果小于原设计流量,则本次采用原设计流量;若长系列计算大于原设计流量,则采用本次计算成果。经计算,9座引水枢纽灌溉引水流量初步确定为0.4~10.5 m³/s,计算结果详见表1-6-5。

2. 提水工程

本次拆建鸡冠泵站,设计流量同原设计,为 0.3 m³/s。屯抱泵站建于罗柳北干渠,设计灌溉面积 1.2 万亩,按照灌水率并考虑泵站运行小时数,经计算泵站设计流量为 0.9 m³/s。结果见表 1-6-5。

表 1-6-5　水源工程规模汇总

序号	工程名称	原设计/(m³/s)	本次设计灌溉流量/(m³/s)		说明
			设计流量	加大流量	
1	水源工程				
1.1	引水枢纽工程				
1.1.1	长村引水枢纽	1.5	1.5	1.95	
1.1.2	和平引水枢纽	0.6	0.6	0.78	
1.1.3	凉亭引水枢纽	3.0	3.0	3.90	
1.1.4	水晶引水枢纽	1.8	1.8	2.34	
1.1.5	百丈一干渠引水枢纽		0.4	0.52	
1.1.6	百丈二干渠引水枢纽		0.8	1.04	
1.1.7	廷岭引水枢纽		7.5	9.4	灌溉流量
1.1.8	江头引水枢纽		1.5	1.95	
1.1.9	罗柳总干渠引水枢纽	9.5	10.5	14.0	考虑冲天桥电站引水流量 3.44 m³/s,确定加大流量取 14.0 m³/s
1.2	提水泵站工程				
1.2.1	鸡冠泵站	0.3	0.3		维持原规模
1.2.2	屯抱泵站		0.9		

1.6.2.2　灌溉输水骨干工程

(1)干渠主要包括总干渠、干渠、分干渠,用水过程复杂,按照“逐旬长系列法”进行计算确定。经计算,干渠流量初步确定为 0.3~10.5 m³/s。

(2)支渠主要包括支渠和分支渠,用水过程相对简单,按照各灌片灌水率进行计算。经计算修正,下六甲灌区灌水率为 0.320~0.388 m³/(s·万亩),初步确定支渠流量为 0.1~0.9 m³/s。

1.6.3　灌区建成后对下六甲梯级水电站的影响

根据径流过程和系列长度的变化,分别对水库以发电为主、以灌溉为主进行了发电量的计算。

水库原设计主要任务为发电情况,径流系列为1958—1999年,原设计计算时段为月,本次为旬,且本次计算径流量与原设计相比,径流量由3.88亿 m³ 减少至3.66亿 m³,减少了0.22亿 m³,降低了5.7%。下六甲水库任务以发电为主不进行调整,发电量由0.74亿度减少至0.68亿度,降低了8.1%。

水库任务调整为灌溉为主时,通过合理调度,结合灌区实际需水和下六甲水库下游各引水工程能力,适当缩短灌溉时间,以加大电站的发电流量,减少因灌溉流量调小而引起的发电损失,经初步估算,水库任务调整后,发电量仍为0.68亿 kW·h,基本不受影响。

相比工程实施前,廷岭电站和中平电站发电量减少约100万 kW·h,占两个电站发电量的3.1%,对发电量影响很小。

1.7　节水评价

1.7.1　节水评价范围

下六甲灌区工程的节水评价范围与其灌溉供水范围相同,灌溉范围涉及灌溉面积59.5万亩,供水范围涉及象州县马坪镇、武宣县金鸡乡和二塘镇等3个集镇、38个农村,设计水平年2035年供水人口11.3万。

1.7.2　节水现状

灌区内部分乡镇所在地均为岩溶地区,灌区内城镇居民受水资源分布、生活水平、用水量等条件限制,总体来说城乡生活和农村生活用水节水潜力十分有限。农业灌溉节水水平较低,节水潜力较大。

1.7.3　供用水节水潜力

虽然下六甲灌区内城镇生活用水水平略低于广西平均水平,现状城乡用水量节水空间十分有限。灌区现状高效节水灌溉面积为3.0万亩,高效节水灌溉普及率较低,灌溉用水净定额高于广西平均水平,有较大的节水空间。本次设计2035年各农作物灌溉定额与广西壮族自治区《农林牧渔业及农村居民生活用水定额》比较是合理的,灌区灌溉水利用系数0.63,满足规范和地区用水节水要求。用水定额符合规范要求,县城管网漏损率为8%,满足相关规划的指标。需水预测成果符合节水要求。经测算,灌区节水潜力为10 825万 m³。

1.7.4　取用水的必要性和可行性

(1)现状不仅水源工程仍不足,而且部分水源工程建成后,缺少灌区配套骨干渠道、管道工程,已配套灌区渠系配套普遍存在建设标准低,配套不完善,覆盖率低,渠系建筑物年久失修、坍塌、老化、淤积等问题,田间工程也配套不完善,已不能满足灌区农业粮食主产区和糖料蔗生产基地等产业发展需求。灌区的建设是巩固脱贫攻坚成果、促进灌区生态治理、加快来宾市生态文明建设以及促进民族团结的需要。

(2)灌区的建设是在充分考虑现有水利工程、在建水利工程以及规划水利工程的供水能力,考虑再生水的利用,仍有缺水的灌片,结合灌片基准年各河流的水资源开发利用情况,通过经济技术比选,就近选择合适的水源方案。工程总体布局和水资源配置方案经过方案论证比选,下六甲灌区的取用水符合节水要求,工程的建设是必要的,也是可行的。

1.7.5 取用水规模合理性评价

(1)工程总体布局与相关规划的要求是相符的,《水利改革发展"十三五"规划》《珠江—西江经济带发展规划》《珠江流域综合规划》《广西水利发展"十三五"规划》《来宾市水利发展"十三五"规划》均提出要新建下六甲灌区。下六甲灌区受水区是国家糖料蔗生产基地,结合农业部印发的《糖料蔗主产区生产发展规划(2015—2020)》,加快推进该地区的大中型灌区续建配套与节水改造,结合水利扶贫新建一批大中型灌区。因此,下六甲灌区与相关规划符合节水原则。

(2)本工程灌区内各行业需水均是在节水的前提下进行预测的,城镇生活、工业、农村生活及农业灌溉需水量预测成果均符合节水要求;充分考虑当地工程挖潜,充分利用已有水利工程的供水量,当地工程可供水量分析成果也是符合节水要求的;缺水量的计算也符合节水要求;通过经济技术比选,合理确定水资源配置方案,水资源配置方案符合节水要求;灌区设计灌溉面积 59.5 万亩,其中 17.1 万亩为高效节水灌溉,降低了灌溉用水毛定额,灌区净灌水率 $0.3 \sim 0.4 \mathrm{~m}^3/(\mathrm{s} \cdot 万亩)$,指标均较为先进,符合节水要求。因此,工程规模的确定符合节水原则,建设项目符合节水要求。

1.7.6 节水措施方案可行性

通过下六甲灌区建设,灌区可节约水量 10 825 万 m^3,节水潜力较大,节约水量用于满足新增农业灌溉需水量。为达到节水效果,本次提出了灌区水量监控等具体节水措施,建立完善的配套监控系统及量水设施,提出明确的节水保障措施,按照节水方案与建设项目"三同时"要求进行灌区建设管理,节水措施方案可行。

1.8 工程规划设计

1.8.1 工程等别及标准

1.8.1.1 工程等别

根据《水利水电工程等级划分及洪水标准》(SL 252—2017)及《灌溉与排水工程设计规范》(GB 50288—2018),本工程灌溉面积 59.5 万亩,属大(2)型灌区,工程等别为 Ⅱ 等工程。灌区内各建筑物级别按照相应的设计参数分别确定。

1.8.1.2 建筑物级别

1. 水源工程建筑物级别

1）引水枢纽

灌区共布置 9 座壅水堰，根据引水流量确定壅水堰建筑物级别，见表 1-8-1。

表 1-8-1 灌溉工程引水枢纽建筑物级别

序号	引水枢纽名称	建设性质	所在河流	拦河水位/m	引水流量/（m³/s）		等级
					设计	加大	
1	长村引水枢纽	拆建	落脉河	138.00	1.5	1.95	5
2	和平引水枢纽	拆建	水晶河	230.00	0.60	0.78	5
3	凉亭引水枢纽	拆建	桐木河	185.00	3.00	3.90	4
4	水晶引水枢纽	拆建	水晶河	129.00	1.80	2.34	4
5	百丈一干渠引水枢纽	拆建	门头河	180.00	0.40	0.52	5
6	百丈二干渠引水枢纽	拆建	门头河	170.00	0.80	1.04	5
7	廷岭引水枢纽	拆建	中平河	180.00	24.0	30.0	3
8	江头引水枢纽	拆建	中平河	175.00	1.50	1.95	5
9	罗柳总干渠引水枢纽	拆建	罗秀河	132.00	10.5	14.0	3

2）提水泵站工程永久性水工建筑物级别

提水泵站工程永久性水工建筑物级别见表 1-8-2。

表 1-8-2 灌溉工程中提水泵站工程永久性水工建筑物级别

编号	工程名称	工程类型	建设性质	设计流量/（m³/s）	提水净扬程/m	泵站装机容量/kW	装机台数	主要建筑物等级	次要建筑物等级
1	鸡冠泵站	一级泵站	拆除重建	0.3	30	330	3	4	5
2	屯抱泵站	一级泵站	新建	0.9	40	1 680	3	3	4

2. 渠道及渠系水工建筑物级别

1）灌溉渠道工程永久建筑物级别

灌溉渠道、引水渠道、调水渠道设计流量范围 0.1~10.5 m³/s，基本为 4、5 级建筑物。具体级别见表 1-8-3。

表 1-8-3 渠道设计参数

序号	所属区县	大灌片名称	分灌片名称	渠道级别	渠道名称	设计流量/（m³/s）	加大流量/（m³/s）	等级
1			落脉灌片	干渠	落脉干渠	1.9	2.5	5
2					大乐分干渠	0.5	0.65	5
3				支渠	古琶支渠	0.3	0.39	5
4					巴除支渠	0.2	0.26	5
5					侣塘支渠	0.7	0.91	5
6			长村灌片	干渠	长村干渠	2.0	2.6	5
7					长村水库引水渠	1.5	1.95	5
8					云岩干渠	0.5	0.65	5
9					南岸支渠	0.1	0.13	5
10					龙平支渠	0.1	0.13	5
11					三岔支渠	0.2	0.26	5
12					竹山分支渠	0.5	0.65	5
13	象州县	运江东灌片			暂村支渠	0.1	0.13	5
14					土办支渠	0.1	0.13	5
15					中便支渠	0.3	0.39	5
16					龙团支渠	0.2	0.26	5
17					回龙支渠	0.1	0.13	5
18					西巴支渠	0.1	0.13	5
19					马凤支渠	0.1	0.13	5
20					新寨支渠	0.2	0.26	5
21					料故支渠	0.1	0.13	5
22			桐木灌片	干渠	和平干渠	0.6	0.78	5
23					凉亭干渠	3.0	3.90	5
24					长塘干渠	1.0	1.30	5
25					太山干渠	0.5	0.65	5
26					石马支渠	0.4	0.52	5
27					长学支渠	0.2	0.26	5
28					那马支渠	0.1	0.13	5
29			水晶灌片	干渠	水晶干渠	1.8	2.34	5

续表 1-8-3

序号	所属区县	大灌片名称	分灌片名称	渠道级别	渠道名称	设计流量/（m³/s）	加大流量/（m³/s）	等级
30		运江东灌片	水晶灌片	支渠	官田支渠	0.1	0.13	5
31					福幸支渠	0.2	0.26	5
32					雷安支渠	0.3	0.39	5
33					保应支渠	0.2	0.26	5
34					新定支渠	0.1	0.13	5
35					长塘支渠	0.3	0.39	5
36			罗秀河上灌片	干渠	百丈一干渠	0.4	0.52	5
37					百丈二干渠	0.8	1.04	5
38			友谊灌片	干渠	江头干渠	1.5	1.95	5
39					友谊干渠	0.3	0.4	5
40				支渠	河村支渠	0.6	0.78	5
41					架村支渠	0.4	0.52	5
42	象州县	罗柳灌片	总干直灌灌片	干渠	罗柳总干渠	14	17.5	4
43				支渠	大周支渠	0.1	0.13	5
44					敖村支渠	0.2	0.26	5
45					秧岸支渠	0.4	0.52	5
46					易平支渠	0.6	0.78	5
47					弯龙支渠	0.1	0.13	5
48					红岭支渠	0.1	0.13	5
49					吉村支渠	0.2	0.26	5
50					芙蓉支渠	0.40	0.52	5
51			北干渠灌片	干渠	罗柳北干渠	3.5	4.60	5
52					两旺干渠	1.50	1.95	5
53					百万干渠	0.30	0.39	5
54				支渠	益母支渠	0.30	0.39	5
55					林塘支渠	0.20	0.26	5
56					三里支渠	0.20	0.26	5
57					屯抱支渠	0.90	1.17	5
58					吉次支渠	0.30	0.39	5
59					古音支渠	0.80	1.04	5

续表 1-8-3

序号	所属区县	大灌片名称	分灌片名称	渠道级别	渠道名称	设计流量/（m³/s）	加大流量/（m³/s）	等级
60				干渠	罗柳南干渠	5.50	6.88	4
61					上山支渠	0.10	0.13	5
62					麻皮支渠	0.10	0.13	5
63		罗柳灌片	南干渠灌片		谭村支渠	0.50	0.65	5
64				支渠	热水支渠	0.50	0.65	5
65					南柳连接干渠	1.5/1.2	1.95/1.56	5
66					古才支渠	0.30	0.39	5
67					石祥河引水干渠	1.7	2.21	5
68					柳江西分干渠	1.20	1.56	5
69				干渠	牡丹干渠	0.50	0.65	5
70					猛山干渠	2.80	3.64	5
71					龙旦干渠	1.50	1.95	5
72			马坪灌片		龙富支渠	0.50	0.65	5
73					下桥支渠	0.70	0.91	5
74	象州县			支渠	大山支渠	0.20	0.26	5
75					龙塘支渠	0.40	0.52	5
76					大曹支渠	0.50	0.65	5
77		柳江西灌片			龙兴支渠	0.70	0.91	5
78					丰收西干渠	1.50	1.95	5
79				干渠	丰收南干渠	3.50	4.55	5
80					石龙分干渠	2.40	3.12	5
81					白屯沟干渠	1.10	1.43	5
82					湾田支渠	0.30	0.39	5
83					福堂支渠	0.30	0.39	5
84			丰收灌片		高龙支渠	0.20	0.26	5
85					左村一支渠	0.20	0.26	5
86					左村二支渠	0.20	0.26	5
87				支渠	石塘支渠	0.30	0.39	5
88					白崖支渠	0.20	0.26	5
89					秤砣湾支渠	0.20	0.26	5
90					花山支渠	0.40	0.52	5
91					白屯沟支渠	0.70	0.91	5

续表 1-8-3

序号	所属区县	大灌片名称	分灌片名称	渠道级别	渠道名称	设计流量/（m³/s）	加大流量/（m³/s）	等级
92					石祥河干渠	8.00	10.00	4
93				干渠	福隆干渠	0.50	0.65	5
94					乐业干渠	0.50	0.65	5
95					石祥支渠	0.20	0.26	5
96					赖山电灌支渠	0.20	0.26	5
97					马王电灌支渠	0.20	0.26	5
98					马良支渠	1.50	1.88	5
99					马良分支渠	0.50	0.65	5
100					赖山分支渠	0.50	0.65	5
101					鱼步分支渠	0.30	0.39	5
102	武宣县	石祥河灌片	石祥河灌片		麻爪支渠	0.30	0.39	5
103					根村电灌一支渠	0.20	0.26	5
104				支渠	根村电灌二支渠	0.10	0.13	5
105					廷丁支渠	0.20	0.26	5
106					下陈支渠	0.20	0.26	5
107					小浪支渠	0.30	0.39	5
108					陇村支渠	0.50	0.65	5
109					武宣支渠	1.00	1.25	5
110					石苟支渠	0.40	0.52	5
111					七星支渠	0.20	0.26	5
112					大岭支渠	0.60	0.78	5
113					盘龙支渠	0.40	0.52	5

2）连通工程水工建筑物级别

连通工程水工建筑物级别见表 1-8-4。

表 1-8-4　连通工程水工建筑物级别

序号	工程名称	调水类型	灌片名称		设计长度/km	设计流量/（m³/s）	建筑物级别
			起点	终点			
1	南柳连接干渠	渠道连通	罗柳南干渠	柳江西分干渠	10.04	1.5～1.2	5
2	石祥河引水渠	水库连通	罗柳南干渠	石祥河水库	5.96	1.0	5

1.8.1.3　设计标准

1. 渠道工程洪水标准

排水、灌溉和供水工程中渠道永久性水工建筑物设计洪水标准按建筑物级别确定。

4 级建筑物设计洪水标准为 10 年一遇,校核洪水标准为 30 年一遇。

5 级建筑物设计洪水标准为 10 年一遇,校核洪水标准为 20 年一遇。

2. 泵站工程洪水标准

灌区共设置取水泵站 2 座,泵站永久性水工建筑物洪水标准成果见表 1-8-5。

表 1-8-5　泵站永久性水工建筑物洪水标准成果

编号	工程名称	工程类型	主要建筑物级别	设计洪水标准	校核洪水标准
1	鸡冠泵站	拆建	4	20 年一遇	50 年一遇
2	屯抱泵站	新建	3	30 年一遇	100 年一遇

1.8.2　工程总布置及建筑物设计

1.8.2.1　水源工程布置

1. 引水工程布置

壅水堰与引水闸结合是本灌区的主要引水形式。本工程计划拆建拦河壅水堰 9 处,堰顶高程依据引水渠渠道水位按自流引水拟定,基本维持原设计规模。壅水堰设计成果见表 1-8-6。

表 1-8-6　引水枢纽壅水堰设计成果

序号	引水枢纽名称	二级灌片	建设性质	所在河流	拦河水位/m	坝长/m	坝高/m
1	长村引水枢纽	长村灌片	拆建	落脉河	138.00	150	10.0
2	和平干枢纽	桐木灌片	拆建	水晶河	230.00	78	8.0
3	凉亭坝干枢纽		拆建	桐木河	180.80	131	11.5
4	水晶干枢纽	水晶灌片	拆建	水晶河	129.00	200	12.0
5	百丈一干枢纽	罗秀河上灌片	拆建	门头河	180.00	110	9.0
6	百丈二干枢纽		拆建	门头河	170.00	60	8.0
7	廷岭引水枢纽	友谊灌片	加固	中平河	180.00	220	10.0
8	江头干枢纽		拆建	中平河	175.00	250	12.0
9	罗柳总干枢纽	总干直灌灌片	拆建	罗秀河	132.00	200	12.0

根据灌区壅水堰地形、地势以及取水水位情况,本阶段采用凉亭取水枢纽为典型设计,壅水堰高 11.5 m,坝长 131 m。

2. 提水工程布置

本灌区水源泵站工程均从河道及水库提水。本次规划下六甲灌区拟建泵站 2 处。泵站包括泵房,进、出水建筑物,供电和交通设施的布置。泵站采用岸边式厂房,进水系统采用开敞式渠道,站前设置进水控制闸。厂房后接压力出水钢管,水流经泵站加压后至山顶高位出水池,提供灌溉用水,具体成果见表 1-8-7。

表 1-8-7　泵站设计成果

编号	工程名称	工程类型	设计流量/(m³/s)	提水净扬程/m	泵站装机容量/kW	装机台数/台	泵房型式	初拟泵房尺寸/m(长×宽×高)	水泵进水池水位/m	水泵出水池水位/m
1	鸡冠泵站	一级泵站	0.3	30	330	3	干室单层	18×10.6×12	90	120
2	屯抱泵站	一级泵站	0.9	40	1 350	3	干室单层	31.5×14×16.3	120	160

1.8.2.2　渠系工程布置

下六甲灌区运江东灌片、罗柳灌片及石祥河灌片均存在较全面的灌溉渠系,本次可以利用改建。因为建设年代久远及建设规模不足,导致设计标准不够。

1. 运江东灌片

灌片共包括 4 个二级灌片,分别为落脉灌片、长村灌片、桐木灌片、水晶灌片,其中包括干渠 8 条,分干渠 1 条,支渠 26 条。

(1)落脉灌片包括落脉干渠以及大乐分干渠,支渠包括古琶支渠、巴除支渠和侣塘支渠。落脉干渠现状使用完好,维持现状,从落脉河水库取水,自落脉村穿过,渠长 3.17 km,末端分别接侣塘支渠。干渠渠首设计水位 200 m,设计流量 1.9 m³/s,加大流量 2.5 m³/s。

大乐分干渠自落脉干渠桩号 LM2+017 处分水,分水闸进口水位高程 180 m,设计流量 0.5 m³/s,加大流量 0.65 m³/s。利用原有的渠道,现状毁坏严重的全部拆除重建,沿北侧绕过大乐镇,渠道末端分别接巴除支渠和古琶支渠,分干渠长 3.07 km。

(2)长村灌片干渠包括长村干渠、长村水库引水渠、云岩干渠以及包括南岸支渠在内的 13 条支渠。长村干渠自长村水库取水,长度为 30.53 km,沿线布置 13 条支渠,分别为南岸支渠、龙平支渠、三岔支渠、暂村支渠、土办支渠、中便支渠、竹山支渠、龙团支渠、回龙支渠、西巴支渠、马凤支渠、新寨支渠、料故支渠。

竹山支渠自长村干渠桩号 CC19+704 分水,为长村干渠与水晶干渠连通渠道,长度 6.28 km。云岩干渠自云岩水库取水,长度 9.63 km。

(3)桐木灌片包括 4 条干渠,3 条支渠。其中和平干渠长度为 23.87 km,凉亭干渠长度为 15.60 km,太山干渠长度为 7.33 km,长塘干渠长度为 5.53 km。长塘干渠起点为长塘水库,末端连通水晶干渠,对应水晶干渠桩号为 SJ2+990。凉亭干渠自凉亭引水枢纽引水,利用现有渠道布置至长塘水库北侧。太山干渠自太山水库取水,末端与凉亭干渠相接。和平干渠自和平引水枢纽引水,利用现有渠道向北布置。灌片内支渠包括凉亭干渠沿线石马支渠,长塘干渠沿线长学支渠以及那马支渠。

(4)水晶灌片包括水晶干渠以及沿线6条支渠,分别为官田支渠、福幸支渠、雷安支渠、保应支渠、新定支渠、长塘支渠。其中水晶干渠自水晶河取水,长度为30.96 km。

2. 罗柳灌片

灌片共包括5个二级灌片,分别为罗秀河上灌片、友谊灌片、总干直灌灌片、北干渠灌片、南干渠灌片,干渠11条,支渠21条。

1)罗秀河上灌片

规划2条干渠。现状渠道年久失修无法利用,因此本次规划百丈一干渠和百丈二干渠,均从门头河中取水。干渠总长24.5 km,局部使用完好维持现状,其余为土渠,需要维修衬砌。

百丈一干渠从门头河取水,设引水枢纽和取水闸,之后向北途经上甫、下甫、马来、谢石、屯弯、柳村,在大桥西侧到达渠道末端,渠长13.5 km,设计流量0.4 m³/s。百丈二干渠从门头河取水,设引水枢纽和取水闸,之后向北途经石记、那旦、新寨村、大满村,在梧桐西村西侧到达渠道末端,渠长11.0 km,设计流量0.8 m³/s。

2)友谊灌片

规划2条干渠,2条支渠。现状渠道年久失修无法利用,为提高渠道利用效率,本次规划友谊干渠和江头干渠,友谊干渠主要采用维修加固,从廷岭引水渠中取水;江头干渠主要采用新建,局部维修衬砌,从下六甲水库坝下游古麦河取水。2条支渠均维修衬砌。干渠总长26.6 km,支渠总长7.7 km。

江头干渠从下六甲水库坝下游滴水河取水,经江头向北,途经六鸣、石龙、大旺、长八、上长满,在金秀河左岸附近到达渠道末端,渠长19.3 km,设计流量1.5 m³/s。江头干渠有2条支渠,分别为河村支渠、架村支渠。

友谊干渠从廷岭电站到中平电站连接渡槽中取水,向南途经落沙、旱塘、大架村、平贯,在白敖东侧达到渠道末端,渠长7.3 km,设计流量0.3 m³/s。

3)总干直灌灌片

总干直灌灌片规划干渠1条,支渠8条。干渠总长23.5 km,支渠总长34.2 km,其中渡槽4座。

罗柳总干渠为现有渠道,部分渠道现状完好,但由于运行时间长,部分渠道老化,人畜破坏,已极不成形,淤积严重,砌石衬砌段砌石质量差。因此,本次规划在原有总干渠的基础上对可利用的渠道进行部分维修加固,而对渗漏严重段进行原地拆除重建。

罗柳总干渠渠首位于中平镇普化村对岸罗秀河拦河坝进水闸。罗柳总干渠向西南方向,经上良山、新良山、新村,至大周水库,出库后向西绕蓝靛坑水库,经木苗、冲天桥后向南,再经吉村、仁岩后到达渠道末端,位于罗秀河士会水利站西侧附近,到达渠道末端。干渠全长23.5 km,渠首设计流量为10.5 m³/s。

罗柳总干渠主要任务为向罗柳北干渠、罗柳南干渠、柳江西灌片和石祥河灌片输水。

罗柳总干渠布置有8条主要支渠,分别为大周支渠、敖村支渠、秧岸支渠、易平支渠、弯龙支渠、红岭支渠、吉村支渠、芙蓉支渠。支渠均为已建渠道,弯龙支渠、红岭支渠、吉村支渠、芙蓉支渠以维修加固;易平支渠需要拆除重建;其余支渠都以拆除重建为主,局部维修衬砌。

4)北干渠灌片

北干渠灌片规划干渠3条,支渠6条。干渠总长39.7 km,支渠总长20.35 km,其中渡槽1座。

干渠局部渠段坍塌、渗漏较严重,影响通水,采用衬砌防渗段总长仅有6 km左右,其余段渠道断面不规则,断面窄宽不一,凹凸不平,淤积严重,需要拆除重建。因此,本次规划北干渠以拆除重建为主,局部维修衬砌;两旺干渠及百万干渠全部拆除重建设计。

北干渠布置有6条支渠,分别为益母支渠、林塘支渠、三里支渠、屯抱支渠、吉次支渠、古音支渠。支渠中屯抱支渠为新建渠道,益母支渠拆除重建,其余支渠全部拆除重建。

罗柳北干渠在总干渠末分水后,向北经小士会、大黎、林塘村之后转入罗秀河左岸沿山坡走行,经东屯抱、郭村、鸡冠、古琶、吉次,到达渠道末端两旺水库,全长28.6 km,渠首引水流量3.5 m³/s。

两旺干渠从两旺水库取水,向北途经小旺、大旺、龙塘、水寨,到达渠道末端百万水库,渠长10.0 km,设计流量1.5 m³/s。

百万干渠从百万水库取水,向北途经芽村,渠长1.1 km,设计流量0.3 m³/s。

5)南干渠灌片

罗柳南干渠灌片规划干渠3条,支渠5条。干渠总长41.2 km,支渠总长41.8 km,渡槽4座。

南干渠现状渠道利用系数低,且渠道渗漏大,断面不规则,表面粗糙,过水能力较低。大部分渠道为土渠段未衬砌,因此本次规划南干渠主要是在原有南干渠的基础上以维修加固为主,局部拆除重建。

南干渠主要任务为承接罗柳总干渠,向柳江灌片和石祥河灌片引水。罗柳南干渠在罗柳总干渠末分水后,向西南经大士会、落田、麻科、横桥、花池、西热水,至花山水电站前池,该段长24.0 km,渠首引水流量5.0 m³/s。

南干渠布置有5条支渠,分别为上山支渠、麻皮支渠、谭村支渠、热水支渠、古才支渠。热水支渠、古才支渠为新建渠道;上山支渠、谭村支渠维修衬砌;麻皮支渠以拆除重建为主,局部维修衬砌。

3. 柳江西灌片

柳江西灌片共包括2个二级灌片,分别为马坪灌片、丰收灌片,干渠8条,支渠16条。

1)柳江西分干渠

柳江西分干渠为本次规划的新建渠道,渠首位于柳江河西岸与罗柳连接渠末端,渠首设计流量1.2 m³/s。柳江西分干渠向西南方向,经三菀树、龙平、古天水库而后折向北西,经尖山村至龙旦水库后,采用压力管道继续向西北方向进牡丹水库,全长21.96 km。

柳江西分干渠布置有2条主要支渠,分别为龙富支渠、下桥支渠。主要任务为向龙旦水库、牡丹水库及丰收水库输水。

2)龙旦干渠

龙旦干渠现状渠道利用系数低,且渠道渗漏大,断面不规则,表面粗糙,过水能力较低。部分渠道为土渠段未衬砌,人畜破坏,已极不成形,因此本次规划拆除重建。渠道维持原有渠道走向,始于龙旦水库放水管出口,利用 2.56 km 原有灌溉渠道,跨过高龙河右岸后新建 4.35 km 渠道接原大曹支渠,通过改造原大曹支渠 2.39 km 渠道接入丰收水库,全长 9.3 km。除新建 4.35 km 渠道外,还对原有 4.95 km 渠道进行拆除重建,渠首设计流量 1.5 m³/s。

龙旦干渠布置有 1 条主要支渠,为大曹支渠。主要任务为向丰收水库输水。

3)牡丹干渠

牡丹干渠现状渠道利用系数低,且渠道渗漏大,断面不规则,表面粗糙,过水能力较低。部分渠道为土渠段未衬砌,人畜破坏,已极不成形,因此本次规划拆除重建。渠道维持原有渠道走向,始于牡丹水库低出口,新建压力管过高龙和右岸接原有灌溉渠道,向南延高龙河右岸至那选水库附近为止,全长 9.69 km。除新建 1.07 km 压力管道外,还对原有 8.62 km 渠道进行拆除重建,渠首设计流量 0.5 m³/s。

4)猛山干渠

猛山干渠现状渠道利用系数低,且渠道渗漏大,断面不规则,表面粗糙,过水能力较低。部分渠道为土渠段未衬砌,人畜破坏,已极不成形,因此本次规划拆除重建。渠道维持原有渠道走向,起点位于柳江边的猛山一级站,一直往北经发岭、古德后终点位于丰收水库古德副坝放水口,全长 11.2 km,渠首设计流量 2.8 m³/s。

猛山干渠布置有 1 条主要支渠,为大山支渠。另有下桥支渠及龙兴支渠与其连通,为其补水。

5)丰收西干渠

丰收西干渠为本次规划的新建渠道,渠道始于丰收水库大利副坝放水塔出口,一直向西终于大唐东干渠,全长 1.85 km。其主要任务是向大唐水库及大唐东干渠补水,渠首设计流量 1.5 m³/s。

6)丰收南干渠

丰收南干渠为本次规划的新建渠道,渠道始于丰收水库木峨副坝放水塔出口,向南经横星、藕塘村后终于石龙分干渠,全长 3.11 km,渠首设计流量 3.5 m³/s。

丰收南干渠布置有 3 条主要支渠,分别为湾田支渠、福堂支渠及高龙支渠。

丰收南干渠主要任务为向石龙分干渠补水。

7)石龙分干渠

石龙分干渠现状渠道利用系数低,且渠道渗漏大,断面不规则,表面粗糙,过水能力较低。部分渠道为土渠段未衬砌,人畜破坏,已极不成形,因此本次规划拆除重建。渠道维持原有渠道走向,起点位于丰收南干渠末端,向南经马列、左村后跨 209 国道后继续向南经大石塘村、小石塘村后终于花山村附近,全长 7.72 km,渠首设计流量 2.4 m³/s。

石龙分干渠布置有 6 条主要支渠,分别为左村一支渠、左村二支渠、石塘支渠、白崖支渠、秤砣湾支渠及花山支渠。

8)白屯沟干渠

白屯沟干渠现状渠道利用系数低,且渠道渗漏大,断面不规则,表面粗糙,过水能力较低。部分渠道为土渠段未衬砌,人畜破坏,已极不成形,因此本次规划拆除重建,渠道维持原有渠道走向,起点位于白屯沟一级站,向东南石塘村附近与石龙分干渠相连接,全长 4.25 km,渠首设计流量 1.1 m³/s。

白屯沟干渠布置有 1 条主要支渠,为白屯沟支渠,通过白屯沟支渠向北与石龙分干渠连接。

4. 石祥河灌片

石祥河灌区包括金鸡乡、黄茆镇、二塘镇和武宣镇等四个乡镇 48 个村及 2 个国营农场。灌区呈长条形,灌区地形东高西低、北高南低。灌区自流灌溉的水源为石祥河水库。

石祥河灌片包括 3 条干渠,19 条支渠。石祥河灌区大部分渠系及渠系建筑物都是在 20 世纪 60 年代建设而成的,灌区的总体布置及渠系走向经多年运行,均已定形,此次改造绝大部分是在原渠道上做维修及拆除重建工程,少部分新建。

1) 石祥河干渠

石祥河干渠是石祥河灌区的主干渠,对 35.1 km 渠道进行拆除重建,对近几年已维修衬砌的 20 km 渠道维持现状。石祥河干渠从石祥河水库引水,渠首与坝后电站尾水渠相接,渠首设计流量 8.0 m³/s,加大流量 10.0 m³/s,由北向南大致从灌区东边穿过,全长 50.1 km。

石祥河干渠有 19 条支渠,分别是石祥支渠、赖山电灌支渠、马王电灌支渠、马良支渠、马良分支渠、赖山分支渠、鱼步分支渠、麻爪支渠、根村电灌一支渠、根村电灌低支渠、廷丁支渠、下陈支渠、小浪支渠、陇村支渠、武宣支渠、石苟支渠、七星支渠、大岭支渠、盘龙支渠。

2) 福隆干渠

福隆干渠从福隆水库取水后汇入石祥河干渠,全长 12.0 km,设计流量 0.5 m³/s,加大流量 0.65 m³/s。

3) 乐业干渠

乐业干渠为新建干渠,从乐业水库取水汇入石祥河干渠,全长 1.0 km,设计流量 0.5 m³/s,加大流量 0.65 m³/s。

1.8.2.3 管道工程布置

下六甲灌区工程仅柳江西灌片部分渠道局部布置有压力管道,分别为河西分干渠龙旦至牡丹段、牡丹南干渠、龙富支渠。

(1)河西分干渠龙旦至牡丹段。

该段管道接河西分干渠龙旦分水闸,之后向北跨龙旦水库库区经大古大村到达牡丹水库,全长 3.5 km,管长 4.2 km,设计流量 0.3 m³/s。管道采用球墨铸铁管,管径 0.8 m。

(2)牡丹南干渠。

该段管接牡丹水库低出口,向西跨越高龙河接原灌溉渠道,全长 1.07 km,管长 1.28 km,设计流量 0.7 m³/s。管道采用球墨铸铁管,管径 1.0 m。

(3)龙富支渠。

该段管在河西分干渠 6+160 处接出,延省道 S307 向西跨越龙福河后接新建龙富支渠渠道,全长 2.11 km,管长 2.53 km,设计流量 0.5 m³/s。管道采用球墨铸铁管,管径 0.6 m。

1.8.2.4　连通工程布置

柳江西灌片水源主要来自柳江,灌溉主要以提灌为主,存在严重的水源不足问题,所以本次规划通过柳江东引水,设置倒虹吸跨越柳江,实现水系连通,达到全面灌溉约 9 万亩灌溉面积的目标。所以,从花山电站前池起,布置南柳连接干渠,将罗柳南干渠的水引至龙旦水库。

石祥河水库为石祥河灌片的主要供水水源,为补充水量,从罗柳南干渠花山水库段取水,布置石祥河引水渠,引水至石祥河水库,作为罗柳灌片与石祥河灌片的连通工程。

1.8.2.5　田间工程布置

下六甲灌区田间工程设计灌溉面积共 60.0 万亩。

依据《灌溉与排水工程设计标准》(GB 50288—2018) 规定选取典型区进行田间渠系布置,并以此推广至整个灌区。

为达到适时灌溉节约用水的要求,田间灌排系统的布置情况如下:

(1)将灌溉渠道和排水沟道、田间道路作为一个整体。以田块为单元,做到能排能灌、排灌自如,排灌分开,便于机耕、方便生产、运输。将沟渠一直布置到地块。每一个地块均有进水口和排水口,进水口布置于地势较高处,排水口位于地势较低处。

(2)合理配置各级渠道。典型设计以现状地形条件为基础,考虑土地整理的方向和排水方向。

现状典型区长边基本平行等高线,渠道级数的配置主要采用两种形式:一种按干、支、斗、农四级配置;另一种按干、斗、农三级配置,即特殊地块,两侧被冲沟切割包围,为减少跨沟建筑物,可直接在干渠上开门,但需严格控制。

(3)尽量减少渠道无效行程,尽量集中穿越公路,减少穿越公路的其他建筑物的数量,以减少工程量。

(4)为今后便于管理和运行,每条渠道的进水口,均设有闸门。

(5)农渠为配水渠道,分为单向和双向两种配水方式。一般坡面上的农渠为单向配水,山脊上的农渠为双向配水。

(6)农渠间距根据布置要求,一般设为 100~200 m,即为田块地块的长度。农渠长度一般在 400~800 m。农渠基本垂直斗渠。山边坡地带局部可布置成斜交。斗渠一般垂直支渠或干渠布置,长度在 1~3 km。其间距由实际地块及农渠长度定,即 400~800 m。

灌区地形复杂,考虑充分利用原有的渠道、沟道、道路等工程,因此局部地区布置不一定十分规整,但要求渠系配套,灌排自如。

(7)排水沟系布置。

排水沟和灌溉渠道相应布置,规划布置到农渠。农渠一般对应一条农渠或两条农渠布置,分两种形式:①单向集水,这种形式是布置在坡面上的,与渠道相对应,分别布置在田地块的两侧,排水沟布置在地块的低侧;②双向集水,这种形式的排水沟主要布置在双侧均为高处的凹部,灌溉渠分别布置在两侧的高地上,地表水由两侧的高处向凹处的排水沟汇集。

区内天然河道、冲沟较多,在雨季可作为天然排水承泄区。不再另外进行排水沟系设计。

（8）田间道路的布置。

灌区均按山、水、林、田、路，高产稳产的现代化农业要求，将渠道、沟道和道路作为一个整体进行规划。道路设置以便于机耕和运输为原则，排水沟旁不设道路。其布置有以下几种形式：①单向灌水渠道对应的道路布置在沟渠中间，其形式为沟—路—渠。②双向灌水渠道对应的道路布置在渠旁，其形式为渠—路或渠—路—渠。

本次规划根据实际地形，选取合理的布置。

根据典型区选取原则，选择灌区内地形、地貌、种植结构、交通条件、灌排条件相似的灌片作为典型区。典型设计中，支渠采用续灌方式设计，斗渠、农渠按轮灌方式设计。续灌渠道加大流量的加大百分数采用30%。

1.8.3 机电及金属结构

1.8.3.1 水力机械

规划拆除/新建2座泵站，其中拆建1座为鸡冠泵站，新建1座，为屯抱泵站。鸡冠泵站：泵站设计流量0.3 m^3/s，加大设计流量0.39 m^3/s，设计扬程40 m，初步选择3台水泵双吸式离心泵组，单泵设计流量0.16 m^3/s，水泵设计扬程40 m，水泵转速1 480 r/min，配套电机功率110 kW，泵站装机容易330 kW。

屯抱泵站：泵站设计流量0.9 m^3/s，加大设计流量1.17 m^3/s，设计扬程53 m，初步选择3台水泵双吸式离心泵组，单泵设计流量0.5 m^3/s，水泵设计扬程53 m，水泵转速980 r/min，配套电机功率450 kW，泵站装机容易1 350 kW。

初步确定对干渠和支渠采用超声波进行测流，水位测量采用投入式水位计或超声波水位计进行测量。

管道供水根据口径不同分别采用超声波测流或电磁流量计测流。

所有流量及水位信号通过无线或有线上送至监控中心。

1.8.3.2 电气一次

本工程为灌溉工程，所有用电负荷功能均为灌溉，干渠和支渠均无防洪、泄洪要求，因此根据用电负荷性质所有永久供电负荷初拟为三级负荷。

泵站主要功能为加压供水，根据用电负荷等级的划分原则和供电可靠性的要求，泵站负荷暂定为三级供电负荷，具体根据各泵站管理运行要求在下阶段确定，暂拟采用一回10 kV线路为供电电源。

1.8.3.3 电气二次及通信

灌区骨干渠道重要进水闸、节制闸、分水闸以及各级泵站采用计算机监控，系统按照"无人值班，少人值守"的原则进行总体设计，灌区控制系统拟采用分层分布式控制结构，设现地控制级、分中心控制级及远程调度控制级。

根据工程布置，针对灌区闸（阀）门、泵站及水库特点分别配置相应的控制设备；各重要站点信息经通信通道上传至所属的调度分中心处，并可接收远程控制指令。

灌区内引水枢纽、水库、泵站及干渠重要闸站均设置相应的通信设备。灌区设置视频监控系统，系统以现地实时监视为主，远程监视以分析事故原因为主。

整个灌区通信传输采用自建光纤结合租用公网专线为主，辅以物联网、4G/5G通信相结合的建设方案,并按此进行设计。根据传输业务需求分别组建控制网与管理网。

1.8.3.4　金属结构

下六甲灌区金属结构设备主要分布在引水枢纽、泵站、渠道干渠及支渠等部位。闸门型式拟选用铸铁闸门或平面钢闸门,启闭设备采用螺杆启闭机或卷扬启闭机。

1.8.4　信息化工程

下六甲灌区信息化建设,紧紧围绕水资源高效利用以及工程安全运行的需求,覆盖数据采集、传输、存储、综合分析、应用决策及信息服务等各个环节,把信息技术贯穿于灌区运行管理的全过程,统一建设、分级部署、多方共享。

下六甲灌区信息化建设内容主要包括监测感知体系、自动化控制系统、通信及网络系统、数据中心及应用支撑平台、业务应用系统、运行实体环境、系统安全体系等;建设以BIM+GIS技术为支撑的灌区"一张图",对水位、水量、工情、墒情等各类监测数据进行综合监视,业务应用范围涵盖下六甲灌区各项管理职能,主要包括灌区水量调度、工程管理、水费征收以及办公自动化等。

1.8.5　工程施工

1.8.5.1　施工条件

下六甲灌区范围内地势东高西南低,地处桂中盆地东南,西部是丘陵岩溶平原,中部广大地区为平原台地。输水线路沿线地貌主要为侵蚀剥蚀中低山、河谷阶地地貌、侵蚀剥蚀丘陵及岩溶溶蚀地貌。线路布置呈带状分布,施工线路长,地势相对较平缓,施工场地可根据线路工程的具体情况采用分散或集中布置型式,施工场地布置条件较好,能满足施工布置要求。

下六甲灌区涉及来宾市的象州县、武宣县和金秀县三县,工程布局较为分散。象州县县城距柳州市公路里程约为 63 km,距来宾市公路里程约为 85 km;武宣县县城距柳州市公路里程约为 97 km,距来宾市公路里程约为 77 km。灌区内对外交通有柳武高速公路、国道 G209、省道 S307 通过,同时还有 X612 等县道、乡道与省道和国道相联通,共同组成灌区内的交通网络,物资材料运输方便。

工程所需钢筋、钢材、木材、油料、炸药等可从象州和武宣县城建筑市场采购。所需水泥从来宾八一水泥厂或武宣县水泥厂采购,根据灌区所在地情况就近选用。所需生活物资在工程沿线县城或乡镇集市就近采购。

施工生产用水可从沿线沟、塘抽取,生活用水可从附近村、镇拉水供应。施工所需电源可从附近自然村 10 kV 输电线路 T 接至工地,局部采用移动式柴油发电机供电。工程沿线大部分地区有移动信号覆盖,可利用现有通信网络,部分地区信号较差可考虑其他通信方式。

1.8.5.2　料场的选择与开采

本工程土石方开挖量大于土石方填筑量,因此土石方回填优先利用满足填筑要求的开挖料。本工程所需天然建筑材料主要为砂砾石料和石料,可沿线路就近选取。本阶段对天然建筑材料进行了初步调查,其具体分布范围、储量及质量等有待下阶段进一步查明。

1.8.5.3 施工导流

1. 导流标准

本工程有9座引水枢纽,建筑物级别2座为3级,2座为4级,5座为5级;2座提水泵站,建筑物级别1座为4级,1座为5级。依据《水利水电工程施工组织设计规范》(SL 303—2017)的规定,本工程引水枢纽和提水泵站的导流建筑物等级均为5级。围堰为土石结构,施工洪水标准采用5~10年。考虑导流建筑物施工程序简单,围堰工程规模、技术难度不大,导流工程投资采用上限值和下限值相差不大,因此采用上限值10年一遇洪水标准。

输水线路所有渠(管)道建筑物级别均为4、5级,因此相应导流建筑物级别为5级,采用枯水期5年一遇洪水作为导流设计洪水标准。

田间工程施工受洪水影响较小,本阶段不考虑导流设计。

2. 导流方式

拦河壅水坝是灌区的主要引水水源工程形式,本灌区重建拦河壅水坝9处,根据水工建筑物的布置、地形及地质条件,壅水坝施工导流采用分期导流方式。施工导流一期原河道过流,布置一期围堰施工冲砂闸、引水闸和部分壅水坝段及其上下游铺盖、消力池;二期由冲砂闸和一期施工的壅水坝段联合泄流,布置二期围堰施工剩余的壅水坝段及其上下游铺盖、消力池。

本工程拟建水源泵站1处,为鸡冠泵站。鸡冠泵站位于河道岸边,施工期间需要进行导流。施工导流方式采用岸边式围堰+束窄河床导流。泵站底部施工尽量安排在河水水位较低的时期,因此泵站施工时段选择在枯水期内进行。

输水线路沿线除柳江倒虹吸以外,其他跨河、跨沟建筑物规模均不大,安排在枯水期施工,拟采用分期导流的方式。

1.8.5.4 主体工程施工

针对主体工程的设计方案及有关工程量,各主体工程采用相应的施工方法。

1.8.5.5 施工交通及施工总布置

1. 施工交通

本灌区工程拟采用以公路运输为主的运输方式,现有公路直通工程区各施工点附近,外来物资及材料运输可通过道路运输至各施工区。泵站工程考虑后期永久交通要求需修建永久进厂路,路面宽6.0 m,路基宽6.5 m,沥青混凝土路面。

输水线路工程施工需考虑至临时施工工区和弃渣场的临时施工道路以及沿线路平行布置的施工辅道,以满足土石方、混凝土、管道、钢材、模板和施工机械等的运输需求。临时施工道路采用泥结碎石路面,路面宽6.0 m,路基宽6.5 m。施工辅道采用泥结碎石路面,干渠施工辅道路面宽4.5 m,支渠施工辅道路面宽3.5 m。

2. 施工总布置

1) 施工分区

根据施工分区原则及工程布置特点,引水枢纽单独设置工区,渠道沿线按8~10 km分区分散布置施工生产和生活福利设施。本工程共设置99个工区。

2) 施工工厂设施

根据各工区施工特点及施工进度安排,本工程分为水源工程工区和输水线路工区,各施工工区内主要布置有混凝土生产系统、钢木加工厂、综合保修厂、机械停放保养场、施工供风供水系统、仓库系统及生活设施等。

本工程所需砂、石料均采用外购获得,不再布置砂石加工系统。本工程施工占线较长,施工工作面分散,混凝土生产系统采用随工作面分散布置的方式。根据混凝土强度的高低,引水枢纽和泵站工程在工区内布置固定拌合站,线路工程沿线布置移动式拌合机承担混凝土的拌合任务。

工程施工所需生产用水可在附近的河沟、渠道中就近抽取预存供混凝土搅拌或其他施工用水使用,生活用水直接从居民生活用水处装表引接。本工程的施工供风系统主要承担石方开挖用风,选用固定式与移动式空压机结合布置。本工程用电部位主要是混凝土生产系统、施工工厂设施、混凝土浇筑设备、施工现场照明、施工生活用电等。施工所需电源可从附近自然村 10 kV 输电线路 T 接至工地,距离村庄较远的地方采用柴油发电机发电。

3) 施工占地

本工程施工占地主要包括生产生活区、施工道路、临时作业区(包括临时堆土区、施工辅道、材料堆放区等)和弃渣场等。

1.8.5.6　施工总进度

工程建设全过程可划分为工程筹建期、工程准备期、主体工程施工期和工程完建期四个施工时段,工程施工总工期为后三项工期之和。

根据工程建设内容以及施工条件、施工强度等进行施工进度安排,征求业主对工期的要求并考虑资金筹措情况后,拟定本工程施工工期为 48 个月,第一年 1 月开工,第四年12 月底工程完工。

1.9　建设征地及移民安置

1.9.1　主要实物成果

下六甲灌区工程涉及 1 个市 3 个县(区)15 个乡镇,下六甲灌区工程征地总面积29 229.21 亩,其中征收土地总面积 6 186.80 亩(含管理所及后方基地 57.06 亩),征用土地总面积 23 042.41 亩。建设征地涉及农村道路 70.450 km,10 kV 输电线路 51.934 km,通信线路 38.926 km。

1.9.2　移民安置总体方案

生产安置:下六甲灌区工程生产安置人口基准年 2020 年生产安置人口为 916 人,其中金秀县 105 人,象州县 718 人,武宣县 93 人;按自然增长率 8‰,规划水平年共计 956人,其中金秀县 109 人,象州县 748 人,武宣县 99 人。

根据环境容量初步分析,在充分征求地方政府意见以及结合移民安置意愿的基础上,对建设征地的生产安置人口采用一次性货币补偿安置。

规划复建农村道路 84.540 km，复建 10 kV 输电线路 62.321 km，通信线路 46.711 km。

1.9.3 移民安置补偿投资

下六甲灌区工程建设征地静态补偿总投资 89 821.07 万元，其中农村部分 49 852.98 万元，专业项目 6 567.75 万元，其他费用 7 584.84 万元，基本预备费 12 144.34 万元，有关税费 12 290.93 万元，新址征地费 1 380.23 万元。

1.10　水土保持

工程所在地为广西来宾市，根据《全国水土保持规划(2015—2030 年)》和《广西壮族自治区水土保持规划(2016—2030 年)》，项目区属桂中低山丘陵自治区级水土流失重点治理区。

项目区所在区域属于全国土壤侵蚀类型一级区划的南方红壤区、二级区划的南岭山地丘陵区，土壤容许流失量为 500 t /(km² · a)。

依据防治责任划分原则和依据，本工程水土流失防治责任范围总面积为 2 425.06 hm²。

按工程的施工特点和水土流失的特性可将工程区划分为水源工程区和输水管线工程 2 个一级防治分区；各一级分区下设主体工程区、弃渣场区、施工生产生活区、交通道路区等 4 个二级防治分区。

水土流失防治标准执行南方红壤区水土流失防治一级标准。水土保持措施、工程措施、植物措施、临时措施相结合，充分发挥水土保持功效以减少水土流失。

下六甲灌区工程水土保持总投资 7 482.53 万元。

1.11　环境影响评价

1.11.1 环境现状调查与评价

下六甲灌区位于广西壮族自治区中部，范围涉及来宾市的象州县、武宣县。下六甲灌区属于全国粮食、糖料蔗主要产区。

根据调查数据及来宾市生态环境局例行监测数据显示，项目区域地表水水质各项指标均能满足《地表水环境质量标准》水质要求，基本满足供水水质要求。

本项目位于农村地区，功能区划属环境空气质量二类区，根据现场查勘情况预计满足《环境空气质量标准》(GB 3095—2012)二级标准。

根据现场踏勘，项目所在地周围无重大企业噪声污染源，能够满足声功能质量要求。

经现场调查，本工程评价范围内主要植被类型以次生或人工植被为主，群落结构简单，植被类型较为单一，现状植被主要有马尾松、杉木、竹子、灌草丛及农作物等，无珍稀保护物种。

根据来宾市陆生生态相关资料,灌区范围内未发现国家级保护动物及广西自治区级保护动物。灌区覆盖范围主要为象州及武宣县,未涉及金秀县大瑶山自然保护区。

根据叠图分析,工程永久占地、临时占地及新增灌面均不涉及森林公园、风景名胜区、湿地公园、地质公园、饮用水水源保护区等环境敏感区。

截至本报告编制时,广西壮族自治区尚未发布国土空间规划及生态保护红线正式稿,相应生态保护红线管控要求也未颁布。根据前期收集的生态保护红线初步成果,本次下六甲灌区规划工程未占压生态保护红线。根据生态保护红线管控要求讨论稿(暂未发布),基础设施建设工程中灌区项目的水闸、渠道等点状、线状工程,"自然保护地外红线区域现状基础设施保留在红线内;必须且无法避让、复核县级以上国土空间规划的线性基础设施、供水、防洪设施的建设与运行维护保留在生态保护红线内",下阶段将进一步落实相关管理和保护要求。

1.11.2　环境影响分析

本次项目建设符合相关法律法规的要求;工程建设符合相关国家产业政策,与相关规划及功能区划保持一致性和协调性。

下六甲灌区项目的建设,解决了桂中干旱地区农田灌溉供水的水资源短缺问题,缓解了供需矛盾,促进了来宾市经济社会的可持续发展,对维持区域生态平衡,确保国民经济与社会的健康协调发展具有很大的积极作用。但同时,工程的建设不可避免地对当地的水环境、空气环境、声环境、陆生水生生态、社会环境等造成一定的不利影响。

1.11.3　环境保护对策与措施

工程建设对环境的不利影响主要是工程占地造成一定土地资源的占用和植被的破坏,由此可能引起一定的水土流失以及工程施工期间产生的"三废"污染等。针对工程建设对环境的不利影响,采取相应的环境保护对策、措施。

对施工现场和施工道路采取人工洒水等措施,减轻粉尘污染。水泥等粉末状、颗粒状物料在装卸、运输、存储时均应密闭进行,防止散落,对储运设备要定期检修、保养。施工机械尽量选用低噪声设备,对噪声强度较高的可设置消声器或减振装置,加强设备的维修和保养。对噪声影响大的噪声环境敏感点,根据地形条件,采用相应的隔声措施,进行降噪处理。生活垃圾进行集中收集后卫生填埋。针对工程区常见传染病和工程建设可能引起的各种传染病,从传染源、传播途径和易感人群三个环节,采取防护措施。

水环境方面,提出了必要的施工期废污水处理、灌溉退水污染防治、灌区面源污染防治、管理人员生活污水处理等措施;水生生态方面,对运行期提出必要的生态流量泄放、灌区取水口拦鱼设施、重要闸坝过鱼设施等水生生态措施。

工程建设过程中,设立环境保护管理机构,负责工程日常的环境管理工作,委托有资质的单位承担环境监测、环境监理工作,保证环境保护措施的落实。

1.11.4　环境保护投资匡算

本工程环境保护投资经匡算为 9 648 万元。

1.12　灌区管理

下六甲灌区建成后,以灌区内现有工程管理单位为基础,成立"下六甲灌区工程管理局",负责承担整个灌区的管理、运行调度和工程的维修养护。

参考国内及广西壮族自治区已建成灌区的运行机制,考虑水利工程设施分散等特点。为进一步强化群众参与管理,本工程管理拟采取专业管理与群众民主管理相结合的运行模式,灌区管理局作为运行期项目法人,负责统一管理整个灌区,隶属来宾市水利局直接领导。管理局下设象州县管理分局、武宣县管理分局和金秀县管理分局,其中象州县管理分局管辖范围为象州县境内灌区系统,武宣县管理分局管辖武宣县境内灌区系统,金秀县管理分局管辖金秀县境内灌区系统。各管理分局下设灌片管理所,管理所以下设水源工程管理站,骨干工程由灌区管理分局负责运行维护管理,田间配套工程由各行政村组成的"用水协会"在水源工程管理站的指导下进行管理。

测算管理局人员编制 393 人,其中整合现有管理人员 354 人,本次新增管理人员 39 人。

下六甲灌区工程勘察设计、工程监理、工程施工及重要设备的采购应全部进行招标。

1.13　投资匡算

按 2020 年第三季度价格水平,工程匡算静态总投资为 374 068 万元。其中工程部分投资 267 080 万元,建设征地移民补偿投资 89 821 万元,水土保持工程静态投资 7 483 万元,环境保护工程静态投资 9 684 万元。

1.14　经济评价

采用上述费用和效益计算经济评价指标。经分析计算,本工程的经济内部收益率为9.11%,大于社会折现率8%;经济净现值45 515万元,大于0;经济效益费用比1.12,大于1。因此,本工程经济可行。

灌溉水价为 0.30 元/m³,农村人饮原水水价为 0.54 元/m³,城镇原水水价为 1.0 元/m³,可基本维持灌区工程正常运行。

1.15　分期实施意见

下六甲灌区工程位于山丘地带,地形复杂,投资数额大,建设期较长,涉及来宾市金秀、象州及武宣三个县。由来宾市水利局牵头,有关市(县)参加,成立专门建设管理机构,加强工程建设管理与协调工作。

　　根据施工组织设计,下六甲灌区计划工期 48 个月,工程建设实施内容优先次序建议:骨干工程一次建设,田间工程逐渐配套完成;优先安排相对独立的、建后即能见效益的工程;均衡考虑涉及县(区),优先安排国家级贫困区;经济效益指标优的重点水源工程优先建设。

1.16　工程特性表

　　下六甲灌区工程特性见表 1-16-1。

表 1-16-1　下六甲灌区工程特性

序号	名称	单位	数量	说明
1	灌区概况			
1.1	灌区位置		广西来宾市	
1.2	研究范围总面积	km²	4 252	638 万亩
1.3	灌区情况			
(1)	灌区总面积	km²	1 627	244 万亩
(2)	灌区涉及县域		3	金秀县、象州县和武宣县
(3)	灌区涉及乡镇和农场		17	16 个乡镇和 1 个农场
(4)	灌区涉及人口	万人	44.1	
1.4	灌区范围耕园地	万亩	123.0	
(1)	耕地	万亩	87.0	
(2)	园地	万亩	36.0	
1.5	现状有效灌溉面积	万亩	29.0	2018 年
2	水文			
2.1	水文站			
2.1.1	中平水文站			
(1)	集水面积	km²	596	
(2)	多年平均径流量	万 m³	56 893	
2.1.2	象州水位站			
(1)	集水面积	km²	57 760	

续表 1-16-1

序号	名称	单位	数量	备注
(2)	多年平均径流量	亿 m³	501	
2.1.3	武宣(二)水文站			
(1)	集水面积	km²	196 655	
(2)	多年平均径流量	亿 m³	1 253	
2.2	主要引水枢纽			
2.2.1	罗柳总干渠引水枢纽			
(1)	集水面积	km²	598	
(2)	多年平均径流量	万 m³	90 484	含下六甲水库
2.3	中型水库			
2.3.1	下六甲水库			
(1)	集水面积	km²	285	
(2)	多年平均径流量	万 m³	37 237	
2.3.2	长村水库			
(1)	集水面积	km²	17.7	
(2)	多年平均径流量	万 m³	1 324	
2.3.3	石祥河水库			
(1)	集水面积	km²	228	
(2)	多年平均径流量	万 m³	16 931	
2.3.4	丰收水库			
(1)	集水面积	km²	39.27	
(2)	多年平均径流量	万 m³	2 888	
2.4	洪水			
2.4.1	罗柳总干渠引水枢纽洪峰流量	m³	1 440/2 080	设计($P=10\%$)/校核($P=3.33\%$)
2.4.2	柳江倒虹吸洪峰流量	m³	25 600/29 100	设计($P=10\%$)/校核($P=5\%$)
3	灌区规模			
3.1	基准年和规划水平年			
(1)	基准年			2 018 年
(2)	规划水平年			2 035 年
(3)	远期展望年			2 050 年

续表 1-16-1

序号	名称	单位	数量	备注
3.2	设计保证率			
(1)	城乡供水保证率	%	95	
(2)	农业灌溉保证率	%	85	
3.3	灌区设计灌溉面积	万亩	59.5	
(1)	其中:运江东灌片	万亩	12.8	
(2)	罗柳灌片	万亩	19.0	
(3)	柳江西灌片	万亩	9.2	
(4)	石祥河灌片	万亩	18.5	
3.4	灌区供水范围			
(1)	涉及乡镇		3	象州县马坪镇、武宣县金鸡乡和二塘镇等3个集镇,38个农村
(2)	供水人口	万人	11.3	2035年
3.5	灌区水利工程	处	37	主要为水源工程
(1)	蓄水工程	座	20	仅统计小(1)型以上水库
(2)	引水工程	处	9	
(3)	提水工程	处	8	
3.6	多年平均供水量	亿 m^3	2.88	
(1)	蓄水工程	亿 m^3	1.21	
(2)	引水工程	亿 m^3	1.43	
(3)	提水工程	亿 m^3	0.23	
(4)	再生水	亿 m^3	0.01	
4	建设内容及规模			
4.1	引水枢纽	处	9	$0.4\sim10.5\ m^3/s$
4.2	提水工程	座	2	鸡冠泵站 $0.3\ m^3/s$,屯抱泵站 $0.9\ m^3/s$
4.3	灌溉输水骨干工程	km	683.7	干渠: $0.3\sim10.5\ m^3/s$;支渠: $0.1\sim0.9\ m^3/s$
4.4	灌区信息化工程	项	1	
4.5	田间工程	万亩	39.5	
5	工程占地			

续表 1-16-1

序号	名称	单位	数量	备注
5.1	永久征地	亩	6 187	
5.2	临时用地	亩	23 042	
5.3	生产安置人口	人	956	规划水平年
6	施工工期			
6.1	总工期	月	48	
7	经济指标			
7.1	工程投资			
(1)	工程部分投资	万元	267 080	
(2)	建设征地移民补偿投资	万元	89 821	
(3)	环境保护工程投资	万元	9 684	
(4)	水土保持工程投资	万元	7 483	
(5)	总投资	万元	374 068	
7.2	综合经济效益指标			
(1)	经济内部收益率	%	9. 11	
(2)	经济净现值	亿元	4. 55	
(3)	经济效益费用比		1. 12	社会折现率 is＝8%
(4)	亩均投资	元/亩	6 287	
(5)	水价			
	灌溉推荐水价	元/m³	0. 3	
	农村人饮原水水价	元/m³	0. 54	
	城镇供水原水水价	元/m³	1. 0	

第 2 章　现状情况

2.1　区域概况

2.1.1　广西壮族自治区

2.1.1.1　概况

广西壮族自治区地处我国南部边疆,位于北纬 20°54′~26°24′,东经 104°28′~112°04′,东界广东,南临北部湾并与海南隔海相望,西与云南毗邻,东北接湖南,西北靠贵州,西南与越南接壤。广西行政区域土地面积约 24 万 km²,管辖北部湾海域面积约 4 万 km²。截至 2018 年末,广西下辖 14 个地级市,8 个县级市,63 个县(含 12 个民族自治县)。

2.1.1.2　地形地貌

广西总体是山地丘陵性盆地地貌,分山地、丘陵、台地、平原、石山、水面 6 类。山地以海拔 800 m 以上的中山为主,海拔 400~800 m 的低山次之,山地约占广西土地总面积的 39.7%;海拔 200~400 m 的丘陵占 10.3%;海拔 200 m 以下地貌包括谷地、河谷平原、山前平原、三角洲及低平台地,占 27%;水面仅占 3.4%。盆地中部被两列弧形山脉分割,外弧形成以柳州为中心的桂中盆地,内弧形成右江、武鸣、南宁、玉林、荔浦等众多中小盆地。平原主要有河流冲积平原和溶蚀平原两类,河流冲积平原中较大的有浔江平原、郁江平原、宾阳平原、南流江三角洲等,面积最大的浔江平原达到 630 km²。广西境内喀斯特地貌广布,集中连片分布于桂西南、桂西北、桂中和桂东北,约占土地总面积的 37.8%,发育类型之多世界少见。

2.1.1.3　河流水系及水资源概况

广西河流众多,水力资源丰富。2018 年全区年降水量 1 560 mm,折合降水总量 3 692亿 m³,比多年平均值多 1.5%。地表水资源量 1 830 亿 m³,比上年减少 23.3%,比多年均值减少 3.3%。境内河流分属珠江水系、长江水系、桂南独流入海水系、百都河水系等四大水系,其中以珠江水系为主。珠江水系在广西的流域面积为 20.24 万 km²,占广西总面积的 85.2%,其干流西江在广西境内总长 1 239 km,其中红水河段 658 km,滩多水急,水能资源丰富,被誉为中国水电资源的富矿。

截至 2018 年末,广西有大型水库 58 座,中型水库 230 座,年末蓄水总量为 263 亿 m³,比年初减少 9.75 亿 m³,其中大型水库年末蓄水量为 246 亿 m³,比年初减少 8.88 亿 m³;中型水库年末蓄水量为 17.5 亿 m³,比年初减少 0.862 亿 m³。

2018 年全区万元地区生产总值用水量为 141 m³/万元。万元工业增加值用水量为 76m³/万元。2018 年全区综合农田灌溉水有效利用系数为 0.494,其中大、中、小型灌区农田灌溉水有效利用系数分别达到 0.501、0.465、0.507。

2.1.1.4 自然资源概况

广西发现陆栖脊椎野生动物 1 149 种(含亚种),约占全国总数的 43%。其中,国家重点保护的珍稀种 149 种,约占全国的 45%;国家一级保护动物 24 种,占 27%。发现野生植物 288 科、1 717 属、8 562 种,数量在各省(自治区、直辖市)中居第 3 位,有国家一级重点保护植物 37 种,珍贵植物主要有金花茶、银杉、桫椤、擎天树等。

广西南临北部湾,海岸线曲折,溺谷多且面积广阔,天然港湾众多,沿海可开发的大小港口 21 个,滩涂面积约 10 万 hm^2,其中有面积占全国 40% 的红树林,总面积 5 654 km^2。北部湾不仅是中国著名的渔场,也是世界海洋生物物种资源的宝库,生长有已知鱼类 500 多种、虾类 200 多种、头足类近 50 种、蟹类 190 多种、浮游植物近 140 种、浮游动物 130 种,举世闻名的合浦珍珠也产于这一带海域。

广西矿产资源种类多、储量大,尤以铝、锡等有色金属为最,是全国 10 个重点有色金属产区之一。全自治区发现矿种 145 种(含亚矿种),占全国探明资源储量矿种的 45.8%;探明储量的矿藏有 97 种,其中 64 种储量居全国前 10 位,有 12 种居全国第 1 位。在 45 种国民经济发展支柱性矿藏中,广西已探明资源储量的有 35 种。

2.1.1.5 社会经济概况

2018 年末全区户籍总人口 5 659 万,比上年末增加 59 万。全区常住人口 4 926 万,比上年末增加 41 万,其中城镇人口 2 474 万,占常住人口比重(常住人口城镇化率)为 50.22%。2018 年全区居民人均可支配收入 21 485 元,比上年增长 5.5%。按常住地分,城镇居民人均可支配收入 32 436 元,比上年增长 3.8%,农村居民人均可支配收入 12 435 元,比上年增长 7.4%。

2018 年广西实现生产总值(GDP)20 352.5 亿元,比上年增长 6.8%。其中,第一产业增加值 3 019.4 亿元,同比增长 5.6%;第二产业增加值 8 072.9 亿元,同比增长 4.3%(其中工业增加值 6 288 亿元,比上年增长 4.7%);第三产业增加值 9 260.2 亿元,同比增长 9.4%。三种产业比重分别为 15%、40% 和 45%。2018 年全区财政总收入 2 790 亿元,同比增长 7.1%。

2018 年广西粮食种植面积 4 203 万亩,甘蔗种植面积 1 330 万亩,油料种植面积 365 万亩,蔬菜种植面积 2 160 万亩,果园面积 1 895 万亩,桑园面积 284 万亩。

2.1.2 来宾市

2.1.2.1 概况

来宾市地处桂中,位于北纬 23°16′~24°29′,东经 108°24′~110°28′,东与梧州市的蒙山县及贵港市的平南县交界,西与河池市的都安瑶族自治县及南宁市的马山县接壤,南连贵港市的港北区、桂平市及南宁市的上林县、宾阳县,北接柳州市的柳江县、鹿寨县和桂林市的荔浦县以及河池市的宜州市。来宾市政府驻地兴宾区,距离南宁市约 156 km,行政区域总面积 1.34 万 km^2,占广西土地总面积的 5.68%,是以壮族为主体的多民族和睦聚居的地级市,壮族等少数民族人口占 75%。下辖 1 区 4 县 1 市(县级),分别为兴宾区、象州县、武宣县、忻城县、金秀瑶族自治县、合山市。湘桂高速铁路,桂海和平梧高速公路横穿境内,209、322、323 国道纵贯南北,内河通航里程 341 km,交通便利。来宾市是珠江-西江经济带上的重要城市,素有"中国糖都""世界瑶都""盘古文化之都""中国观赏石之城"等美称。

2.1.2.2　地形地貌

来宾市地处杨子地台与华南地槽的分界线,在地质构造区域上属大明山—大瑶山古隆起区大瑶山凸起亚区和桂林—河池凹陷区桂中凹陷区。地势北高南低,东西两头高中间低,呈从西北向东南缓缓倾斜的湖盆状。来宾市境内地形复杂多样,山多平地少,岩溶广布,山体庞大,山地占总面积的 38.43%,丘陵占 26.23%,台地占 8.81%,平原占 22.53%。东部为大瑶山山脉,是广西山字形构造的东翼,弧形山脉呈北向东,属中低山和丘陵区。

2.1.2.3　河流水系及水资源概况

来宾市河流属珠江流域西江水系,其干流为黔江,黔江的上游是一级干流红水河和一级支流柳江。主要河流有红水河、清水河、柳江、黔江。红水河从市中心穿城而过,境内河段长 307 km,为境内最长的河流。清水河是红水河一级支流,境内河段长为 90 km。柳江境内河段长 64 km,黔江境内河段长 118 km,河网密度约 0.31 km/km^2。全市集雨面积 50 km^2 以上的支流有 45 条,全市水资源总量 114.05 亿 m^3,其中地表水资源总量 114.05 亿 m^3,地下水资源总量 53.66 亿 m^3(均为重复计算量)。水能资源蕴藏量 34.17 万 kW(不含过境河流),可开发量 23.93 万 kW,已开发量 10.62 万 kW。来宾市水系图见图 2-1-1。

2.1.2.4　自然资源概况

来宾市动植物资源丰富,已列入国家珍稀动物名录的动物有十余种。据记载,鱼类有160 种,其中经济价值较高的鱼类有赤眼鳟、黄颡鱼、倒刺鲃、光倒刺鲃、中华鲟(国家一级保护动物)、大鲵(国家二级保护动物)、花鳗鲡(国家二级保护动物)等。陆生植物有禾本科植物、豆科植物、青菜类、象草、黑麦草等。水生植物同样种类丰富,主要有马来眼子菜、轮叶黑藻、金鱼藻、喜旱莲子草、菹草、芜萍、苦草、水浮莲、水花生、水葫芦等。

截至 2018 年,来宾市已探明各种矿藏 20 多种。重要矿产资源有煤、锰、铜、铅、锌和重晶石等,其中煤储量 1 亿 t,锰储量 642 万 t,铅储量 1 497 万 t,锌储量 1 551 万 t,重晶石储量 1 300 万 t。其中重晶石、煤炭、锰等 7 种矿藏储量居广西首位,象州重晶石连续多年出口居广西第一,合山号称"广西煤都"。金秀大瑶山蕴藏着金、铜、铁、水晶、重晶石、花岗石等十多种矿产,素有"万宝山"之称。

2.1.2.5　社会经济概况

2018 年末全市户籍总人口 269.33 万人,比上年末增加 1.22 万人。全市常住人口223.4 万人,其中城镇人口 99.5 万人,占常住人口比重(常住人口城镇化率)为 44.5%。2018 年全市居民人均可支配收入 20 844 元,比上年增长 8.2%。按常住地分,城镇居民人均可支配收入 32 910 元,比上年增长 3.8%,农村居民人均可支配收入 11 752 元,比上年增长 10.1%。

2018 年全市生产总值 711 亿元,比上年增长 7.2%。其中,第一产业增加值 169 亿元,同比增长 5.8%;第二产业增加值 263 亿元,同比增长 5.2%(其中工业增加值 192 亿元,比上年增长 4.6%);第三产业增加值 279 亿元,同比增长 9.9%。第一、二、三产业增加值占地区生产总值的比重分别为 23.8%、34.6% 和 41.6%。2018 年全市财政收入 50.5亿元,比上年增长 4.6%。

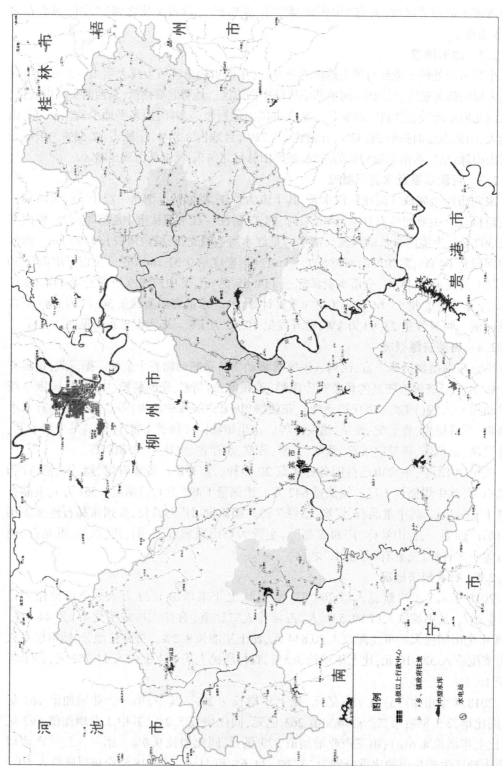

图 2-1-1 来宾市水系图

2018 年来宾市粮食种植面积 228 万亩,甘蔗种植面积 181 万亩,油料种植面积 24 万亩,蔬菜种植面积 103 万亩,果园面积 101 万亩,桑园面积 39 万亩。

2.1.3　金秀县

2.1.3.1　概况

金秀县位于广西中部偏东,地处桂中,位于北纬 23°40′~24°28′,东经 109°50′~110°27′,东与蒙山县交界,西与象州县接壤,南邻桂平市、平南县和武宣县,北接鹿寨县和荔浦县。金秀县城距离来宾市区约 210 km,行政区划总面积 2 486 km²,占来宾市土地总面积的 18.8%。下辖 3 镇 8 乡,分别为金秀镇、桐木镇、头排镇、三角乡、七建乡、忠良乡、罗香乡、长垌乡、大樟乡、六巷乡和三江乡。金秀县内有国道 323 和省道 307 贯通,交通较为便利。金秀县是国家森林公园、国家级自然保护区、国家级珠江流域防护林源头示范县、国家扶贫开发工作重点县、中国八角之乡、广西最大的国家级水源林区。

2.1.3.2　地形地貌

金秀县境内中间高四周低,中心地区为崇山峻岭,边沿为丘陵,西部和西南部还有小片平原和台地。除北部三江乡东北缘属架桥岭余脉外,其余均为大瑶山山脉所盘踞。山地面积占县境土地面积的 73%,山势大致为东北—西南走向,形成古生代碎屑岩陡坡中山、低山地形,海拔在 500~1 979 m。四周边缘为丘陵、河谷、台地,海拔在 115~500 m。

2.1.3.3　河流水系及水资源概况

金秀县河流属珠江流域西江水系,境内流域面积 50 km² 以上的河流共 14 条,从中心山区呈辐射状流向周围各县(市),河流分属柳江、浔江、桂江等 3 河系,境内干流长度合计 485 km,河网总长度为 1 914 km,河网密度为 0.76 km/km²。全县水资源总量 22.9 亿 m³,其中地表水资源总量 22.9 亿 m³,地下水资源总量 4.3 亿 m³(均为重复计算量)。金秀县境内的河流,具有河网密、河流小、切割深、曲折、落差大、水量丰富、水能蕴藏量大、利于开发利用的特点。金秀县水系见图 2-1-2。

2.1.3.4　自然资源概况

金秀大瑶山地处南亚热带向中亚热带的过渡地带,生物资源十分丰富,植物种类数居广西之首。其中有国家一级重点保护植物 7 种,二级保护植物 17 种,国家Ⅰ类珍贵树种 4 种,Ⅱ类珍贵树种 11 种。陆栖脊椎动物 373 种,其中国家一类保护动物 4 种,二类保护动物 22 种。有世界动物活化石"瑶山鳄蜥"和世界植物活化石"银杉"。经科学家鉴定,金秀县还有 27 科、83 属、144 种大型真菌。

县内有铁、铜、金、水晶、重晶石、彩色大理石、彩色花岗岩、石灰石等 10 余种近百个矿点,矿石品位高、质量好、埋藏浅,开采地质水文简单、易采易选、交通方便。其中,桐木镇、头排镇的重晶石矿储量为 250 t;桐木彩色大理石储量为 3 000 万 m³ 以上,长垌彩色花岗石预测量为 1.5 万~3 万 m³。

2.1.3.5　社会经济概况

2018 年末全县户籍总人口 15.73 万,比上年末增加 0.04 万。全县常住人口 13.25万,比上年末增加 0.02 万,其中城镇人口 4.92 万,占常住人口比重(常住人口城镇化率)为 37.13%。2018 年全县城镇居民人均可支配收入 3.33 万元,比上年增长 6.2%,农村居

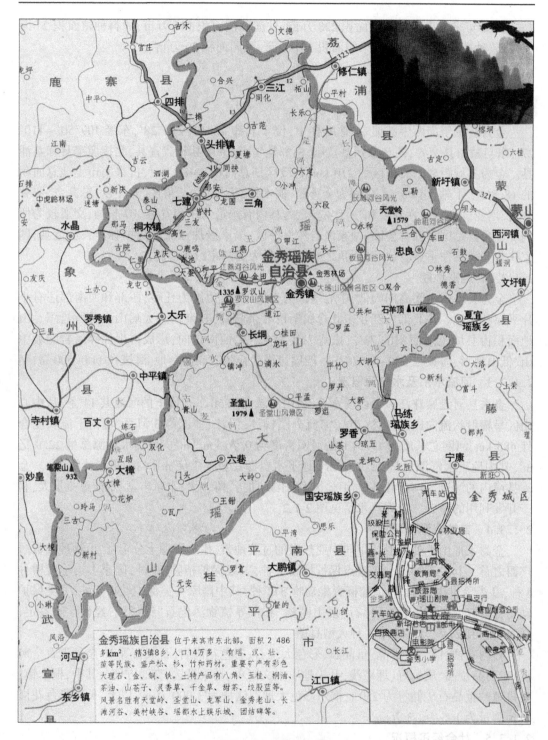

图 2-1-2　金秀县水系

民人均可支配收入 1.03 万元,比上年增长 10.5%。

2018 年全县生产总值 35.7 亿元,比上年增长 10.8%。其中,第一产业增加值 9.5 亿元,同比增长 5.8%;第二产业增加值 6.7 亿元,同比增长 2.5%(其中工业增加值 3.4 亿元,比上年减少 19.7%);第三产业增加值 19.5 亿元,同比增长 17%。第一、二、三产业增加值占地区生产总值的比重分别为 15.0%、4.7%、80.3%。2018 年全县财政收入 2.06 亿元,比上年增长 11.0%。

2018 年金秀县粮食种植面积 13 万亩,甘蔗种植面积 4 万亩,油料种植面积 1 万亩,蔬菜种植面积 7 万亩,中草药种植面积 3 万亩。

2.1.4　象州县

2.1.4.1　概况

象州县位于广西中部,大瑶山脉西麓,位于北纬 23°44′~24°18′,东经 109°25′~110°06′。东与金秀瑶族自治县交界,西与广西工业强市柳州、来宾市兴宾区接壤,南连武宣县,北接鹿寨县。象州县城距离来宾市区约 75 km,行政区划总面积 1 898 km²,占来宾市土地总面积的 14.2%。下辖 8 镇 3 乡,分别为象州镇、石龙镇、运江镇、寺村镇、中平镇、罗秀镇、大乐镇、马坪镇、妙皇乡、百丈乡和水晶乡。象州县内有国道 G209、G355 贯通,隶属珠江水系的柳江,横贯运江、象州、马坪和石龙四个乡镇,船舶一年四季通航,上通柳州,下达广州、深圳、香港、澳门,交通便利。象州县是国家优质谷生产基地县,国家“双高”糖料生产基地县,蚕茧生产国家农业标准化示范区,被誉为“桂中粮仓”“优质米之乡”“重晶石之乡”。

2.1.4.2　地形地貌

象州县境内具有多种地形,东高西低,东部低山、西部丘陵形成两道屏障,中部丘陵平原纵横交错,丘陵广布。大瑶山西侧边缘和南端低山向西南伸入县境内,形成笔架山系。最高为笔架山海拔 932.9 m,最低是石龙的三江口,海拔 60 m,高差为 872.9 m。境内地貌以丘陵为主,面积占全县总面积的 50.13%,平原占 35.35%;山地主要分布在东面和大瑶山西麓边缘,占 21.70%。

2.1.4.3　河流水系及水资源概况

象州县河流属珠江流域西江水系。一级支流柳江自北向南贯穿县境,于县西南部与红水河汇合,形成黔江流入武宣县。境内流域面积 50 km² 以上的河流共 12 条,主干河流呈树枝状注入柳江,唯有青凌河向西注入红水河。其中柳江境内河段长 64 km;运江境内河段长 63.8 km;红水河境内河段长 16 km,境内河网总长度为 1 024.9 km,河网密度为 0.54 km/km²。全县水资源总量 17.3 亿 m³,其中地表水资源总量 17.3 亿 m³ 以上,地下水资源总量 5.4 亿 m³(均为重复计算量)。全县水能资源蕴藏量 7.05 万 kW,目前开发利用主要在罗秀河及其支流上,开发潜力有限。象州县水系图见图 2-1-3。

2.1.4.4　自然资源概况

象州县地处亚热带地区,森林植被属亚热带常绿阔叶林带,天然乔木 23 万亩,灌木林 1 万亩。草场面积 51 万亩。

象州矿产资源丰富,现已探明的矿藏有重晶石、锰、铜、锌、铅等 13 种,其中重晶石矿

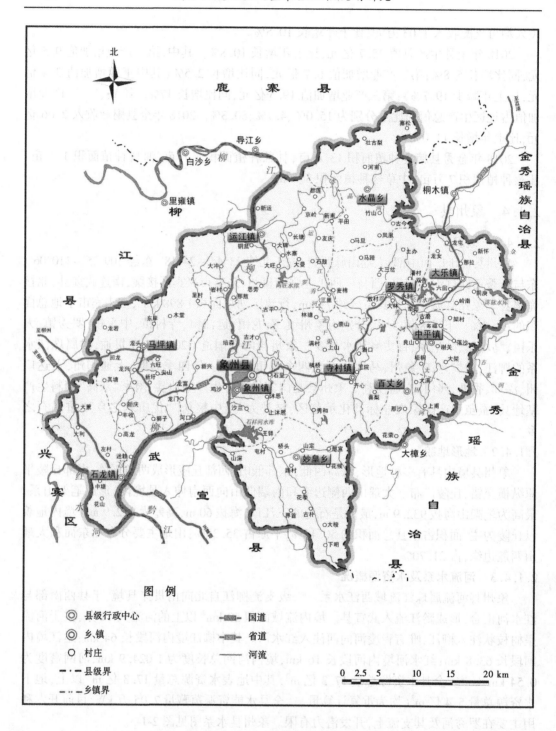

图 2-1-3　象州县水系图

储量 3 000 多万 t,占广西探明储量的 55.7%,出口量居全国第 1 位,系广西十大出口商品之一,享有"中国重晶石之乡"和"重晶石皇后"之称。

2.1.4.5　社会经济概况

2018 年末全县户籍总人口 37.06 万,比上年末增加 0.14 万。全县常住人口 30.1 万,其中城镇人口 12 万,占常住人口比重(常住人口城镇化率)为 40.0%。2018 年全县居民人均可支配收入 20 335 元,比上年增长 8.2%。按常住地分,城镇居民人均可支配收入 3.33 万元,比上年增长 6.4%,农村居民人均可支配收入 1.22 万元,比上年增长 9.9%。

2018 年全县生产总值 121 亿元,同比增长 5.3%。第一产业增加值 35 亿元,同比增长 6.1%;第二产业增加值 55 亿元,同比增长 0.1%(其中工业增加值 45 亿元,比上年减少 0.3%);第三产业增加值 31 亿元,同比增长 15.2%。第一、二、三产业增加值占地区生产总值的比重分别为 28%、45%、27%。2018 年财政收入 6.1 亿元,增长 32.2%。

2018 年象州县粮食种植面积 46 万亩,甘蔗种植面积 22 万亩,油料种植面积 2 万亩,花生种植面积 2 万亩。"象州红米"被认证为地理标志农产品、"象州砂糖橘"农产品地理标志正在公示中,"妙皇古琶茶""象州山野百合粉"、运江葛根等均为当地有名的农产品。"吉象""鸣象"等大米商标被评为广西著名商标,畅销区内外。

2.1.5　武宣县

2.1.5.1　概况

武宣县位于广西壮族自治区中部,位于北纬 23°19′~23°56′,东经 109°27′~109°46′。东与桂平市交界,西与武宣县、兴宾区接壤,南连贵港市,北接柳州市。武宣县城距离来宾市区约 65 km,行政区划总面积 1 704 km²,占来宾市土地总面积的 12.7%。下辖 9 镇 1 乡 1 个农场,分别为武宣镇、禄新镇、思灵镇、桐岭镇、通挽镇、东乡镇、三里镇、二塘镇、黄茆镇、金鸡乡和黔江农场。武宣镇境内有三北高速、209 国道、黔江过境,交通便利,是重要的交通枢纽。武宣县是全国原料蔗生产基地县、商品粮生产基地县、广西奶水牛生产基地县和来宾市最大的食用菌生产基地。

2.1.5.2　地形地貌

武宣县四面环山,黔江河由西向东将全县隔为南片、北片,209 国道又将全县划为东西两片。在全县 254.25 万亩土地面积中,低山 78.20 万亩,占 30%;中山 12.62 万亩,占 4.85%;丘陵 55.74 万亩,占 21.44%,小平原 107.69 万亩,占 41.42%。

县境内地形大体是中部低平,地形开阔,东西两侧抬升隆起,东侧山峰标高在海拔 400 m 以上,西侧山地标高在海拔 200~400 m,北低南高。从北到南地面标高一般在 55~110 m。地貌上,中部为岩溶缓坡低丘和洪积、冲积平原,间或土岭石山交错。东向由岩溶垄冈过渡到低山、中山陡坡的砂岩、页岩山区。西向由峰林石山洼地过渡为峰林石山槽地,系岩溶地貌类型。从全县整体看,表现为三处长形盆地及两片丘陵平原,即大琳盆地、东乡至五福盆地、通挽至桐岭盆地;从金鸡圩沿武石公路到武宣至勒马为一片冲积和丘陵平原,从古禄至甘棠为一片岩溶低丘平原。县境内地面标高以黄海面为零点,最低是三里乡黔江河内孤岛泗孤洲海拔 41.5 m,最高是东乡东北面约 20 km 与桂平县交界的无名山海拔 1 300.3 m。

2.1.5.3　河流水系及水资源概况

武宣县河流属珠江流域西江水系,柳江与红水河汇合后形成黔江,自北向南贯穿县境。境内流域面积 50 km² 以上的河流共 13 条,其中境内柳江河段长 24.1 km,黔江河段长 53.4 km,境内河网总长度为 511.2 km,河网密度为 0.3 km/km²。全县水资源总量13.63 亿 m³,其中地表水资源量 13.63 亿 m³,地下水资源量 2.54 亿 m³(均为重复计算量)。全县水能资源蕴藏量 3.14 万 kW,可开发利用水能仅 0.81 万 kW,开发潜力有限。武宣县河流水库分布图见图 2-1-4。

2.1.5.4　自然资源概况

武宣县地处亚热带气候区,境内野生植物种类有 294 种,分布于全县各地,有一级保护树种 1 种,二级保护树种 6 种,三级保护树种 4 种。属于国家重点保护的二级植物有普通野生稻、药用野生稻。境内野生动物种类繁多,兽类有猴、鹿、果子狸、獐、野猪等,鸟类有猫头鹰、鹧鸪、山鸡、斑鸠等,常见的鱼类有鲤鱼、鲫鱼、草鱼、花鱼等。

武宣县矿产资源丰富,品种多,储量大,质量好。主要矿种有铅、锌、石灰石、铁、锰、硫铁矿、重晶石、滑石、水晶、大理石、方解石、黄金、高岭土、硅石等。其中石灰石储量为 2 000 亿 t。

2.1.5.5　社会经济概况

2018 年末全县户籍总人口 45.78 万,比上年末增加 0.29 万。全县常住人口 37.36万,比上年末增加 0.23 万,其中城镇人口 15.66 万,占常住人口的比重(常住人口城镇化率)为 41.92%。2018 年全县居民人均可支配收入 2.05 万元,比上年增长 8.3%,按常住地分,城镇居民人均可支配收入 3.27 万元,比上年增长 6.0%,农村居民人均可支配收入1.23 万元,比上年增长 10.1%。

2018 年全县生产总值 122 亿元,比上年增长 3.0%。其中,第一产业增加值 29 亿元,同比增长 6.2%;第二产业增加值 53 亿元,同比下降 5.1%(其中工业增加值 46 亿元,比上年减少 7.1%);第三产业增加值 40 亿元,同比增长 12.8%。第一、二、三产业增加值占地区生产总值的比重分别为 28%、32% 和 40%。2018 年全县财政收入 8.9 亿元,比上年增长 5.5%。

2018 年武宣县粮食种植面积 39 万亩,甘蔗种植面积 32 万亩,油料种植面积 6 万亩,蔬菜种植面积 15 万亩,果园种植面积 15 万亩。

广西壮族自治区、来宾市、金秀县、象州县及武宣县 2018 年社会经济指标汇总见表 2-1-1。

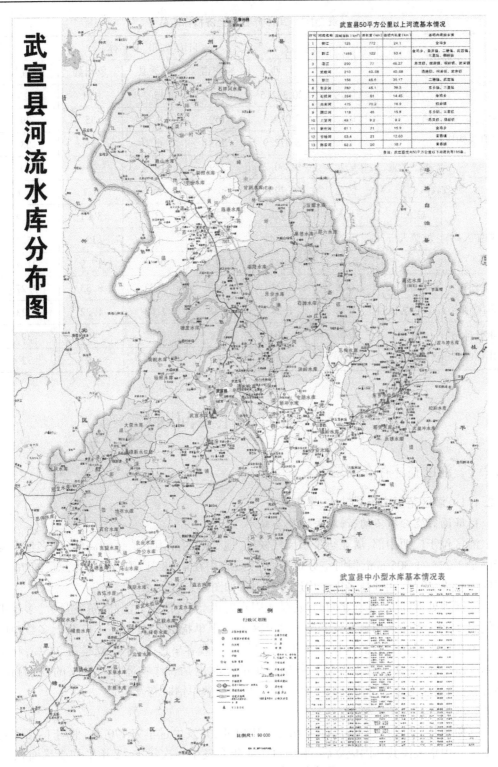

图 2-1-4 武宣县河流水系分布图

表 2-1-1　2018 年社会经济指标汇总

主要指标		单位	自治区、市、县名称				
			广西	来宾市	金秀县	象州县	武宣县
地区生产总值及构成	GDP	亿元	20 352.5	711	35.7	121	123
	第一产业	亿元	3 019.4	169	9.5	35	29
	第二产业	亿元	8 072.9	263	6.7	55	53
	第三产业	亿元	9 260.2	279	19.5	31	40
财政收入		亿元	2 790	50.5	2.1	6.1	8.9
常住人口	总人口	万人	4 926	223.4	13.3	30.1	37.4
	城镇人口	万人	2 474	99.5	4.9	12	15.7
	农村人口	万人	2 452	123.9	8.4	17.9	21.7
人均可支配收入	城镇居民	万元	3.24	3.29	3.33	3.33	3.27
	农村居民	万元	1.24	1.18	1.03	1.22	1.23
主要种植作物面积	粮食	万亩	4 203	228	13	46	39
	甘蔗	万亩	1 330	181	4	22	32

2.2　存在的主要问题

2.2.1　灌区整体存在问题

2.2.1.1　灌区范围内干旱缺水、旱灾频发

1. 降雨时空分布不均,灌溉关键期易缺水

灌区位于广西中部,属亚热带季风气候区,地处广西降雨低值区和高温区,多年平均降雨量 1 225~1 305 mm,但时空分布不均,主要集中在 4—8 月,约占年降水总量的 70%。灌区内金秀、象州、武宣县多年平均逐月降雨量如图 2-2-1 所示。

灌区地处低纬度,靠近北回归线,受太阳直射机会多,地表气温高,蒸发量大,多年平均气温 21 ℃,多年平均蒸发量 1 687~1 928 mm,干旱指数约 1.3,高于广西大多数地区 0.5,为全区干旱指数较高地区。在年度干旱中,一般春旱占 34.8%,夏旱占 2.5%,秋旱占 60.2%,连旱占 23.7%。春旱和秋旱发生的同时也是农作物播种与生长的需水高峰期,而降雨量仅为全年降雨量的 20%~30%,从而导致旱情时有发生。

2. 灌区范围内旱灾频发

据象州县、武宣县县志记载,从 1612—1949 年,共发生过旱灾 170 次,平均 1~2 年发生 1 次。中华人民共和国成立后,平均每 1.4 年会发生一次旱灾,多年平均受旱面积 33 万亩,粮食损失 2 万 t,甘蔗损失 11 万 t。其中大旱、特旱共 12 年,平均 5 年一次大旱或特旱。特别是 1963 年、1988—1993 年、1998—2003 年、2009—2010 年大旱,每逢大旱来宾市

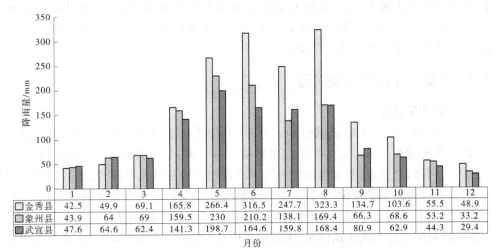

月份	1	2	3	4	5	6	7	8	9	10	11	12
金秀县	42.5	49.9	69.1	165.8	266.4	316.5	247.7	323.3	134.7	103.6	55.5	48.9
象州县	43.9	64	69	159.5	230	210.2	138.1	169.4	66.3	68.6	53.2	33.2
武宣县	47.6	64.6	62.4	141.3	198.7	164.6	159.8	168.4	80.9	62.9	44.3	29.4

图 2-2-1　金秀、象州、武宣县多年平均逐月降雨量

受灾人口近百万,牲畜饮水困难,粮食减产超 10 万 t,甘蔗减产近 50 万 t,旱灾威胁着当地群众的正常生活和农业正常生产,制约了当地经济和社会发展。

2.2.1.2　现有各灌片独立运行,不能多源互济,难以发挥规模效益

下六甲灌区内现有主要灌片共 11 处,金秀县 1 处,为桐木灌片,现状有效灌溉面积2.3 万亩;象州县 8 处,分别为水晶河灌片、长村水库灌片、落脉河水库灌片、罗秀河灌片、友谊灌片、百丈灌片、马坪灌片和石龙灌片等,现状有效灌溉面积 19.6 万亩;武宣镇 2 处,为石祥河水库灌片和福隆、乐业水库灌区,现状有效灌溉面积 7.1 万亩。

灌区内现有中小型灌片均集中在运江、柳江、黔江两岸,受行政区划、水源分散以及资金投入等多方面影响,各灌片的水源工程不能相互连通,导致灌片各水源之间不能互济,使灌溉面积发展受限,现有灌区难以发挥规模效益。随着经济社会快速发展、农业产业化进程的加快,以及节约型社会的建设,各灌片进行合理连通,形成多源互济格局,建设高效、规模型灌区的任务更加迫切。

2.2.1.3　现有骨干工程老化失修、配套不完善,水资源浪费严重

区域内现状水利工程大多修建于 20 世纪六七十年代,工程建设标准低,渠道工程以土渠为主,普遍存在建筑物不配套、渗漏严重、坍塌、淤积等问题,现状灌溉水利用系数仅为 0.47,低于全国平均水平,大部分水量在输水过程中损失,致使灌区工程效益衰退,同时给灌区的运行管理增加了困难。

2.2.1.4　灌区管理体制落后,水费收缴率低,管理运行困难

目前灌区运行管理以现有灌片管理处与各乡镇管理站联合运行管理为主,由于缺乏经费等原因,各管理单位的主动性与积极性较低,水利工程缺乏正常养护,使得灌溉正常运用及效益不能得到很好地发挥,多种经营难以开展,使得管理经费来源单一。

2.2.1.5　部分村镇供水水源不稳定,保障水平仍有差距

灌区涉及金秀县 1 个乡镇,象州县 9 个乡镇,武宣县 5 个乡镇、1 个农场。大部分乡镇均有集中式供水,水源条件较好,但灌区内象州县大乐镇、马坪镇、罗秀镇潘村村委及土办村委,武宣县金鸡乡、二塘镇均为单村集中式供水工程且供水水源为地下水,随着逐年

开采,开采难度越来越大,出现水源不稳定,供水规模集中化程度低,管理困难、饮水安全问题易反复,每逢干旱季节仍会出现缺水或无水现象等问题。这些地区均出现人畜饮水困难,居民供水保障水平有待进一步提高。

2.2.2　各灌片存在的主要问题

2.2.2.1　运江东灌片

灌片内的和平电站为跨流域引水式电站,引金秀河水进入盘王河(水晶河)进行发电,设计引水流量5.35 m³/s,多年平均引水量4 848万 m³,一方面,该电站通过跨流域调水,增加了水晶河的来水,基本可解决水晶河流域和平灌片及水晶灌片的灌溉问题,但另一方面,由于金秀河水量减少,导致下游的落脉河水库及长村水库无法满足灌溉需求,落脉河水库断面和长村水库引水口断面开发利用率分别达到38%左右。

落脉河水库主要给大乐镇供水,大乐镇建档立卡贫困人口3 634人,灌溉范围内还有侣塘村为贫困村,灌溉和饮水比较困难。落脉河作为运江东比较重要的调蓄水库,已列入西南五省水源规划、广西和来宾市“十三五”规划等,计划扩建作为大乐镇乡镇供水主水源和灌溉用水主水源,但至今尚未实施扩建。

长村水库灌溉涉及罗秀镇、水晶乡、运江镇,3个乡镇建档立卡贫困人口11 198人,其中灌溉范围内还有友庆、马旦、竹山、土办、罗秀等5个行政村为贫困村,贫困人口2 132人,大部分贫困村的耕地处在灌溉渠系末端,没有灌溉设施或灌溉设施老化失修,灌溉非常困难,农业收入是贫困户的主要来源,急需要改变灌溉条件支撑农业发展,巩固贫困人群收入。

2.2.2.2　罗柳灌片

滴水河流域处于广西三大暴雨中心区,水资源丰富,滴水河上的下六甲水利枢纽已于2007年建成,水库发电尾水进入罗柳河,通过总干渠补充灌区内的灌溉用水,为灌区补水创造了条件,为进一步开发利用灌区内优越的土地资源奠定了坚实的基础,但灌区内现状灌溉渠系工程规模不足,导致大量耕园地无法进行灌溉,且现状灌溉渠系及附属建筑物多建于20世纪60~70年代,建设标准低,工程年久失修,渠道渗漏严重,致使灌区工程效益衰退,进而导致下六甲水库迟迟不能发挥灌溉效益。

另外,现状罗柳灌片水源主要以引水工程为主,没有调节作用,枯水月份经常出现缺水,无法满足设计灌溉保证率的要求。

2.2.2.3　柳江西灌片

柳江西灌片区位于广西象州县西部,包含原马坪电灌灌片和石龙电灌灌片,属石龙糖厂原料蔗基地范围之一,发展甘蔗生产仍是灌区农业今后的主要方向,该地区岩溶发育,耕园地分布高程较高,且本区水资源量不足,大部分耕园地主要依靠从柳江和红水河提水灌溉,其中马坪电灌片猛山一级站由于大藤峡水利枢纽淹没已完成复建,屯田、古德二级站勉强能够运行,而大佃二级站及龙塘三级站由于机电设备损坏已完全报废;石龙电灌工程建设有白屯沟一级站和中塘、花山、左村二级站,白屯沟一级站由于大藤峡水利枢纽淹没已完成复建,其他三座二级站已基本报废。

柳江西灌片涉及马坪、石龙两个乡镇,建档立卡贫困人口5 577人,贫困人口基本以农业为生。电灌站抽水扬程高、电费贵、运行成本高,该片以种植糖料蔗为主,经济效益相对较低,导致农民水费负担重,用水积极性受挫,工程的维修管护参与度较差,导致大多数二级站和所有三级站已全部报废;当地政府为稳定糖料蔗种植面积,在种粮/糖有补贴的背景下,为减轻农民负担,每年均从财政中补贴运行电费和管理人员工资,但由于泵站管护费用较高,且象州县财政资金紧张,多年来缺少投入与维护,仅能勉强维持部分电灌站运行,政府和农民急切盼望能早日实现自流灌溉,以减少当地财政和农民用水负担。

2.2.2.4 石祥河灌片

石祥河水库由于集雨面积较小,坝址断面径流量 1.69 亿 m^3,由于下游灌区需求大,加之上游灌溉及乡镇供水,基准年开发利用量已达到 0.77 亿 m^3,开发利用率达到 45.6%,超过其开发利用上限。

灌片内大部分骨干工程运行时间长,年久失修、渠道堵塞、过水不畅或不通水,跑冒滴漏等情况较多,影响输水效率和灌溉效益发挥。

第3章　工程建设的必要性和任务

3.1　经济社会发展对工程建设的要求

3.1.1　《全国主体功能区划》

2010年12月,国务院以"国发〔2010〕46号"印发了《全国主体功能区规划》。

《全国主体功能区规划》提出农产品主产区是指具备较好的农业生产条件,以提供农产品为主体功能,以提供生态产品、服务产品和工业品为其他功能,需要在国土空间开发中限制进行大规模高强度工业化城镇化开发,以保持并提高农产品生产能力的区域。

农产品主产区应着力保护耕地,稳定粮食生产,发展现代农业,增强农业综合生产能力,增加农民收入,加快建设社会主义新农村,保障农产品供给,确保国家粮食安全和食物安全。农产品主产区发展方向和开发原则有:加强水利设施建设,加快大中型灌区、排灌泵站配套改造以及水源工程建设等。

《全国主体功能区规划》从确保国家粮食安全和食物安全的大局出发,提出充分发挥各地区的比较优势,重点建设以东北平原、黄淮海平原、长江流域、汾渭平原、河套灌区、华南、甘肃新疆等7个国家层面的农产品主产区。

下六甲灌区属于华南主产区。《全国主体功能区规划》对华南主产区的发展重点是建设以优质高档籼稻为主的优质水稻产业带,甘蔗产业带,以对虾、罗非鱼、鳗鲡为主的水产品产业带。

3.1.2　《广西壮族自治区主体功能区规划》

2012年11月21日,广西壮族自治区人民政府以"桂政发〔2012〕89号"印发了《广西壮族自治区主体功能区规划》。

《广西壮族自治区主体功能区规划》提出广西农产品主产区包括33个县级行政区,来宾市象州县和武宣县列为农产品主产区。

农产品主产区功能定位为:全区重要的商品粮生产基地,保障农产品供给安全的重要区域,现代农业发展和社会主义新农村建设的示范区。发展方向为:以提供农产品为主体功能,以提供生态产品、服务产品和工业品为其他功能,不宜进行大规模高强度工业化城镇化开发,重点提高农业综合生产能力。严格保护耕地,增强粮食安全保障能力,加快转变农业发展方式,发展现代农业,增加农民收入,加强社会主义新农村建设,提高农业现代化水平和农民生活水平,确保粮食安全和农产品供给。按照集中布局、点状开发原则,以县城和重点镇为重点推进城镇建设和工业发展,引导农产品加工、流通、储运企业集聚,避免过度分散发展工业导致过度占用耕地。

　　《广西壮族自治区主体功能区规划》提出农产品主产区要加强水利设施建设,推进桂中、桂西北、左江、右江旱片治理,加快大中型灌区续建配套和节水改造,完成病险水库除险加固,因地制宜地建设"五小水利"工程,扩大农田有效灌溉面积。推广节水灌溉,发展节水农业。加强中小流域治理,强化农业防灾减灾体系建设。加强人工影响天气工作。

　　下六甲灌区属于桂中地区,属于优质粮食主产区、糖蔗优势生产区、桑蚕优势产业带。粮食主产区的发展重点是优化粮食区域布局,稳定并适当扩大粮食种植面积,加强"吨粮田"建设,加快中低产田改造,完善农田水利设施,提高农机装备水平,推进以良种良法为主的农业科技进步,提高粮食综合生产能力。糖蔗优势生产区的发展重点是优化糖蔗生产布局,建设优质糖蔗生产基地,改善蔗区基础设施,加快甘蔗生产全程机械化,推广高产高糖甘蔗品种,进一步提高糖蔗生产水平,巩固蔗糖在全国的优势地位。桑蚕优势产业带的发展重点是扩大生产规模,推进桑蚕产业良种工程、优质原料茧生产基地、桑蚕产业化经营体系建设,促进桑蚕茧向深加工发展,提高生产能力和市场竞争力。下六甲灌区在广西农产品主产区位置见图 3-1-1。

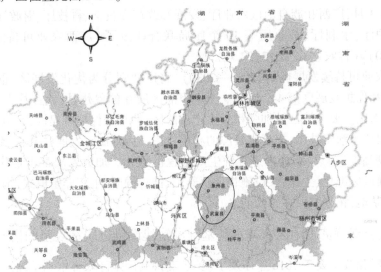

图 3-1-1　下六甲灌区在广西农产品主产区位置

3.1.3　《全国农业可持续发展规划(2015—2030 年)》

　　农业部、国家发展和改革委、科技部、财政部、国土资源部、环境保护部、水利部、国家林业局于 2015 年 5 月印发了《全国农业可持续发展规划(2015—2030 年)》(农计发〔2015〕145 号)。

　　《全国农业可持续发展规划(2015—2030 年)》确定了"节约高效用水,保障农业用水安全"为五大重点任务之一。要求实施水资源红线管理。确立水资源开发利用控制红线,到 2030 年全国农业灌溉用水量保持在 3 730 亿 m^3。确立用水效率控制红线,到 2030 年农田灌溉水有效利用系数达到 0.6 以上。推广节水灌溉。分区域规模化推进高效节水灌溉,加快农业高效节水体系建设,到 2030 年,农田有效灌溉率达到 57%,节水灌溉率达到 75%。发展节水农业,加大粮食主产区、严重缺水区和生态脆弱地区的节水灌溉工程建设力度,推广渠道防渗、管道输水、喷灌、微灌等节水灌溉技术,完善灌溉用水计量设施。加强现有大中型灌区骨干工程续建配套节水改造,强化小型农田水利工程建设和大中型灌区田间工程配套,增强农业抗旱能力和综合生产能力。积极推行农艺节水保墒技术,改进耕作方式,调整种植结构,推广抗旱品种。

《全国农业可持续发展规划(2015—2030 年)》将全国划分为优化发展区、适度发展区和保护发展区等 3 区。下六甲灌区所在的西南区为适度发展区。西南区要突出小流域综合治理、草地资源开发利用和解决工程性缺水,在生态保护中发展特色农业,实现生态效益和经济效益相统一。通过修筑梯田、客土改良、建设集雨池,防止水土流失,推进石漠化综合治理,到 2020 年治理石漠化面积 40%以上。加强林草植被的保护和建设,发展水土保持林、水源涵养林和经济林。严格保护平坝水田,稳定水稻、玉米面积,扩大马铃薯种植,发展高山夏秋冷、凉特色农作物生产。

3.1.4　《广西农业可持续发展规划(2016—2030)》

2017 年 3 月,广西壮族自治区农业厅、发展和改革委员会、科技厅、财政厅、国土资源厅、环境保护厅、水利厅、林业厅等 10 个厅局联合印发了《广西农业可持续发展规划(2016—2030)》(桂农业发〔2017〕27 号)。

《广西农业可持续发展规划(2016—2030)》将广西划分为优化发展区、重点发展区、适度发展区和保护发展区等 4 个区域。下六甲灌区所在的象州县、武宣县为适度发展区中的桂中桂南区。要求该区域加强粮食生产功能区、糖料蔗保护区建设,实施桂中治旱工程,推广应用节水灌溉技术,提高水资源的利用效率。因地制宜发展蔗糖业、桑蚕产业,实施甘蔗"高糖高产"建设,积极推进甘蔗生产全程机械化。加大发展都市现代农业、特色现代农业,推进标准化、生态化、设施化规模养殖,推行健康、生态养殖模式,构建区域性现代特色农业基地,拓展农业多种功能。

3.1.5　《关于支持贫困地区农林水利基础设施建设推进脱贫攻坚的指导意见》

国家发展和改革委于 2016 年印发了《关于支持贫困地区农林水利基础设施建设推进脱贫攻坚的指导意见》(发改农经〔2016〕537 号)。

该意见指出"提高贫困地区粮食等重要农产品生产能力,强基础、补短板,着力加快贫困地区高标准农田建设,夯实农业发展基础。根据全国新增 1 000 亿斤粮食生产能力规划和糖料主产区生产发展规划,"十三五"时期,对纳入范围的 165 个贫困县的高标准农田建设需求予以优先保障,安排投资计划时予以倾斜支持,确保在贫困县新建高标准农田 3 000 万亩以上,力争率先完成贫困县高产稳产粮田和糖料蔗基地建设任务"。

《关于支持贫困地区农林水利基础设施建设推进脱贫攻坚的指导意见》要求"加快推进贫困地区重大水利工程建设,按照'确有需要、生态安全、可以持续'的原则,在具备开发条件的地区再筹划论证一批重大水利工程"。下六甲灌区涉及的武宣县为国家级贫困县,象州县是广西自治区级贫困县,下六甲灌区的建设符合该指导意见的要求。

3.2　工程建设的必要性

3.2.1　灌溉工程补短板,保障粮食安全和糖业发展的需要

下六甲灌区位于桂中地区,桂中地区是广西主要的粮食、蔗糖主产区,主要受地形、降雨、蒸发、岩溶地质等方面的影响,使该区域成为广西著名的旱片之一。①受地形影响,该区域降雨量相对较少,且时空分布不均。桂中区域地处广西弧形山脉中部凹处盆地位置,东南向吹来的海洋暖湿气流受东面的大瑶山、莲花山、西南面的大明山等山脉阻挡,难以形成降雨气候,灌区内的武宣、象州两站 1956—2000 年多年平均降雨量 1 251 ~ 1 352 mm,与广西多年平均降雨量 1 200 ~ 2 000 mm 相比,属低值区。受季风气候的影响,降雨时空分布不均,一般 4—9 月雨季期,降水量占全年的 75% ~ 80%,10 月至翌年的 3 月为旱季期,降水量只占全年的 20% ~ 25%,其中 11 月至翌年 1 月降水量最少,只占全年降水量的 9%。②由于东南方向吹来的潮湿气流遇山抬起,地面低空气温炎热,使得地面蒸发量大,桂中区域历年蒸发量平均在 1 700 mm 以上,年蒸发量均超过年降雨量,是全区蒸发量较大的地区。经计算,1965—2018 年共 54 年间,武宣站干旱指数为 0.67 ~ 2.13,平均 1.18,其中干旱指数大于 1 的年份有 38 年,占比 70%,特别是 1971—1993 年连续 17 年干旱指数大于 1,平均 1.47,可见灌区内气候偏于干燥,极易形成旱灾。③桂中区域地处岩溶发育区,桂中旱片属于华夏(加里东)褶皱区,盖层基本上是碳酸盐岩,分布面积约占总面积的 70%,岩石溶洞裂隙较多,降水很快通过溶隙等渗透至地下,很薄的土壤覆盖层形成土壤水又迅速被蒸发掉,土壤保水性差,极易形成旱灾。

受上述地形、降雨、蒸发、岩溶等因素影响,半个月不下雨即有旱情发生,属全国有名的“桂中旱片”,民谚有“旱灾一大片,水灾一条线”之说。根据各县县志记载,来宾市旱灾最早记录为宋淳熙元年(1174 年),中华人民共和国成立前,基本每年都会发生不同程度的旱灾。中华人民共和国成立后,各级政府和人民群众为改变该地区的干旱面貌投入了大量的财力和人力,兴建了一批水利工程,相继建立了友谊、罗秀河两个引水灌溉灌片,石祥河水库灌片和马坪、石龙两个电灌片,为当地乃至全广西的农业发展做出了贡献。但由于灌区地处桂中旱片,干旱季节突出,农作物常受旱灾的威胁,生产受到严重影响。据统计,新中国成立后,平均每 1.4 年会发生一次旱灾,多年平均受旱面积 33 万亩,粮食损失 2 万 t,甘蔗损失 11 万 t。其中大旱、特旱共 12 年,平均 5 年一次大旱或特旱。特别是 1963 年、1988—1993 年、1998—2003 年、2009—2010 年大旱,每逢大旱来宾市受灾人口近百万,牲畜饮水困难,粮食减产超 10 万 t,甘蔗减产近 50 万 t,旱灾威胁着当地群众的正常生活和农业正常生产,制约了当地的经济和社会发展。

目前,灌区内有大小水利工程 99 处,其中蓄水工程 26 处,引水工程 20 处,骨干渠道超过 700 km,但是,这些水利工程大部分已经运行了 60 多年,由于缺乏必要的工程维修资金投入,致使工程年久失修,建筑物与设备严重老化,大多带病运行,安全隐患突出;建筑物不配套,渠系渗漏、淤积和崩塌严重,设备损坏,造成灌区目前大部分不能正常运行,许多渠道不能输水,荒废多年,渠道跑冒滴漏等现象严重,2018 年灌溉水利用系数仅 0.47,低于全国平

均水平 0.54。骨干渠道过流能力严重下降,导致灌溉面积逐年减少,灌区内现有工程灌溉面积 49.5 万亩,现状有效灌溉面积 29 万亩,保灌面积仅 20 万亩,由于渠系工程配套不完善,在一般干旱年或平水年用水高峰期大多无水可灌,经济价值高的水果等作物,依靠人力远距离拉水或利用田间的蓄水窖池灌溉,灌溉保证率低且灌溉成本高。灌区内现有耕地灌溉率不到 25%,远远低于国家要求的到 2030 年农田有效灌溉率 57% 的要求。灌区涉及的 3 个县人均粮食产量 0.4 t/人,低于全国平均水平 0.47 t/人。灌区亩均粮食产量 0.32 t/亩,低于全国、自治区和来宾市的平均水平,低于《国家粮食安全中长期规划纲要(2008—2020 年)》亩均产粮 0.35 t/亩的要求。2018 年广西蔗糖总产量 7 293 万 t,与国家规划的广西 2020 年不低于 8 000 万 t 还有一定差距,象州县蔗糖亩均仅 4.4 万 t/亩,低于国家、自治区和来宾市的平均水平。灌区内粮食产量、甘蔗产量还有很大提升空间。

灌区涉及的 3 个县 2018 年粮食生产情况见表 3-2-1。

表 3-2-1　灌区涉及的 3 个县 2018 年粮食和糖料蔗生产情况

序号	对比项目	全国	自治区	来宾市	灌区涉及三个县			
					小计	金秀	象州	武宣
1	常住人口/万人	139 538	4 926	223	80	13	30	37
2	粮食作物产量/万 t	65 789	1 372	71	32	4	16	12
3	粮食作物播种面积/万亩	175 557	2 795	152	99	13	46	40
4	亩均粮食产量/(t/亩)	0.37	0.49	0.46	0.32	0.29	0.34	0.31
5	人均粮食产量/(t/人)	0.47	0.28	0.32	0.40	0.28	0.53	0.34
6	糖料蔗产量/万 t	11 937	7 293	1 109	324	22	97	205
7	糖料蔗播种面积/万亩	2 435	1 330	181.5	57.6	3.5	22.0	32.1
8	亩均糖料蔗产量/(t/亩)	4.9	5.5	6.1	5.6	6.2	4.4	6.4

《全国农业可持续发展规划(2015—2030 年)》(农计发〔2015〕145 号)提出人多地少水缺是我国的基本国情,我国粮食等主要农产品需求刚性增长,水土资源越绷越紧,确保国家粮食安全和主要农产品有效供给与资源约束的矛盾日益尖锐。规划到 2030 年灌溉水利用系数达到 0.6 以上,农田有效灌溉率达到 57%,节水灌溉率达到 75%。发展节水农业,加大粮食主产区、严重缺水区和生态脆弱地区的节水灌溉工程建设力度,推广渠道防渗、管道输水、喷灌、微灌等节水灌溉技术,完善灌溉用水计量设施,加强现有大中型灌区骨干工程续建配套节水改造,强化小型农田水利工程建设和大中型灌区田间工程配套。

《国家粮食安全中长期规划纲要(2008—2020 年)》提出我国人均耕地面积 1.38 亩,约为世界平均水平的 40%,人均占有水资源量约为 2 200 m^3,不到世界平均水平的 28%,且水资源分布极不均衡,水土资源很不匹配。今后受全球气候影响,我国旱涝灾害特别是干旱缺水状况呈加重趋势,可能会给农业生产带来诸多不利影响,将对我国中长期粮食安全构成极大威胁。全球粮食产量增长难以满足消费需求增长的需要。今后受全球人口增长、耕地和水资源约束以及气候异常等因素影响,全球利用粮食转化生物能源的趋势加快,能源与食品争粮矛盾日益突出,全球粮食供求将长期趋紧,我国利用国际市场弥补国内个别粮油品种供给不足的难度增大。规划要求切实加强农业基础设施建设,下大力气加强农业基础设施特别是农田水利设施建设,稳步提高耕地基础地力和产出能力。加快实施全国灌区续建配套与节水改造及其末级渠系节水改造,完善灌排体系建设;适量开发建设后备灌区,扩大水源丰富和土地条件较好地区的灌溉面积;积极发展节水灌溉和旱作节水农业,大力提高粮食单产水平。强化科技支撑,大力推进农业关键技术研究,力争粮食单产有大的突破,为保证 2020 年人均粮食消费量不低于 395 kg,要求至 2020 年耕地保有量不低于 18 亿亩,粮食播种面积不低于 15.8 亿亩。

国家发展和改革委 农业部印发了《糖料蔗主产区生产发展规划(2015—2020 年)》(发改农经〔2015〕1101 号),规划范围为广西、云南两大蔗糖主产省(区)。规划提出改革开放以来,我国食糖消费持续增长,年人均消费量由改革开放前的 3 kg 提高到 10 kg 以上,今后食糖消费仍将保持增长态势。预计到 2020 年全国食糖消费量约 1 800 万 t,而总产量约 1 500 万 t,产需缺口约 300 万 t,2019 年国内实际产糖仅 1 076 万 t(其中甘蔗糖产量 945 万 t,占比 88%),与消费需求量相比有较大差距,因此保障蔗糖产业的平稳发展,对保障我国食糖产业安全有重要作用。同时,有助于提高蔗农的收入水平,促进边境地区经济发展和少数民族地区长治久安。规划要求,至 2020 年,广西糖料蔗综合生产能力不小于 8 000 万 t,单产不低于 5 万 t/亩,种植面积 1 600 亩以上,灌溉面积 600 万亩以上。

为优化农业生产布局,聚焦主要品种和优势产区,实行精准化管理,国务院发布了《国务院关于建立粮食生产功能区和重要农产品生产保护区的指导意见》(国发〔2017〕24 号),要求按照"确保谷物基本自给、口粮绝对安全"的要求和重要农产品自给保障水平,综合考虑消费需求、生产现状、水土资源条件等因素,科学合理划定水稻、小麦、玉米生产功能区和大豆、棉花、油菜籽、糖料蔗、天然橡胶生产保护区,落实到田头地块。要求全国划定粮食生产功能区 9 亿亩,以广西、云南为重点,划定糖料蔗生产保护区 1 500 万亩,要求加强"两区"范围内的骨干水利工程和中小型农田水利设施建设,大力发展节水灌溉,打通农田水利"最后一公里"。为贯彻落实国务院和国家部委的相关要求,广西自治区政府办公厅印发了《广西粮食生产功能区和糖料蔗生产保护区划定工作方案》(桂政办发〔2017〕164 号),计划在 2017—2019 年,完成 1 500 万亩粮食生产功能区、1 150 万亩糖料蔗生产保护区划定任务,要求灌区涉及的 3 县划定 95 万亩,其中金秀县 8 万亩、象州县 46 万亩、武宣县 41 万亩。灌区涉及的 3 县两区划定任务见表 3-2-2。

表 3-2-2　灌区涉及的 3 县两区划定任务

序号	县	永久基本农田/万亩	两区划定任务/万亩				
			合计	粮食生产功能区			糖料蔗生产保护区
				小计	水稻	玉米	小计
1	金秀县	14.73	8	5	5		3
2	象州县	81.51	46	25	25		21
3	武宣县	72.62	41	14	11	3	27
	合计	168.86	95	44	41	3	51

通过灌区建设,为农业灌溉提供可靠水源,多源联合调度灌溉、骨干工程连通和防渗

改造,实现水源工程与田间工程高效灌溉,改善当地水利基础,保障和促进了农业生产条件。下六甲灌区建成后,灌溉水利用系数由 0.47 提高到 0.63,节水的水量用于扩大灌溉面积,灌溉面积由现状有效 29 万亩增加至 59.5 万亩,其中水稻、玉米等粮食作物面积 23 万亩,糖料蔗面积 17 万亩,两类作物面积 40 万亩,占到设计灌溉面积的 75%,占到两区划定任务的 42%。灌溉保证率由现有的 50% 提高到 85%,粮食作物和糖料蔗的产量将明显提升,工程实施后,粮食作物播种亩均产量可由 0.3~35 t/亩提高至 0.6 t/亩,按灌溉面积 23 万亩计算并考虑复种指数,可增产约 9 万 t;糖料蔗亩均产量可由 5 t/亩提高至 8 t/亩,按灌溉面积 17 万亩计算,可增产约 50 万 t,工程建设有效保障了粮食安全和糖业发展,推动了农业现代化发展。

3.2.2　巩固贫困地区、革命老区脱贫攻坚成果,实现乡村振兴战略的需要

下六甲灌区涉及的金秀县和武宣县均为贫困县,其中金秀县为国家级贫困县,武宣县为自治区级贫困县。截至 2017 年末,来宾市建档立卡贫困户为 2.04 万户,贫困人口 7.63 万人,灌区涉及的三个县建档立卡贫困户为 0.97 万户,贫困人口 3.66 万人,其中金秀县 0.22 万户、0.81 万人,象州县 0.31 万户、1.15 万人,武宣县 0.44 万户、1.71 万人。大部分贫困户居住在偏远地区,以农业为主要收入,由于气候影响、交通不便、缺水等原因,收入较低,贫困程度深,脱贫难度大,脱贫后返贫现象时有发生。根据《来宾市统计年鉴》,3 个县的 2018 年人均 GDP 为 3.18 万元/人、农村居民人均可支配收入 2.01 万元/人,两指标均低于全国平均水平、自治区平均水平。

3 个县 2018 年居民收入相关指标见表 3-2-3。

表 3-2-3　2018 年居民收入相关指标情况

序号	对比项目	全国	自治区	来宾市	灌区涉及三个县			
					小计	金秀	象州	武宣
1	总人口/万人	139 538	4 926	223	80	13	30	37
2	2017 年贫困人口/万人	3 046	246	7.63	3.67	0.81	1.15	1.71
3	GDP/亿元	900 310	20 353	692	259	36	121	102
4	人均 GDP/(万元/人)	6.45	4.13	3.10	3.18	2.77	4.03	2.74
5	居民人均可支配收入/(万元/人)	2.82	2.15	2.08	2.01	1.84	2.03	2.05

《广西壮族自治区人民政府办公厅关于认定革命老区县(市、区)的通知》(桂政办发〔2013〕8 号)认定自治区革命老区县有 84 个,其中来宾市有 3 个,分别为金秀、象州、武宣,均为灌区涉及县。

近年来,中央一号文件《关于坚持农业农村优先发展做好"三农"工作的若干意见》《关于抓好"三农"领域重点工作确保如期实现全面小康的意见》等文件以脱贫攻坚统揽经济社会发展全局,把脱贫攻坚作为发展头等大事和第一民生工程。在 2018 年 9 月发布的《乡村振兴战略规划(2018—2022 年)》中要求"继续把基础设施建设重点放在农村,持续加大投入力度,加快补齐农村基础设施短板,促进城乡基础设施互联互通,推动农村基

础设施提档升级"。要求"加强农田水利基础设施建设,实施耕地质量保护和提升行动,到 2022 年农田有效灌溉面积达到 10.4 亿亩";要求构建大、中、小微结合,骨干和田间衔接、长期发挥效益的农村水利基础设施网络,着力提高节水供水和防洪减灾能力。科学有序推进重大水利工程建设,加强灾后水利薄弱环节建设,统筹推进中小型水源工程和抗旱应急能力建设。巩固提升农村饮水安全保障水平,开展大中型灌区续建配套节水改造与现代化建设,有序新建一批节水型、生态型灌区,实施大中型灌排泵站更新改造。推进小型农田水利设施达标提质,实施水系连通和河塘清淤整治等工程建设。深化农村水利工程产权制度与管理体制改革,健全基层水利服务体系,促进工程长期良性运行。通过因地制宜地实施丰育保护、小流域综合治理、坡耕地治理等措施,要求工程建设把打好精准脱贫攻坚战作为实施乡村振兴战略的优先任务,工程建设推动脱贫攻坚与乡村振兴有机结合、相互促进,要求到 2020 年,乡村振兴的制度框架和政策体系基本形成,各地区各部门乡村振兴的思路举措得以确立,全面建成小康社会的目标如期实现。到 2022 年,乡村振兴的制度框架和政策体系初步健全。到 2035 年,乡村振兴取得决定性进展,农业农村现代化基本实现。农业结构得到根本性改善,农民就业质量显著提高,相对贫困进一步缓解,共同富裕迈出坚实步伐;到 2050 年,乡村全面振兴,农业强、农村美、农民富全面实现。

　　为进一步加大扶持力度,加快老区开发建设步伐,让老区人民过上更加幸福美好的生活,中共中央办公厅、国务院办公厅印发了《关于加大脱贫攻坚力度支持革命老区开发建设的指导意见》,意见提出到 2020 年,老区基础设施建设取得积极进展,特色优势产业发展壮大,生态环境质量明显改善,城乡居民人均可支配收入增长幅度高于全国平均水平,基本公共服务主要领域指标接近全国平均水平,确保我国现行标准下农村贫困人口实现脱贫,贫困县全部摘帽,解决区域性整体贫困。优先支持老区重大水利工程、中型水库、病险水库水闸除险加固、灌区续建配套与节水改造等项目建设,加大贫困老区抗旱水源建设、中小河流治理和山洪灾害防治力度。支持老区推进土地整治和高标准农田建设,在安排建设任务和补助资金时予以倾斜。

　　项目区巩固扶贫成果任务重,项目区的发展恰逢国家和自治区多种战略、多种规划、多种政策叠加的重大机遇。在战略层面上,国家协调推进"四个全面"战略布局、"一带一路"倡议、创新驱动发展战略和脱贫攻坚战;在规划层面上,国家实施《乡村振兴战略规划(2018—2022 年)》,对于从根本上推动项目区发展将起到历史性的巨大作用。在政策层面上,国家进一步加大对革命老区、贫困地区、边疆地区、民族地区的政策扶持力度,在脱贫致富和新型工业化、信息化、城镇化、农业现代化以及沿边开放、现代服务业、改善民生等方面有许多利好政策。

　　下六甲灌区内大部分贫困人口以农为生,农业收入是主要收入来源,通过下六甲灌区工程建设,设计灌溉面积可由原设计的 49.5 万亩增加至 59.5 万亩,复种指数由 1.55 提高至 1.85,灌溉保证率由 50% 提高至 85%,可解决粮食作物、糖料蔗灌溉缺水问题,提高了贫困人口收入,该项目改善灌溉面积 9 万亩,新增和恢复灌溉面积 30.5 万亩,其中改善灌溉面积亩均增加收益按 500 元/(亩·a)计算,新增和恢复灌溉面积按亩均增加收益 1 000 元/亩/a 计算,则年可增加收益 5.3 亿元,亩均收入可增加 780 元,达到 2 000 元左右。贫困人口按人均 2 亩计算,则贫困人口年均收入可增加收入 1 560 元,达到 4 000 元左右,可确保贫困人口收入,为巩固贫困地区、革命老区脱贫成果,实现乡村振兴提供强有力的保障。

3.2.3　为灌区城乡供水安全提供保障,实现灌区人民美好生活的需要

近年来,来宾市借助其独特的区位优势,经济取得了较快发展,随着城镇化发展和居民生活水平的提高,灌区所在的象州县和武宣县及其周边的城乡供水安全问题日益受到重视,提出了新的供水任务要求,这就必然会出现城镇用水与农业灌溉争水的矛盾。若不能及时、有效地解决供需矛盾,将进一步影响当地社会经济全面快速的发展,也给社会增加了不可忽视的不稳定因素,而现有水利供水设施不完善,水利节水能力有限,各行业用水矛盾日益突出。

灌区内进行了多年的供水建设,灌区的人饮、灌溉条件较20世纪末已有大幅提高,灌区内实施了一大批农村饮水安全巩固提升工程,也取得了显著成绩,但建设规模化农村供水工程进展十分缓慢,农村供水保障水平与实施乡村振兴战略和农村居民对美好生活的向往仍有差距。如武宣县金鸡乡和二塘镇全乡已建成的农村饮水工程中均为单村集中式供水工程且供水水源均为地下水,仍然存在供水规模小,集中化程度低,管理难、水源不够稳定,每逢干旱季节仍会出现缺水或无水现象等问题。

下六甲灌区工程根据象州县、武宣县的实际需求和规划,充分利用现有水库的调蓄能力,确定了供水范围涉及象州县罗秀镇、马坪镇,武宣县金鸡乡和二塘镇等4个乡镇,其中集镇3个,分别为马坪集镇、金鸡集镇、二塘集镇,供水村庄一共38个,供水人口11.3万人,可供水0.11亿 m³,可利用水质较好的中小型水库替代部分山区现有农村的饮水水源,从根本上解决规模化小、供水不稳定易反复等问题,满足灌区民众对美好生活的需要。

3.2.4　建"节水型"灌区和"网络型"工程,满足经济可持续高质量发展的需要

下六甲灌区主要由罗秀河、马坪、石龙、长村(含落脉河水库灌区)、水晶河、石祥河等6个中型灌区及当地小型水库灌区组成,大部分工程建于20世纪五六十年代,建设时间早,大部分工程已经运行了60多年,农田灌溉面积大,渠道长,大部分渠道以土渠灌溉为主,渠道过水能力有限,加之渠道缺乏有效管理,渠系渗水损失和漏水损失大,根据《2019年来宾市农田灌溉水有效利用系数测算分析成果报告》(来宾市水利局广西尚禹节水灌溉科技有限公司,2019年11月)对全市灌区灌溉水利用系数进行了测算分析,全市灌溉水利用系数为0.50,其中下六甲灌区范围内的石祥河水库灌区作为测算的典型灌区,灌溉水利用系数为0.46~0.47,福隆水库灌区等小型灌区灌溉水利用系数在0.50~0.52,经分析灌区现状灌溉水利用系数为0.47,低于全国平均水平0.54,与国家要求2020年灌溉水利用系数达到0.60还有一定差距,与世界平均水平0.7~0.8还有很大差距。

下六甲灌区水源以柳江、落脉河、水晶河、石祥河、马坪河为主,水源工程主要为下六甲水库、长村水库、落脉河水库、丰收水库、石祥河水库、落脉河引水枢纽、水晶引水枢纽等,各水源独立运行,不能联合调度。柳江西灌片受岩溶发育等地质条件及降雨等自然条件影响,河道内来水少,土壤保水能力差,农田耗水大,灌片虽然靠近柳江,但由于高程落

差较大,导致扬水费用较大,加大了种地负担。以引水工程为主的罗秀河灌区和水晶灌区,虽然河道平均来水量大,但是由于来水过程与灌溉需求经常不匹配,导致干旱期引水量较少,不能满足灌溉需求,需要有一定调蓄能力的工程补充水量;长村水库、丰收水库和石祥河水库三个中型水库,调节库容较大,灌溉范围内灌溉需求大,但是水库断面来水量较小,导致水库调节灌溉效益不能全部发挥,水库来水需要补充;石祥河干渠长约 55 km,线路长,下游用水困难,干渠沿线处于高位的福隆水库、乐业水库等水库,灌溉范围较小,水库的调蓄水不能补入石祥河干渠,导致弃水较多和水资源浪费。由于灌区缺少各工程单独运行,水源间不能相互调度、相互补缺,导致当地水资源利用率低,水利工程效益不能充分发挥,从而影响作物增产保收和农业发展,不利于当地的经济可持续高质量发展。灌区涉及的 3 个县 2018 年城镇化率仅 37% ~ 42%,与国家要求少数民族地区 2020 年达到54.2% 还有很大差距。2011—2018 年 GDP 由 171 亿元增加到 259 亿元,年均增速 6%,低于国家要求少数民族地区年均增速 8% 的要求。

2014 年 3 月 14 日,习近平总书记在中央财经领导小组第五次会议讲话中,首次提出的新时期十六字治水总方针,将“节水优先”放在了首要位置,党的十九大报告明确提出实施国家节水行动,标志着节水上升为国家意志和全民行动。国家发展和改革委、水利部印发了《国家节水行动方案》(发改环资规〔2019〕695 号),提出要从实现中华民族永续发展和加快生态文明建设的战略高度认识节水的重要性,大力推进农业、工业、城镇等领域的节水,深入推动缺水地区节水,提高水资源利用效率,形成全社会节水的良好风尚,以水资源的可持续利用支撑经济社会持续健康发展。到 2035 年,水资源节约和循环利用达到世界先进水平,形成水资源利用与发展规模、产业结构和空间布局等协调发展的现代化新格局。要求大力推进节水灌溉,优化调整作物种植结构,根据水资源条件,推进适水种植、量水生产。

当前,我国经济由高速增长阶段转向高质量发展阶段,中央经济工作会议明确提出要着眼国家长远发展,加强战略性、网络型基础设施建设,加快自然灾害防治重大工程实施,加快水利等设施建设。李克强总理专门主持召开南水北调后续工程工作会议,要求把水利工程及配套设施建设作为当前扩大有效投资的突出重点。2020 年 1 月,水利部部长鄂竟平在全国水利工作会议上强调,我国水利基础设施体系还不够完善,水利工程体系的综合作用还没有充分发挥。推进水利工程补短板要把着眼点放在现代水利工程体系上,形成布局合理、设施完备、质量优良、运行规范、保障有力的水利基础设施网络,为国家重大战略实施和经济高质量发展提供有力支撑。

《广西壮族自治区国民经济和社会发展第十三个五年发展规划纲要》提出按照节水优先、综合治水、生态安全的要求,加强水利设施建设,提高水安全保障能力。继续推进病险水库(闸)除险加固工程。加强桂中、桂西重点旱片和灌区工程的建设,高标准规划建设节水型、生态型大型灌区,实施现有大中型灌区续建配套和节水改造,加大小型农田水利设施建设力度,明显提升主要旱片抗旱和灌区灌溉能力,新增有效灌溉面积 300 万亩。

下六甲灌区从灌区境内穿过的柳江、红水河和黔江水资源十分丰富,但柳江、红水河和黔江的河床深切,需要较高的提水扬程才能利用河水灌溉,提水灌溉成本高,已经开工的大藤峡水利枢纽正常蓄水位为 61.0 m,使得黔江、红水河和黔江的平均水位抬升近

10 m,但距离灌区地面高程仍需要提水 20~60 m,当地种植以水稻、甘蔗等作物为主,作物经济价值不高,农民更习惯或愿意自流灌溉,或自流与提水集合,尽量减少提水成本。位于该灌区上游的下六甲水库已于 2007 年建成,并通过下六甲、廷岭、中平三电站的引水设施,已将下六甲水库的来水引至罗秀河拦河坝上游,增加了罗秀河干流的来水量,为灌区补水创造了良好条件。

下六甲灌区工程首先加强工程防渗节水措施,实施骨干工程续建配套改造,并成立灌区管理局加强管理,以"节水型"灌区为目标进行设计和建设,工程实施后,灌溉水利用系数由 0.47 提高至 0.63,现状有效灌溉面积 29 万亩用水由 2.4 亿 m³ 减小至 1.3 亿 m³,节水量 1.1 亿 m³,按亩均用水 480 m³/亩计算,节省的水量可发展灌溉面积 23 万亩。

本工程通过实施连通工程,通过"多源互济、联合调度",将丰水地区水量调入缺水地区,实现"网络型"灌溉工程布局,提高灌区灌溉保证率和灌溉保障程度。本工程充分利用已竣工的下六甲水库的调蓄能力,给罗柳灌片补水约 1 200 万 m³,在满足罗柳灌片灌溉需求的基础上,将约 400 万 m³ 水量向北调入罗脉河流域的运江东灌片。利用下六甲水库的调蓄能力、罗柳总干渠引水能力、将罗秀河丰沛的水量 1 700 万 m³ 向西调入柳江西灌片,约 1 400 万 m³ 向南调入武宣石祥河灌片,优化了灌区水资源配置;同时渠道沿线的库、塘、坝、泵、池互联互通,各类工程相互补给,实现"多源""网络型"灌溉工程布局,提高了灌溉用水便利条件的程度。通过信息化管理,根据各片来水、需水条件,对各灌片水资源进行灵活调度,进一步完善灌溉系统,提高了整个灌区的抗旱能力,从根本上解决了灌溉缺水、灌溉不及时的问题,为优质有机稻、糖料蔗等绿色优质产品生产提供强力支撑和保障,进而促进当地第二产业和第三产业的发展,为促进经济可持续高质量发展创造条件。

3.2.5　提高灌区信息化等综合管理水平,进行灌区强监管的需要

下六甲灌区涉及 3 个县,涉及范围大,控制灌溉面积大,输水线路长、灌溉分水口多,用水户数量大,同时还肩负着防汛抗旱的重要任务,其管理要求高,管理难度大。灌区内目前已经修建 26 座中小型水库工程,但水库之间缺乏联合供水的调度机制,无法发挥"1+1>2"的作用。灌区缺少相应水利信息化设施,无法对相应的水情进行信息采集,无法远程控制相应的关键节点设备,即使是已经配套了水利设施的,也采取的是传统模式,要耗费大量的人力和物力去现场采集水情信息和控制数据,而采集的数据还存在很大误差,易引起灌区管理单位和用水户之间的水事纠纷。各灌片间的管理各自为政,灌区上、下游之间,水库之间存在排涝及灌水之间的纠纷,对灌区协调蓄水、供水、排涝的统一调度等造成一定的难度,已有的管理机制和管理手段已经不能适应灌区信息化的需要,更不能满足国家现代化灌区建设的需要。

党中央、水利部多次提出要加强水利信息化建设的要求,这为 3 个县水工程水利信息化建设营造了很好的环境,在 2011 年中央一号文件中明确要求:实行最严格的水资源管理制度,建立"三项制度"、确立"三条红线",必须加强水量、水质监测能力建设,为强化监督考核提供技术支撑。水利部强调"水利信息化是水利现代化的基础和重要标志",并明确提出"以水利信息化带动水利现代化"的发展思路,要求采用信息化管理技术和手段,

提高对水资源的调控能力、水利工程的自动化水平和用水管理的信息化水平,从根本上摆脱水利行业设施老化、技术落后、管理薄弱的状况,推进水利管理方式的转变。

2018 年,水利部部长鄂竟平指出,"水利部要坚决贯彻党中央、国务院的决策部署,打赢脱贫攻坚战等国家重大战略,补齐水利设施短板,加强水利行业监管""补短板的重点从工程类型讲,防洪、供水、生态修复、信息化""现在的信息化能力明显的不符合水利强有力的监管需要,明显是短板,没有可靠实用的信息化工程就不能实现水利行业的强监管"。

按照水利部 2016 年 4 月印发的《全国水利信息化"十三五"规划》,"十三五"期间要基本实现信息化对水利各业务领域的全覆盖,省级使用覆盖率整体要超过 70%,逐步建立农业用水全过程管理,按照国家发展和改革委员会、水利部 2019 年 4 月联合印发的《国家节水行动方案》,至 2022 年,大中型灌区渠首和干支渠口门实现取水计量。《全国水利信息化"十三五"规划》指出,"十三五"时期是我国全面建成小康社会的决胜阶段,也是水利工作全面落实中央新时期水利工作方针、有效破解新老水问题、提升国家水安全保障能力、加快推进水利现代化的重要时期,水利信息化作为水利现代化的基础支撑和重要标志,必须加强立体化监测、精准化管理、规范化监督、智能化决策和便捷化服务能力建设,以水利信息化基础设施整合为先导、以水利信息资源共享为核心、以水利业务应用推进为重点,以水利网络安全为保障,以水利信息化保障环境为基础,进一步完善水利信息化综合体系,推进水利信息化全面渗透、深度融合、加速创新、转型发展,推动"数字水利"向"智慧水利"转变,推进水治理体系和水治理能力现代化。规划提出在水利业务应用体系方面,基本实现水利业务应用对水利业务的全覆盖,主要应用在省级使用覆盖率整体超过70%;水利信息化基础设施体系方面,加强智能感知技术应用,扩大水环境水生态要素采集、取用水计量、水质监测,显著提高移动和自动采集的数量及占比,建成天地一体的水利立体信息采集;实现大型工程监控全覆盖和重点工程在线监管;水利网络安全体系方面,基本建成覆盖各级单位的网络安全纵深防御体系,全面提升水利网络安全保障能力,省级以上重要信息系统、重要水利工程控制系统具有相应等级的安全防护能力;水利信息化保障体系方面,全面梳理水利信息化管理制度和技术标准,完成水利信息化建设管理、整合共享等相关管理办法的修订与编制,完成整合共享相关技术标准的修订与编制;积极推进泛在感知、智能计算、大数据处理等新技术研究和创新应用示范。

下六甲灌区项目建设,以现代化灌区建设为理念,通过新建信息化系统,实现水源工程、连通工程和输水骨干工程的联合调度,利用信息化手段充分实现雨情、墒情、渠系流量、信息采集的自动化,渠系控制的智能化;可以对供水水源全面、及时地监测、控制,同时能提高工作质量和效率,减轻劳动强度;采用先进的调控手段,将用水量及时准确地输送并分配给用水户,从而提高水资源的利用率和用水保证率,发挥水利工程的综合效益,真正做到既高效又安全地用水。同时通过项目实施,实现灌区内水量的精准调配,使下六甲灌区的传统水利向信息化乃至灌区现代化转变,提高水资源利用和管理效率,为实现灌区强监管创造条件。

3.2.6　促进民族地区水利发展,建设民族团结进步示范区的需要

广西 2018 年常住人口 4 926 万,其中少数民族人口 1 847 万,占广西总人口的 37%;来宾市常住人口 223 万,其中 174 万为少数民族人口,占来宾市总人口的 78%;灌区涉及的金秀、象州、武宣 3 个县总人口 80 万,其中少数民族人口 61 万,占三县总人口的 77%,占全国少数民族人口数量的 0.5%,占自治区少数民族人口数量的 3.3%,少数民族大部分为壮族和瑶族。灌区范围内的金秀县获得广西第二批民族团结进步创建活动示范区,武宣县东乡镇获得"广西自治区民族团结进步示范乡"称号。大部分少数民族居住在农村,以种地为生,农产品为主要收入来源,受气候条件等影响,加之灌溉设施老化失修,作物经常遭受干旱而减产,影响了少数民族的收入和少数民族地区的经济发展。

《"十三五"促进民族地区和人口较少民族发展规划》(国发〔2016〕79 号)提出少数民族和民族地区经济社会发展总体滞后,面临产业发展层次水平偏低,城乡区域发展不平衡,基础设施建设欠账多。要求科学论证、稳步推进重大水利设施建设,统筹加强中小型水利建设,积极推进大中型灌区续建配套与节水改造、小型农田水利、农村饮水安全巩固提升、中型水库、中小河流治理、山洪灾害防治和抗旱应急水源等工程建设。加大中央投入力度,增加对民族地区特别是边远地区重大基础设施、重大基本公共服务项目、重大生态保护工程等的投入。确保到 2020 年实现与全国同步全面建成小康社会,经济发展增速高于全国平均水平,社会事业稳步提升、民族文化繁荣发展、生态环境明显改善、民族团结更加巩固。

《广西壮族自治区人民政府关于贯彻落实国家"十三五"促进民族地区和人口较少民族发展规划的实施意见》(桂政发〔2017〕58 号)提出民族团结进步模范区建设持续深入推进,中华民族共同体意识深入人心,全社会"三个离不开"思想全面加强,各民族群众"五个认同"不断增强,民族理论政策创新发展,民族工作法规日臻完善,民族事务治理现代化水平显著提高,各民族和睦相处、和衷共济、和谐发展。到 2020 年,自治区实现地区生产总值和城乡居民人均收入比 2010 年翻一番,基础设施更加完善,产业结构持续优化,城镇化水平大幅提升,对内对外开放水平显著提高,综合经济实力明显增强。生态保护进一步加强,人居环境更加优美,走出一条生产发展、生活富裕、生态优美的绿色发展之路。

下六甲灌区工程建设,通过建设输水工程,为农业灌溉提供可靠水源,为经济社会发展提供水资源保障,对于当地经济社会发展水平、增加少数民族地区的经济收入,为发挥来宾市水陆交通优势、加快来宾市发展,促进社会稳定,优化国家对外开放格局,建设民族团结进步示范区具有十分重要的意义。

综上,下六甲灌区工程建设是灌溉工程补短板,保障粮食安全和糖业发展的需要;是巩固贫困地区、革命老区脱贫攻坚成果,实现乡村振兴战略的需要;是建"节水型"灌区和"网络型"工程,促进经济可持续高质量发展的需要;是提高灌区信息化等综合管理水平,进行灌区强监管的需要;是促进民族地区水利发展,建设民族团结进步示范区的需要。

3.3　工程任务

根据《水利改革发展"十三五"规划》《珠江—西江经济带发展规划》《珠江流域综合规划》《广西水利发展"十三五"规划》《来宾市水利发展"十三五"规划》，结合本工程建设的必要性论证，本工程任务是新建下六甲灌区，下六甲灌区开发任务是农业灌溉，结合供水，为巩固少数民族地区脱贫攻坚成果创造条件。

下六甲灌区灌溉范围涉及来宾市金秀县、象州县和武宣县 3 个县、16 个乡镇、1 个农场。设计水平年 2035 年受水区多年平均需水量为 29 699 万 m³，其中城乡生活和工业需水量 966 万 m³，农业灌溉需水量 28 595 万 m³，城镇生态需水量 138 万 m³。工程建成后，多年平均供水量为 28 785 万 m³，多年平均缺水量为 914 万 m³，其中农业缺水量 891 万 m³。

下六甲灌区建设内容主要包括 5 部分：①拆/改建引水枢纽 9 座，分别为罗柳总干渠引水枢纽、长村引水枢纽、和平引水枢纽、凉亭引水枢纽、水晶引水枢纽、百丈一干渠引水枢纽、百丈二干渠引水枢纽、廷岭引水枢纽和江头引水枢纽；②拆/新建泵站 2 座，其中拆建 1 座，为鸡冠泵站；新建 1 座，为屯抱泵站；③建设灌溉输水骨干渠道/管道共 113 条，总长 683.7 km，配套渠系建筑物 1 268 座；④新建灌区信息化管理工程 1 项。

（1）灌溉。

灌区设计灌溉面积 59.5 万亩，其中保灌面积 20.0 万亩，改善灌溉面积 9.0 万亩，恢复灌溉面积 20.5 万亩，新增灌溉面积 10.0 万亩，设计水平年 2035 年农业灌溉多年平均供水量 2.77 亿 m³。

（2）供水。

本次规划乡镇供水涉及象州县罗秀镇、马坪镇，武宣县金鸡乡和二塘镇等 4 个乡镇，其中共计集镇 3 个，分别为马坪集镇、金鸡集镇、二塘集镇，供水村庄一共 38 个，设计水平年 2035 年供水人口 11.3 万人，设计水平年 2035 年城乡综合多年平均供水量 0.11 亿 m³。

3.4　规划水平年

3.4.1　基准年和规划水平年

根据广西来宾市金秀县、象州县和武宣县城市总体规划及国民经济发展情况，结合工程 2025 年建成，规划水平年按工程建成后 5~10 年考虑。确定基准年为 2018 年，规划水平年为 2035 年。

3.4.2　远期展望年：2050 年

考虑灌区为国家粮食生产主产区和糖料蔗生产功能区，为应对未来极端气候，柳江上游突发水质环境变化风险，保证粮食生产稳产、高产，满足城乡发展对水源供水保证及备用水源等要求，以及灌区范围内发展经济果林的需求等因素，结合灌区社会经济高质量发展,确定远期展望年为 2050 年。

3.5　设计保证率

3.5.1　城乡生活及工业供水设计保证率

根据《城市给水工程规划规范》(GB 50282—2016)、《村镇供水工程技术规范》(SL 310—2019)和《室外给水设计标准》(GB 50013—2018)等相关规定,确定灌区城乡生活和工业供水设计保证率为 $P=95\%$。

3.5.2　灌溉设计保证率

下六甲灌区为大型灌区,灌区位于国家粮食和糖料蔗主产区,农作物以水稻、甘蔗、水果和蔬菜等经济产值较高作物为主,根据《灌溉与排水工程设计标准》(GB 50288—2018)规定,对于湿润地区或水资源丰富地区,以旱作为主的灌溉设计保证率为 $P=75\%\sim85\%$,以水稻为主的灌溉设计保证率为 $P=80\%\sim95\%$,喷灌、滴灌灌溉设计保证率为 $P=85\%\sim95\%$。

本次规划按照灌区水资源条件、灌溉方式、种植结构和经济效益,根据规范要求,结合广西已批复的大藤峡灌区、乐滩灌区、百色灌区等灌区灌溉设计保证率为 85%,确定本灌区常规灌溉和高效节水灌溉设计保证率均为 85%。

3.5.3　排涝设计标准

下六甲灌区为大型灌区,灌区位于国家粮食和糖料蔗主产区,根据《治涝标准》(SL 723—2016),灌区排涝标准的设计暴雨重现期定为 10 年一遇,水稻区暂按 3 d 暴雨 3 d 排至耐淹水深,旱作区按 1 d 暴雨 1 d 排至田面无积水。

第 4 章　灌溉、供水范围确定

4.1　灌区范围及灌溉规模

下六甲灌区工程按照"节水优先、空间均衡、系统治理、两手发力"的治水方针,根据灌区水系情况,灌区可能分布,水力联系,已有、在建或规划工程的情况,确定研究范围,然后在研究范围内根据水利工程情况、水土资源情况、水资源供需分析情况等,按照经济合理原则,进一步通过分析、论证,确定灌溉范围和面积。

4.1.1　研究范围情况

4.1.1.1　研究范围确定

下六甲灌区位于广西来宾市,属于桂中治旱区,涉及广西来宾市金秀县、象州县和武宣县 3 个县。灌区周边现有及规划大型灌区主要有 3 处,分别为达开灌区、乐滩灌区、大藤峡灌区。达开灌区为现有灌区,乐滩灌区已开工建设,大藤峡灌区正在开展前期工作。

各灌区与下六甲灌区的位置见图 4-1-1。

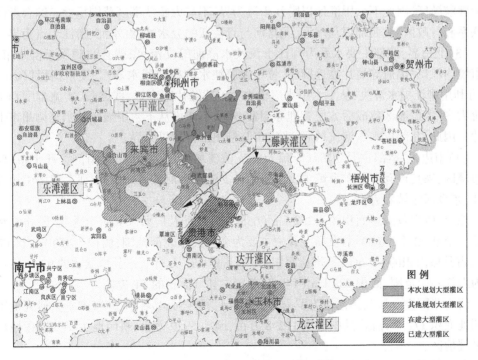

图 4-1-1　下六甲灌区周边灌区位置

本次下六甲灌区研究范围涉及柳江、黔江及其支流罗秀河、落脉河、水晶河、马坪河、石祥河、阴江河和东乡河等,本次结合周边灌区边界、已建工程灌溉范围、考虑行政区划和灌区后期管理等要求,确定研究范围主要以灌区涉及的柳江、黔江的一级支流的流域范围为界。具体边界及选择缘由如下。

(1)东边界:灌区水系主要为罗秀河、落脉河和水晶河等,东侧行政区划为贵港市,不属于来宾市境内,考虑水系联系和行政区划,东部以罗秀河、落脉河和水晶河为流域界,来宾市与贵港市行政界为界。

(2)西边界:西部主要水系有青凌江、马坪河、龙富河等。青凌江属于红水河流域,多年平均径流量约 4 亿 m³,水量丰富,可以满足本流域内的用水需求,同时考虑到青凌江流域地处来宾和柳州两个行政范围,不利于灌区管理,因此不列入研究范围。

黔江干流西侧为大藤峡灌区范围,根据《大藤峡水利枢纽灌区工程规划报告》,规划大藤峡灌区范围共划分为三个分区,分别为上游区、浔江北岸区和浔江南岸区。浔江北岸区和浔江南岸区均位于大藤峡坝址下游,与下六甲灌区涉及的三个县无关。上游区位于大藤峡库区,灌片包含来宾市兴宾区的杨村灌片、武宣县的朗村灌片和龙从灌片等 3 个万亩灌片,均位于黔江干流西侧。经广泛征求地方意见,鉴于自流灌溉方式运行费用相对更低,当地农民更愿意接受,经大藤峡水利枢纽灌区工程论证后将马坪、石龙以及石祥河等灌片纳入下六甲灌区范围,大藤峡灌区规划不再考虑。

下六甲灌区的主要水源均位于黔江东侧,考虑到从下六甲水库等骨干水源输水至黔江西侧渠线太长,水量损失和工程量都会很大,工程代价太大,且黔江干流西侧灌面已纳入大藤峡灌区,因此下六甲灌区以黔江干流为界,不与大藤峡灌区范围重叠。综合考虑水系联系和行政区划,西部以马坪河、龙富河与青凌江的分水岭,红水河、黔江干流为界。

(3)北边界:北部主要水系为柳江干流及水晶河等支流,象州县北侧属于柳州市,柳州市境内江口、王眉等灌片靠近柳江,位于大藤峡水利枢纽回水末端,提水扬程仅 20~30 m,可利用柳江提水解决;从下六甲水库输水至上述灌片距离远,线路长,实施难度和工程代价大,并考虑灌区建成后方便管理等因素,本次不考虑从下六甲灌区补水至柳州市上述灌片。因此,北部以水晶河流域界、来宾市与柳州市行政界为界。

(4)南边界:南部主要为黔江干流及其支流流域范围,黔江干流南侧为桂平市,属贵港市辖区,来宾市武宣县东乡镇主要位于黔江支流东乡河流域。因此,研究范围南边界以黔江、东乡河流域界为界。

综上,研究范围总面积约 4 252 km²(638 万亩),涉及广西来宾市金秀县、象州县和武宣县 3 个县 22 个乡镇 1 个农场。其中主要为金秀县东北部范围,面积 1 450 km²(217 万亩),占县域面积的 57.6%;象州县面积 1 870 km²(281 万亩),占县域面积的 98.5%;武宣县为黔江左岸范围,面积 932 km²(140 万亩),占县域面积的 54.7%。

研究范围主要涉及的河流为罗秀河、水晶河、石祥河、马坪河、阴江河等。研究范围内耕园地面积 172.7 万亩,其中耕地 112.8 万亩,园地 59.9 万亩,耕园地主要分布在地形相对平缓地区。

下六甲灌区研究范围示意图见图 4-1-2。

下六甲灌区位于来宾市的研究范围见图 4-1-3。

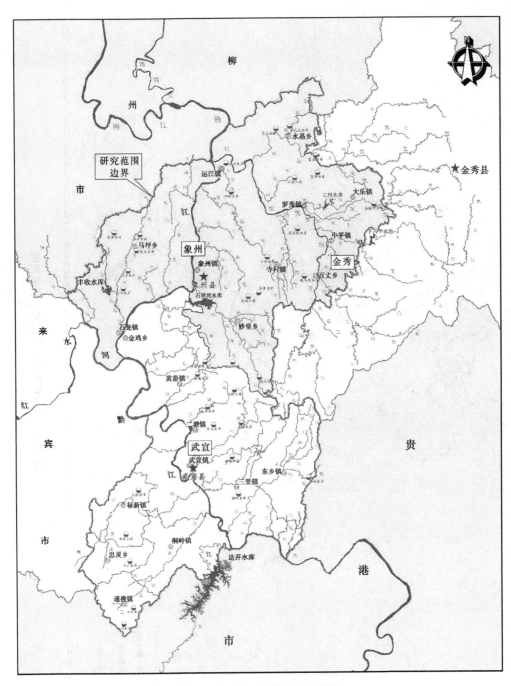

图 4-1-2 下六甲灌区研究范围

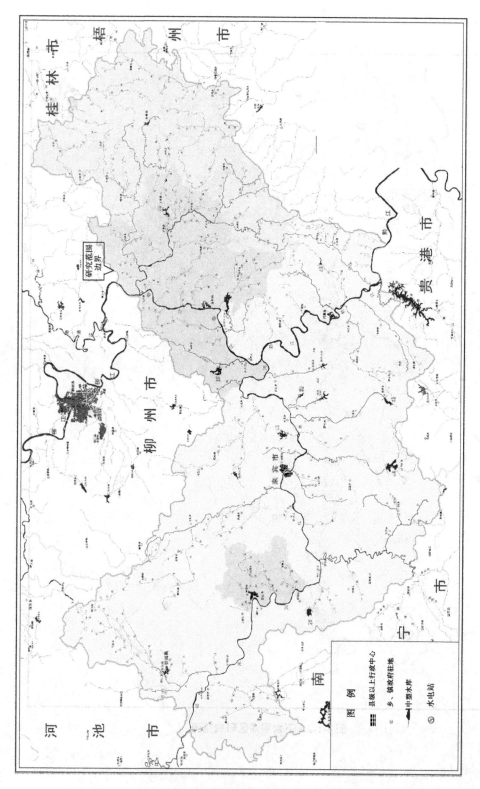

图 4-1-3　下六甲灌区位于来宾市研究范围

4.1.1.2 研究范围内水资源情况

研究范围主要涉及水源为柳江干流、黔江干流、运江干流、罗秀河、水晶河、石祥河、马坪河等。根据河流水系分布情况和水文成果，研究范围内多年平均水资源总量为 38.90 亿 m^3，其中金秀县 14.94 亿 m^3，象州县 16.06 亿 m^3，武宣县 7.90 亿 m^3。

主要河流水资源情况如下：

（1）柳江：发源于柳城县凤山，流域面积 25 460 km^2，多年平均水资源总量 406.0 亿 m^3。研究范围主要涉及柳江的一级支流运江（包括罗秀河、水晶河等）、下腊河、北山河、石祥河、马坪河等，流域面积 3 421 km^2，多年平均水资源量为 30.88 亿 m^3。按照行政区划，金秀县多年平均水资源量 14.74 亿 m^3，象州县多年平均水资源量 15.80 亿 m^3，武宣县多年平均水资源量 0.34 亿 m^3。

（2）黔江：起于象州县石龙附近的三江口与柳江汇合处，上游为红水河段，下游为浔江河段。研究范围主要涉及黔江的一级支流甘涧河、陈康河、新江河、阴江河、东乡河等，流域面积 912 km^2，多年平均水资源量为 8.03 亿 m^3。按照行政区划，金秀县多年平均水资源量 0.21 亿 m^3，象州县多年平均水资源量 0.26 亿 m^3，武宣县多年平均水资源量 7.56 亿 m^3。

研究范围内主要河流的流域面积、水资源量、3 个县情况见表 4-1-1。

表 4-1-1　研究范围内水资源量

序号	河流名称			流域面积/ km^2	流域多年平均地表水资源总量/亿 m^3	研究范围多年平均地表水资源总量/亿 m^3			
						金秀	象州	武宣	小计
1	总计				39.18	14.94	16.06	7.90	38.90
2	柳江	运江	水晶河	579	5.23	3.17	2.05		5.22
3			落脉河	267.2	2.73	1.84	0.89		2.73
4			罗秀河 滴水河	389	4.94	4.67	0.27		4.94
5			罗秀河 门头河	247	2.63	2.56	0.07		2.63
6			罗秀河 寺村河	119	0.88		0.88		0.88
7			其他河流	621.8	6.75	2.50	4.25	0.00	6.75
8			小计	2 223.0	23.16	14.74	8.41	0.00	23.15
9		下腊河		169	1.25		1.25		1.25
10		北山河		97.5	0.72		0.72		0.72
11		石祥河		302	2.24		2.24		2.24
12		龙富河		49	0.36		0.36		0.36
13		马坪河		220	1.62		1.48		1.48
14		其他河流		360.7	1.68		1.34	0.34	1.68
15		合计		3 421.2	31.03	14.74	15.80	0.34	30.88

续表 4-1-1

序号	河流名称		流域面积/ km²	流域多年平均地表水资源总量/亿 m³	研究范围多年平均地表水资源总量/亿 m³			
					金秀	象州	武宣	小计
16	黔江	甘涧河	53.6	0.36		0.04	0.32	0.36
17		陈康河	62.2	0.41		0.02	0.39	0.41
18		新江河	156	1.08	0.04		1.04	1.08
19		阴江河	118	0.99	0.06		0.93	0.99
20		东乡河	235	2.21	0.12		1.96	2.08
21		其他河流	287.0	3.10	0.00	0.19	2.91	3.10
22		合计	911.8	8.15	0.21	0.26	7.56	8.03

4.1.1.3 研究范围内土地资源情况

1. 研究范围内土地类型情况

研究范围总面积 4 252 km²(638 万亩),包括金秀县、象州县和武宣县 3 个县,涉及 22 个乡镇 1 个农场。研究范围内耕园地合计 172.7 万亩,其中:耕地面积为 112.8 万亩,占区域土地总面积的 17.7%;园地面积 59.9 万亩,占区域总面积的 9.4%。

2. 研究范围内高程和坡度情况

1)金秀县

金秀县境内坡度大于 25°的区域主要集中在研究范围东部,涉及金秀县金秀镇、三角乡、长垌乡、六巷乡和大樟乡东部,大部分高程在 400~1 900 m,基本为山区,从高程和坡度来看,不适合进行大面积农业灌溉;桐木镇高程在 120~400 m。研究范围内坡度小于 25°区域主要集中在金秀县桐木镇,境内坡度平缓的土地主要分布在水晶河及其支流两岸,是金秀县的主要灌区。

2)象州县

象州县坡度大于 25°的区域主要集中在妙皇乡、寺村镇南部以及马坪乡东部与柳江之间,大部分高程在 120~400 m,其余如象州镇、罗秀镇、中平镇、大乐镇、石龙镇、水晶乡以及马坪乡中西部区域大部分地区地形平坦,坡度在 15°以内,是象州县目前的农业生产集中区,高程和地形坡度等条件好,十分有利于发展农业灌溉。

3)武宣县

武宣县坡度大于 25°的区域主要集中在金鸡乡、黄茆镇、二塘镇、武宣镇、三里镇和东乡镇的东部以及东乡镇南部,大部分高程在 120~400 m,其余区域大部分地区地形平坦,坡度在 15°以内,是武宣县目前的农业生产集中区,高程和地形坡度等条件好,十分有利于发展农业灌溉。

综上所述,从高程和地形坡度分析(见图 4-1-4 和图 4-1-5),研究范围内东南部为山区,高程较高,地形坡度较大,不适宜大面积发展农业灌溉,研究范围中部和西北部为平坝区,地形平缓,适合发展农业灌溉。

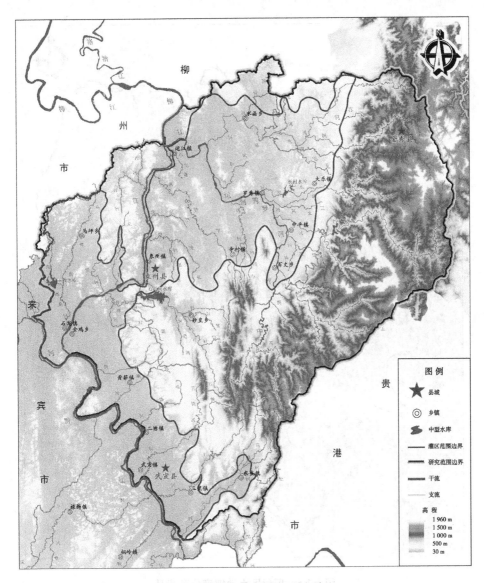

图 4-1-4　项目区土地高程分布情况

4.1.2　灌溉范围及面积确定

4.1.2.1　灌区范围确定

1. 前期规划关于灌区范围规划情况

（1）《珠江流域综合规划（2012—2030 年）》提出新建下六甲灌区等大型灌区,灌区范围涉及金秀县、象州县、武宣县等 3 县,规划灌溉面积为 33.4 万亩。

（2）《柳江流域综合规划》提出新建下六甲灌区,灌区范围包括金秀、象州、武宣 3 县 12 个乡镇 105 个村委,设计灌溉面积 33.44 万亩。

（3）《广西桂中治旱下六甲水库补水灌区工程规划报告》,广西水利厅以"桂水技

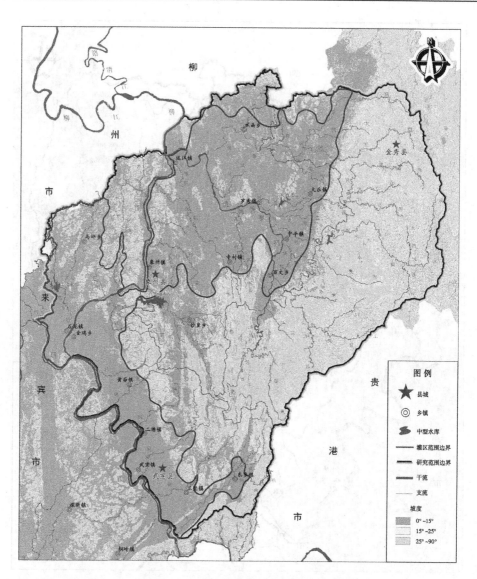

图 4-1-5　项目区土地坡度分布情况

〔2009〕42 号文"批复该规划。灌区规划范围为象州县 7 个乡镇,武宣县 4 个乡镇,设计灌溉面积 33.44 万亩,规划将灌区划分为罗秀、河西、石祥河和友谊等 4 个灌片。

　　(4)《广西桂中治旱下六甲灌区节水配套改造工程规划报告》(柳州水利电力勘测设计研究院,简称柳州院)提出下六甲灌区规划灌溉面积为 41.01 万亩,规划灌区范围主要包括罗秀河灌片(包括总干直灌,南干、北干灌面)、友谊灌片、长村灌片、水晶灌片、河西灌片(柳江西灌片)、石祥河灌片和乐梅灌片等,涉及象州县和武宣县 10 个乡镇、武宣 6 个乡镇 1 个农场。2011 年 10 月江河水利水电咨询中心对该规划进行了技术咨询,对灌区范围主要提出 3 条意见:①补充灌区规划范围确定的原则,说明水晶灌片、长村灌片、乐梅灌片的灌溉面积纳入下六甲灌区范围的主要理由。②说明新增沿江灌溉面积与大藤峡水库淹没区和防护区的相对关系,复核灌区设计灌溉面积及其提灌面积组成。③在尽量不调整河西灌片(柳江西灌片)现有灌排体系的前提下,分析其灌溉面积纳入下六甲灌区范围的必要性和经济合理性。

2. 灌区范围确定原则

本工程灌区范围结合项目区灌区规划相关成果及江河水利水电咨询中心咨询意见、水资源状况及水利工程供水能力、耕园地分布情况,在研究范围内选择灌区范围。主要遵循以下原则:

(1)从水资源合理开发利用及就近取水原则考虑,灌区范围确定以流域界线为主,兼顾水源工程供水范围的完整性,并适当考虑灌区长远发展。

(2)遵循统一水源或统一管理单位的原则,不与其他现有或规划大型灌区范围重合,只要有灌溉发展迫切需求的灌片,在一定经济性范围内,可考虑纳入下六甲灌区范围。

(3)根据灌区水源工程分布和高程,遵循高水高用,低水低用的原则,以自流灌溉为主,局部灌片采用提灌,灌区以发展粮食作物和糖料蔗为主,扬程按照不高于 50 m 控制。

(4)充分考虑各片区两区划定和种植基地发展要求、乡村振兴要求、农村生活口粮需要方面因素,重点向贫困人口较多的片区倾斜。

3. 灌区范围确定

研究范围涉及金秀县、象州县和武宣县。从 4.3.1 节中对研究范围内水资源情况、耕园地分布及坡度和高程分析判断可列入灌区范围的区域,并结合工程总体布局的分析,在研究范围内确定本工程灌区范围边界。

1)金秀县

在研究范围内,涉及金秀县桐木镇、金秀镇、三角乡、长垌乡、六巷乡和大樟乡等 6 个乡镇。

桐木镇属于金秀县的粮仓,位于水晶河流域,现有水利工程主要为和平引水枢纽、凉亭引水枢纽等 2 处引水工程,太山水库、长塘水库等 2 座小型水库,该镇大部分耕园地分布高程均在 260 m 以下,现状和平引水枢纽取水高程约 230 m,太山水库死水位为 177 m,长塘水库现状已补水入水晶干渠,现状金秀河上游和平电站金秀河(下游为落脉河)河水调入了水晶河,考虑耕园地分布,桐木镇现有水利工程与灌区其他灌片水力联系的密切性,因此将桐木镇列入灌区范围。

金秀县其他 5 个乡镇大部分高程在 400~1 900 m,基本均为山区,从高程和坡度来看,不适合进行大面积农业灌溉,因此不再列入灌区范围。

因此,金秀县内灌区范围仅涉及桐木镇,东部以 260 m 高程为界,北部以 180 m 高程为界,南部与西部均与象州县灌区范围相连,金秀县境内灌区面积约 20 万亩。

2)象州县

象州县耕园地分布以柳江为界,分柳江以东区域和柳江以西区域。

(1)柳江以东区域耕园地主要分布在运江及其罗秀河、落脉河和水晶河等支流两岸,地形为东高西低,南北高中间低,主要涉及乡镇有象州镇、寺村镇、中平镇、罗秀镇、大乐镇、运江镇、百丈乡和水晶乡等 8 个乡镇,是象州县农业发展的核心地带,耕园地集中连片,地形平坦。该区域内主要有下六甲水库和长村水库等 2 座中型水库,罗柳总干渠引水枢纽、长村引水枢纽、凉亭引水枢纽、和平引水枢纽、水晶引水枢纽、百丈一干引水枢纽和百丈二干引水枢纽等7处引水工程,均属于运江流域,水力联系密切,现有水源高程基本可满足控灌该区域大部分耕园地。其中南部寺村镇、百丈乡、象州镇、中平镇耕园地高程基本在180 m以下,东部大乐镇耕园地高程基本均在260 m以下,北部水晶乡与金秀县桐木镇相连,水利联系密切,耕园地基本均在180 m以下,结合现有水利工程高程分布情况,象州县柳江以东区域灌区边界南至180 m高程,东至180 m和260 m高程,北连至桐木镇。

(2)柳江以西区域耕园地主要分布在马坪河及其支流两岸,主要涉及石龙镇和马坪乡等2个乡镇,耕园地集中连片,地形平坦。据2018年来宾市统计年鉴统计,象州县糖料蔗产量97.4万t,石龙镇和马坪乡两个乡镇糖料蔗产量分别为23.0万t和20.3万t,占象州县总产量的比例为44.5%,分别位居象州县糖料蔗产量的第一和第二,是象州县糖蔗种植面积最大、最为集中的区域。马坪乡涉及三个贫困村,1 157户贫困户,贫困人口4 661人,占象州县贫困人口的11%,其中丰收村和回龙村是极度贫困村,贫困户330户,虽然2019年已脱贫摘帽,但巩固扶贫成果任务仍然十分艰巨。该区域内主要有丰收水库等1座中型水库,猛山泵站和白屯沟泵站等2处提水工程,区域内岩溶较为发育,水资源量较为缺乏,水源条件相对较差,目前区域内丰收水库、白屯沟和猛山泵站只能控制80 m高程以下耕园地,龙旦水库和牡丹水库能自流控制100 m高程以下耕园地,但来水量不够,需要补充。结合灌区总体布局论证分析,通过南柳连接干渠和柳江西分干渠将罗秀河丰沛水量调入马坪乡和石龙镇,可自流控制东部120 m高程以下耕园地,该区域耕园地大部分分布在150 m以下,因此象州县柳江以西区域灌区边界东部、北部至150 m高程,西侧至研究范围边界,南至红水河。象州县境内灌区面积约170万亩。

3)武宣县

武宣县境内研究范围主要河道为石祥河、阴江河等,地形东高西低,北高南低。涉及金鸡乡、黄茆镇、二塘镇、武宣镇、三里镇、东乡镇和黔江农场等5镇1乡1农场,是武宣县农业发展的核心地带,耕园地集中连片,地形平坦。

该区域内主要有石祥河水库、乐梅水库等2座中型水库,三江引水枢纽等1处引水工程,樟村和武农泵站等2处提水工程,现有水源基本可满足控灌该区域内大部分耕园地。该区域大部分耕园地高程均分布在130 m以下,现状石祥河水库能自流控制90 m以下耕园地,乐梅水库能自流控制115 m以下耕园地,沿线甘洞水库、陈康水库、福隆水库、乐业水库、洪岭水库和横岭水库等6座小(1)型水库死水位高程为84~119 m,能自流控制84~119 m高程以下的耕园地,根据调查和供需分析,现状甘洞水库、陈康水库、洪岭水库和乐梅灌片(包括乐梅水库和三江引水工程控灌范围)在满足生态环境要求的前提下,只能满足本灌片内用水,基本无多余水量补水入石祥河干渠,因此本次暂不将甘洞水库、陈康水库、洪岭水库和乐梅灌片纳入灌区范围。考虑该区域耕园地大部分都集中在130 m高程以下,经分析,130 m以下的耕园地利用石祥河沿线提水40 m可解决,考虑灌区长远发展,因此武宣镇灌区边界东至130 m高程,南至乐梅灌片,北至柳江,西至黔江。武宣县境内灌区面积约55万亩。

综上所述,本工程灌区范围边界为:东至高程180~260 m,南至黔江和乐梅灌片;西至马坪河与青凌江分水岭,北至高程180 m范围。灌区总面积1 627 km²(244万亩)。涉及金秀、象州、武宣三个县,16个乡镇1个农场,见表4-1-2。

表 4-1-2　研究范围和本工程灌区范围面积对比

类别		国土面积/km²	研究范围面积/km²		本工程灌区范围-国土面积/km²		本工程灌区范围-研究范围/km²		说明
按行政区划	合计	6 120	4 252	638	1 627	244	-2 625	-394	减去的部分主要是境内水低田高和耕地不集中连片的高地
	金秀	2 518	1 450	217	132	20	-1 317	-198	
	象州	1 898	1 870	281	1 131	170	-739	-111	
	武宣	1 704	932	140	364	54	-568	-85	

4.1.2.2　灌溉分区

1. 划分原则

灌区分区主要依据项目区渠系布置,结合地形地势、河流水系、土壤类别、水文气象条件、种植习惯、当地水利设施等因素,按以下原则划分:

(1)结合灌区农业区划,灌溉渠系相对独立,地形地貌相差不大,水文气象条件、水资源开发利用条件、土壤条件、种植结构基本接近。

(2)兼顾行政区划和现有水利与农业工程体系,有利于农业生产和灌溉管理。

2. 划分成果

按照上述原则,本工程划分 4 个灌片,分别为运江东灌片、罗柳灌片、柳江西灌片和石祥河灌片。

(1)运江东灌片:位于柳江一级支流运江东侧,涉及金秀县桐木镇,象州县罗秀镇、大乐镇和水晶乡等 4 个乡镇。现状主要包括金秀县和平灌区、凉亭坝灌区,象州县水晶河灌区、长村水库灌区和落脉河水库灌区,地势平坦,耕地集中连片,现状有效灌溉面积 7.9 万亩。根据水源分布情况和高程,运江东灌片大部分耕地集中在 260 m 高程以下,具体边界为:东至 260 m 高程,西至 180 m 高程,南至运江干流、落脉河,北至 180 m 高程。

(2)罗柳灌片:位于运江一级支流罗秀河与柳江干流之间,涉及象州县象州镇、罗秀镇、中平镇、运江镇、寺村镇和百丈乡等 6 个乡镇。现状主要包括象州县罗秀河灌区、友谊灌区和百丈灌区,地势平坦,耕地集中连片,现状有效灌溉面积 11.0 万亩。根据水源分布情况和高程,罗柳灌片大部分耕地集中在 180 m 高程以下,具体边界为:东至 180 m 高程,西至柳江干流,南至 180 m 高程,北至运江干流、落脉河。

(3)柳江西灌片:位于柳江西侧,涉及象州县马坪镇和石龙镇等 2 个乡镇。现状主要包括象州县马坪电灌灌区、丰收水库灌区、龙旦水库灌区、牡丹水库灌区和石龙电灌灌区,地势平坦,耕地集中连片,现状有效灌溉面积 3.0 万亩。根据水源分布情况和高程,柳江西灌片大部分耕地集中在 150 m 高程以下,具体边界为:东至 150 m 高程、柳江干流,西至红水河一级支流青凌江分水岭,南至红水河干流,北至象州县与柳州市界。

(4)石祥河灌片:位于柳江、黔江东侧,涉及武宣县黄茆镇、二塘镇、武宣镇、三里镇金鸡乡和黔江农场等 5 个乡镇、1 个农场。

经调查,大藤峡库区提水泵站多年运行大部分已经废弃,目前只有 3 座泵站运行良好,其中新龟岩泵站于 2010 年以后新建,樟村泵站和武农泵站由大藤峡水库淹没工程复建。现状 3 座泵站均向石祥河干渠补水,除补水外,新龟岩泵站直供灌溉面积 0.2 万亩,樟村泵站无直供面积,武农泵站直供面积 0.85 万亩,考虑到泵站均与石祥河干渠有密切的水力联系,因此将上述泵站直供灌面纳入下六甲灌区灌溉范围内。如图 4-1-6 所示为大藤峡库区提水灌片与石祥河灌片位置关系。

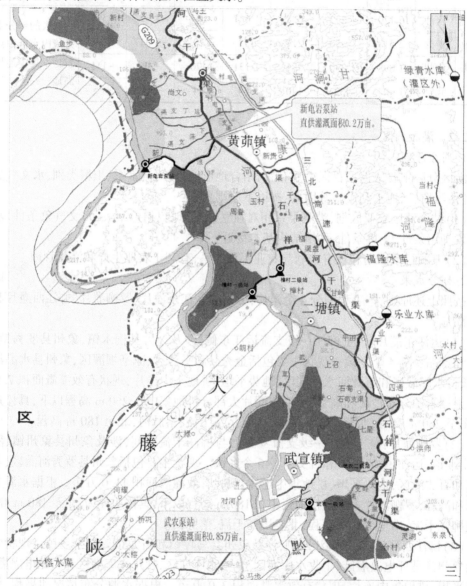

图 4-1-6　大藤峡库区提水灌片与石祥河灌片位置关系

综上所述,石祥河灌片主要包括现状石祥河水库灌区、福隆水库灌区和乐业水库灌区,地势平坦,耕地集中连片,现状有效灌溉面积 7.1 万亩。根据水源分布情况和高程,石祥河灌片大部分耕地集中在 130 m 高程以下,具体边界为:东至 130 m 高程,南至乐梅灌片,西至黔江干流,北至柳江干流。

灌溉分区及灌溉范围详见图 4-1-7 和表 4-1-3。

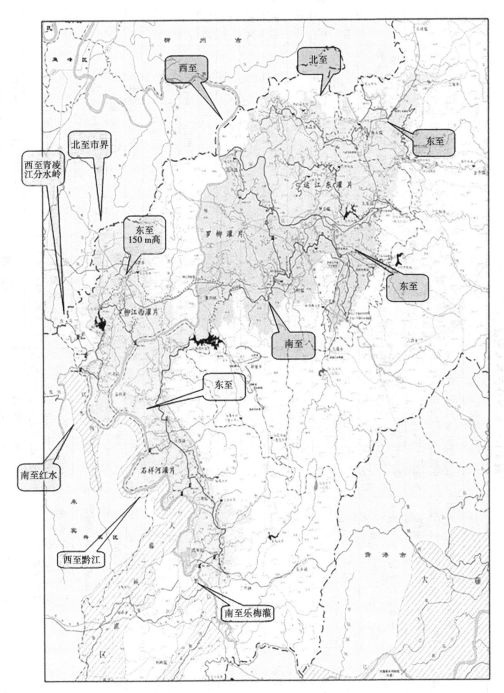

图 4-1-7　下六甲灌区范围

4.1.2.3　土地利用现状及规划

1.土地利用现状

本工程灌区范围涉及金秀县、象州县和武宣县 3 个县市,灌区范围内国土面积 1 627 km²(244 万亩)。依据国土部门资料统计,灌区内土地主要有耕地、林果地、草地、居民点

表 4-1-3　灌溉分区基本情况

序号	分区		运江东灌片	罗柳灌片	柳江西灌片	石祥河灌片	合计
1	四至范围		东至 260 m 高程,西至运江干流,180 m 高程,南至运江干流,落脉河,北至 180 m 高程	东至 180 m 高程,西至柳江干流,南至运江干流,北至运江干流至运江干流,落脉河	东至 150 m 高程,柳江干流,西至红水河一级支流青陵江分水岭,南至红水河干流,北至象州县与柳州市界	东至 130 m 高程,西至黔江干流,南至乐梅灌片,北至柳江干流	
2	主要涉及乡镇		金秀县桐木镇、象州县罗秀镇,大乐镇和水晶乡	象州县象州镇、罗秀镇、中平镇、运江镇,寺村镇和百丈乡	象州县马坪镇和石龙镇	武宣县黄茆镇、二塘镇,三里镇、金鸡乡和黔江农场	
3	灌区内人口/万人	总人口	10.3	16.2	5.1	12.5	44.1
		贫困人口	1.98	2.13	0.69	2.5	7.3
4	面积/万亩	小计	70.0	77.1	42.5	54.7	244.3
		耕地	19.1	25.1	15.5	27.3	87.0
		园地	18.5	14.3	1.6	1.6	36.0
		其他	32.4	37.7	25.4	25.8	121.3
5	现状有效灌溉面积		7.9	11.0	3.0	7.1	29.0
6	地形		东高西低,南高北低	东高西低,南高北低	东高西低,北高南低	东高西低,北高南低	
7	大部分地面高程/m		60~260	60~180	60~150	50~130	
8	多年平均降雨量/mm		1 369	1 369	1 369	1 165	
9	土壤类型		水稻土、红壤土	水稻土、红壤土	水稻土、红壤土	水稻土、红壤土	
10	主要水源		落脉河、水晶河	罗秀河	马坪河、柳江	石祥河、黔江	
11	取水方式		从水库、河道取水,自流灌溉	从水库、河道取水,自流灌溉	从水库、河道取水,一部分自流灌溉,一部分扬水灌溉	从水库、河道取水,大部分自流灌溉,少部分扬水灌溉	
12	主要渠(管)道		凉亭干渠、和平干渠、水晶干渠、长村干渠、落脉河干渠等	罗柳总干渠、北干渠、两旺干渠、江头干渠、百丈一、二干渠等	龙旦干渠、牡丹干渠、猛山干渠、石龙分干渠等	石祥河干渠	
13	主要排水江河		水晶河、运江	罗秀河、落脉河,运江、下隆河	马坪河	石祥河、甘涧河、脉康河、阴江河、福隆河等	

及工矿用地、交通运输用地、水域及水利设施用地、未利用土地等。灌区土地分类利用现状如下：

（1）耕地 87.1 万亩，占总土地面积的 35.6%。

（2）园地 35.9 万亩，占总土地面积的 14.7%。

（3）林地 88.2 万亩，占总土地面积的 36.1%。

（4）草地 2.5 万亩，占总土地面积的 1.0%。

（5）工矿仓储用地 2.2 万亩，占总土地面积的 0.9%。

（6）公共管理和住宅用地 9.5 万亩，占总土地面积的 3.9%。

（7）交通运输用地 5.7 万亩，占总土地面积的 2.3%。

（8）水域及水利设施用地 12.5 万亩，占总土地面积的 5.1%。

（9）其他土地 0.7 万亩，占总土地面积的 0.3%。

灌区土地利用现状情况见表 4-1-4。

2. 土地利用规划

土地是人类赖以生存和发展的宝贵资源，随着社会经济的发展，人口的增长，使得本来就人多地少的项目区人地矛盾更加突出。为了贯彻落实"十分珍惜、合理利用土地和切实保护耕地"的基本国策，本区按照土地总量动态平衡的战略目标要求，坚持以供给制约和引导需求的原则，最大限度地保护和利用土地资源，不断提高土地利用规划管理和计划管理，做到占用耕地与开发复垦挂钩，实行建设用地指标规模控制和布局管制，合理调整土地利用结构布局，促进土地资源集约利用和优化配置，保证社会经济持续发展，促进人口与资源及环境的和谐相处。

根据《来宾市土地利用总体规划（2006—2020 年）》，来宾市实行耕地和基本农田保护策略，严格保护耕地特别是基本农田，控制非农建设占用耕地，有效落实耕地保护的严格措施体系，确保耕地保有量和基本农田保护目标的顺利实现。严格控制非农建设占用耕地，积极稳妥地开展土地整理复垦开发活动，确保规划期内耕地总量基本稳定。

1）城市建设新增占用耕园地

（1）象州县。

根据《象州县土地利用总体规划（2006—2020 年）》，规划期内将严格控制非农业建设占用耕地，按照不占或少占耕地的原则布局新增建设用地，确需占用耕地的，尽量占用质量较差的耕地。严格执行和落实占用耕地补偿制度，对经批准占用耕地的非农业建设项目，按照"先补后占"的原则，必须补充与所占耕地数量相等和质量相当的耕地。通过土地整治，可以满足占补平衡。

根据《象州县城市总体规划（2018—2035 年）》，到 2035 年象州县城市规划区范围东至花池、谭村，南至石祥河水库，西至都罗山、白虎山、观音山，北至茶花岭、六水冲、鸡笼山，总面积 223.67 km²，其中建设用地规模为 14.63 km²。结合国土调查成果量测，该范围占用耕地面积 4.65 万亩。

（2）武宣县。

根据《武宣县土地利用总体规划（2006—2020 年）》，武宣县将优化农用地结构，适当调整园地、林地，在严格控制建设用地占用耕地的同时，积极开展土地开发整理复垦，实现耕地占补平衡。规划期内，严格控制耕地面积的减少，确保新增建设用地占用耕地和补充

单位:万亩

表 4-1-4　各灌片土地类型现状

序号	灌片	面积	耕地园地面积小计	耕地、园地面积明细								林地	草地	工矿仓储用地	公共管理和住宅用地	交通运输用地	水域及水利设施用地	其他土地
				耕地			园地										
				小计	水田	旱地	小计	果园	其他园地								
1	运江东	70.1	37.7	19.2	9.8	9.4	18.5	17.8	0.7			23.6	0.8	0.5	2.2	1.4	3.8	0.1
2	罗柳	77.2	39.4	25.1	12.8	12.3	14.3	14.1	0.2			26.1	1.3	0.8	3.3	1.9	4.1	0.3
3	柳江西	42.3	17.0	15.5	4.8	10.7	1.5	1.5	0.0			20.1	0.3	0.3	1.0	0.9	2.6	0.1
4	石祥河	54.6	28.8	27.2	6.7	20.5	1.6	1.4	0.2			18.5	0.2	0.5	2.9	1.5	2.0	0.2
5	合计	244.3	123.0	87.1	34.2	52.9	35.9	34.9	1.0			88.2	2.5	2.2	9.5	5.7	12.5	0.7
6	占比/%	100	50.3	35.6	14.0	21.6	14.7	14.3	0.4			36.1	1.0	0.9	3.9	2.3	5.1	0.3

耕地数量相等、质量相当;合理安排生态退耕,优化农业内部结构;大力实施土地整理、复垦,增加有效耕地数量,提高现有耕地特别是基本农田质量。

根据《武宣县城总体规划(2008—2030 年)》,武宣县城的城市规划区包括:武宣镇所辖的社区居委会和陈家岭、武北、武南、对河、大禄、草厂、清水、大岭、长寿、马步、官禄、回龙、桥巩、河耀等行政村范围(包括八仙天池风景区),规划区面积约为 140 km²。县城的城市建设用地面积约 25.72 km²。结合国土调查成果量测,该范围占用耕地面积 1.46 万亩。

根据《武宣县工业园区总体规划(2009—2030 年)》,规划的范围为:县城糖厂区域;县城制衣水洗厂及周边区域;黔江以西 209 国道两侧周边区域;黔江以西武宣农场五队及周边区域;黔江以东的黔江糖厂及周边区域。规划工业区总用地面积约 16.53 km²,其中建设用地面积约 13.53 km²。结合国土调查成果量测,该范围占用耕地面积 0.8 万亩。

2)大藤峡水库淹没影响耕园地

根据《大藤峡水利枢纽初步设计报告》,耕(园)地征收范围采用 5 年一遇洪水的回水水面线和发电调度水库水面线的外包线,大藤峡水库共淹没耕园地 3.89 万亩,其中象州县境内淹没耕园地 0.82 万亩,武宣县境内淹没耕园地 3.07 万亩。根据灌区范围和大藤峡水库淹没范围、本阶段现场调查,在下六甲灌区范围耕园地淹没征收面积为 2.89 万亩,其中象州县 0.74 万亩,武宣县 2.15 万亩。

综合以上分析,灌区新增建设用地占用耕地面积 6.91 万亩,大藤峡水库蓄水淹没影响耕园地 2.89 万亩,合计扣除 9.8 万亩耕园地,则至规划水平年灌区范围耕、园地利用规划面积为 113.2 万亩(见表 4-1-5)。

表 4-1-5　各灌片规划耕园地面积规划汇总　　　　　　　　单位:万亩

序号	灌片	耕地、园地面积明细						
		耕地园地面积小计	耕地			园地		
			小计	水田	旱地	小计	果园	其他园地
1	运江东灌片	36.6	18.3	9.6	8.7	18.3	17.6	0.7
2	罗柳灌片	36.9	23.0	12.3	10.7	13.9	13.8	0.1
3	柳江西灌片	15.9	14.4	4.6	9.8	1.5	1.5	0.0
4	石祥河灌片	23.8	22.3	4.5	17.8	1.5	1.4	0.1
5	合计	113.2	78.0	31.0	47.0	35.2	34.3	0.9
6	占比	100%	68.9%	27.4%	41.5%	31.1%	30.4%	0.7%

4.1.2.4　灌区范围内现有灌溉情况

灌区现状情况如表 4-1-6 所示,主要灌溉工程范围为下六甲水库、长村水库、石祥河水库、丰收水库等 4 座中型水库,甫上水库、落脉河水库等 16 座小(1)型水库,罗柳总干引水枢纽、三江引水枢纽、凉亭引水枢纽等 9 处主要的引水工程,白屯沟电灌站、猛山电灌站、新龟岩电灌、武农、樟村两级电灌以及鸡冠泵站等 8 座提水工程,原设计灌溉面积 49.52 万亩,现状有效灌溉面积 29.0 万亩,保灌面积 20.0 万亩,实际灌溉面积 24.01 万亩。

表 4-1-6　灌区现状情况汇总

单位：万亩

序号	行政区	灌区名称	水源	主要水源工程	涉及乡镇、农场	原设计灌溉面积	现状有效灌溉面积	保灌面积	实际灌溉面积
1	金秀县	桐木灌区	水晶河	长塘水库、大山水库、凉亭、和平引水枢纽	桐木镇	2.96	2.30	1.59	1.95
2		水晶河灌区	水晶河	甬上水库、老虎尾水库、水晶引水枢纽	运江镇、水晶乡	2.72	1.65	0.82	0.96
3		长村水库灌区	落脉河	长村水库、云岩水库、歪甲水库	罗秀镇、水晶乡、运江	2.39	1.93	1.33	1.74
4		落脉河水库灌区	落脉河	落脉河水库	大乐镇	2.44	2.0	1.70	1.56
5		百丈灌区	门头河	游龙干渠、跌马寨水库、百丈一干渠引水枢纽、百丈二干渠引水枢纽、罗柳引水枢纽	百丈乡、中平镇	2.89	2.40	1.66	1.96
6	象州县	友谊灌区	中平河	廷岭引水枢纽、江头引水枢纽	中平镇	2.00	1.60	1.10	1.23
7		罗秀河灌区	罗秀河	蓝靛坑水库、仕会水库、两旺水库、百万水库、罗柳引水枢纽	罗秀镇、寺村镇、运江镇、象州镇	12.16	7.03	4.85	5.22
8		马坪灌区	柳江干流、马坪河	龙旦水库、牡丹水库、北梦水库、猛山泵站	马坪乡	3.85	1.19	0.82	0.86
9		石龙灌区	红水河、马坪河	丰收水库、白屯沟泵站	石龙镇	4.39	1.79	1.23	1.67
10	武宣县	石祥河水库灌区	石祥河	石祥河水库、新电岩提水泵站、樟村提水泵站、武来泵站、武来提水泵站	金鸡乡、黄茆镇、二塘镇、武宣镇、黔江农场、三里镇	12.68	6.25	4.31	6.16
11		福隆、乐业水库灌区	乐业河、福隆河	福隆水库、乐业水库	二塘镇	1.04	0.86	0.59	0.70
12		合计				49.5	29.00	20.00	24.01

4.1.2.5　可发展灌溉面积

项目区光、热、土资源很好,位于国家粮食和糖料蔗主产区,但由于资源性和工程性缺水,项目区大部分耕园地仍为旱地,只能种植低效作物;或种植高效作物,但由于缺水等原因,收益不稳定,因此当地耕园地均有灌溉需求。本项目可发展灌溉面积是按照暂不考虑水资源量限制,通过统计分析得出的当地可发展的耕园地面积。

根据第三次土地资源调查成果、结合影像和灌区 1∶10 000 地形图,扣除规划建设用地和大藤峡淹没占耕园地,经统计,灌区范围内耕园地 113.2 万亩,其中耕地面积 78.0 万亩,园地面积 35.2 万亩。若供水量不受限,则当地耕园地 113.2 万亩均可灌溉。根据 6.2 节需水预测,规划水平年 2035 年农业灌溉亩均需水毛定额为 480 m³/亩,则农业需水量达到 5.4 亿 m³,占研究范围本区水资源总量 38.9 亿 m³ 的 13.9%,与基准年农业供水量 2.4 亿 m³ 相比,增加了 3.0 亿 m³,年均用水增长 5.3%,用水量大,年均增长率太高,可见水少地多,需在灌区范围内选择灌溉成本低、灌溉效益好、地形平整的、土壤条件好的区域优先灌溉。

依据地形地势、河流水系、耕地分布高程、现有水利设施、原有灌区布置、作物种植结构、行政区划、方便管理以及工程布置等因素,确定各灌片灌溉高程上限。

1. 运江东灌片

运江东灌片位于柳江一级支流运江东侧,涉及金秀县桐木镇,象州县罗秀镇、大乐镇和水晶乡等 4 个乡镇。现状主要包括金秀县和平灌区、凉亭坝灌区,象州县水晶河灌区、长村水库灌区和落脉河水库灌区。灌片地势平坦,现有耕园地 37.6 万亩,耕地集中连片,但现状有效灌溉面积仅 7.9 万亩,有效灌溉率仅 21%,灌片内总人口约 10 万,人均灌溉面积不到 1 亩,灌溉面积发展水平较低。灌片内原贫困人口 1.98 万,占灌区内总贫困人口的 27%,灌片内新增耕园地基本都分布在象州县境内,该灌片新增和恢复面积 4.9 万亩,涉及大峨村、马旦村、友庆村、罗秀村、竹山村等贫困村,虽然目前已全部脱贫,但巩固脱贫攻坚成果任务仍然艰巨,如图 4-1-8 所示,该灌片是象州县粮食主产区和糖料蔗生产基地,水稻和糖料蔗保护区面积占设计灌溉面积的 25.7%,根据《象州县现代特色农业示范区建设增点扩面提质升级三年(2018—2020)行动方案》和现场调研,象州县农业农村局已实施和规划实施的特色农业示范区面积要达到 5 万亩以上,其中该灌片涉及的示范区有 2 万亩左右,亟需通过灌区水源建设和骨干配套满足农业特色示范区用水要求。象州县是农业大县,农民的收入来源主要依靠农业及农业相关产业的发展,运江东灌片耕园地面积占象州县的 37% 左右,亟需通过工程的实施满足运江东灌片粮食和糖料蔗生产,巩固脱贫成果,稳步提升农业产量,增加农民收入。

运江东灌片耕园地大部分高程范围为 80~300 m,灌片内现状耕园地面积 37.6 万亩(指未扣除规划建设用地和大藤峡淹没占耕园地,下同),其中耕地 19.1 万亩,园地 18.5 万亩。灌片内现状有效灌溉面积 7.9 万亩,均为自流灌溉,根据最新土地调查成果和灌区 1∶10 000 地形图,大部分耕园地高程 230 m。

灌片主要水源为长村水库、落脉河水库、太山水库、长塘水库等中小型水库,和平、凉亭、水晶等引水枢纽。长村水库死水位为 138.72 m,落脉河死水位为 207 m,太山水库死水位为 177 m,长塘水库死水位为 163 m;和平、凉亭、水晶 3 座引水枢纽设计引水水位分别为 230 m、185 m 和 129 m。

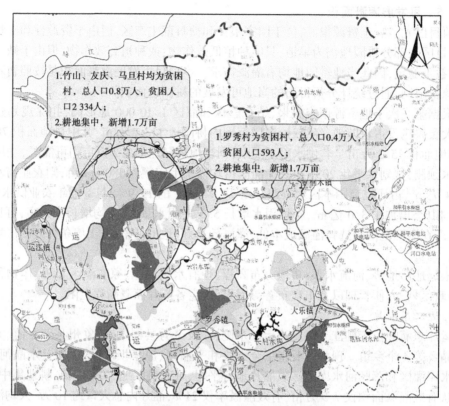

图 4-1-8　运江东灌片贫困村分布与新增灌面位置关系

运江东灌片耕园地主要集中在高程 230 m 以下,高程 230 m 以上耕园地分散,和平引水枢纽设计引水水位为 230 m,该片以自流灌溉为主,因此将 230 m 以下的耕园地作为可发展灌溉面积,经统计为 35.9 万亩。

2. 罗柳灌片

罗柳灌片耕园地大部分高程范围为 70~280 m,灌片内耕园地面积 39.4 万亩,其中耕地 25.1 万亩,园地 14.3 万亩,灌片内现有水利工程有效灌溉面积 11.0 万亩,大部分均为自流灌溉,少部分扬水灌溉,扬程均在 50 m 以下。根据最新土地调查成果和灌区 1:10 000 地形图,大部分耕园地在高程 200 m 以下。

该灌片以引水灌溉为主,主要水源工程为廷岭、江头、百丈、罗柳总干等引水枢纽,设计引水水位高程分别为 180 m、180 m、170 m、132 m。

罗柳灌片耕园地主要集中在高程 180 m 以下,廷岭、江头引水枢纽设计引水水位为 180 m,罗柳总干引水枢纽设计引水水位为 132 m,该片以自流灌溉结合提水灌溉为主,根据现有水利工程控制高程,扬水控制不超过 50 m,因此将 180 m 以下的耕园地作为可发展灌溉面积,经统计为 36.5 万亩。

3. 柳江西灌片

柳江西灌片主要涉及石龙镇和马坪乡等 2 个乡镇,耕园地集中连片,地形平坦。据 2018 年来宾市统计年鉴统计,象州县糖料蔗产量 97.4 万 t,石龙镇和马坪乡两个乡镇糖料蔗产量分别为 23.0 万 t 和 20.3 万 t,占象州县总产量的比例为 44.5%,分别位居象州县糖料蔗产量第一和第二,是象州县糖蔗种植面积最大、最为集中的区域。马坪乡涉及三个贫困村,1 157 户贫困户,贫困人口 4 661 人,占象州县贫困人口的 11%,其中丰收村和回龙村是极度贫困村,贫困户 330 户,虽然 2019 年已脱贫摘帽,但巩固扶贫成果任务仍然十分艰巨。区域内岩溶较为发育,水资源量较为缺乏,水源条件相对较差,但耕园地资源较好,通过工程的建设,可自流灌溉柳江西灌片大部分耕园地,可有效地减轻农民负担,增加农民收入,为巩固脱贫攻坚成果和实现乡村振兴战略创造条件。

柳江西灌片耕园地大部分高程范围 60~260 m,灌片内耕园地面积 17.1 万亩,其中耕地 15.5 万亩,园地 1.6 万亩。灌片内现有水利工程有效灌溉面积 3.0 万亩,其中丰收水库以北为自流灌溉,丰收水库以南大部分为提水灌溉,提水扬程均在 50 m 以下。根据最新土地调查成果和灌区 1:10 000 地形图,大部分耕园地在高程 150 m 以下,高程 120 m 以下耕园地面积占灌片总耕园地面积的 88%。

柳江西灌片现有水利工程主要为丰收水库、龙旦水库、牡丹水库等中小型水库,猛山一级泵站、白屯沟一级泵站等提水泵站工程,输水渠道主要为柳江西干渠。丰收水库死水位 69.9 m、龙旦水库死水位 100 m、牡丹水库死水位 98.6 m,猛山一级泵站和白屯沟一级站出水池设计水位约 80 m。柳江西干渠基本沿高程 110~120 m 范围布置。

柳江西灌片大部分耕园地主要集中在高程 120 m 以下,处于高位的龙旦水库和牡丹水库可控灌约 100 m 以下的耕园地,柳江西干渠基本沿高程 110~120 m 范围布置,因此将 120 m 以下的耕园地作为可发展灌溉面积,经统计为 14.0 万亩。

4. 石祥河灌片

石祥河灌片位于柳江、黔江东侧,涉及武宣县黄茆镇、二塘镇、武宣镇、三里镇、金鸡乡和黔江农场等 5 个乡镇、1 个农场。主要包括现状石祥河水库灌区、福隆水库灌区和乐业水库灌区。灌片地势平坦,现有耕园地 28.9 万亩,耕地集中连片,但现状有效灌溉面积仅 7.1 万亩,有效灌溉率仅 25%,灌片内总人口约 12.5 万,人均灌溉面积不到 0.6 亩,灌溉面积发展水平较低。灌片内原贫困人口 2.5 万,占灌区内总贫困人口的 34%,灌片内新增和恢复面积 5.4 万亩,涉及石祥村、大浪村等贫困村,虽然目前已全部脱贫,但巩固脱贫攻坚成果任务仍然艰巨,该灌片是武宣县粮食主产区和糖料蔗生产基地,水稻和糖料蔗保护区面积占设计灌溉面积的 26.3%,根据《武宣县现代特色农业示范区建设增点扩面提质升级(2018—2020)三年行动方案》和现场调研,武宣县农业农村局已实施和规划实施的特色农业示范区面积要达到 9.3 万亩以上,其中该灌片涉及的示范区有 6 万亩左右,亟需通过灌区水源建设和骨干配套满足农业特色示范区用水要求。武宣县是农业大县,农民的收入来源主要依靠农业及农业相关产业的发展,石祥河灌片耕园地面积占武宣县的 32% 左右,亟需通过工程的实施满足石祥河灌片粮食和糖料蔗生产,巩固脱贫成果,稳步提升农业产量,增加农民收入。

石祥河灌片耕园地高程范围 40~220 m,灌片内耕园地面积 28.9 万亩,其中耕地 27.3 万亩,园地 1.6 万亩,灌片内现有水利工程有效灌溉面积 7.1 万亩。根据最新土地调查成果和灌区 1:10 000 地形图,现状大部分灌溉的耕园地主要集中在 120 m 以下。

石祥河灌片现有水利工程主要为石祥河水库、乐业水库、福隆水库等中小型水库,樟村一级泵站、武农一级泵站等提水泵站工程,石祥河水库死水位为 82 m,樟村一级泵站和武农一级泵站均可给石祥河干渠补水,提水控制灌溉的高程可达到 70~80 m。

石祥河灌片大部分耕园地主要集中在高程120 m以下,处于高位的福隆水库可自流控灌约92 m以下的耕园地,石祥河干渠可控灌83~72 m范围内的耕园地,考虑现有水利工程控制高程和提水50 m灌溉控制等因素,将120 m以下的耕园地作为可发展灌溉面积,经统计为23.5万亩。

综上,可发展灌溉耕园地运江东灌片按照230 m为控制,罗柳灌片按照180 m为控制,柳江西和石祥河灌片均按照120 m为控制,经统计可发展灌溉面积109.9万亩。各灌片耕园地可发展灌溉面积统计见表4-1-7。

表4-1-7 各灌片耕园地可发展灌溉面积统计 单位:万亩

序号	灌片名称	可发展灌溉面积		
		合计	耕地	园地
1	运江东灌片	35.9	18.0	17.9
2	罗柳灌片	36.5	22.7	13.8
3	柳江西灌片	14.0	12.7	1.3
4	石祥河灌片	23.5	22.0	1.5
5	总计	109.9	75.4	34.5

注:可发展灌溉面积均为毛灌溉面积。

4.1.2.6 设计灌溉面积确定

1. 设计灌溉面积确定原则

(1)将灌区各灌片分块,并将块内土地类型分类,考虑局部高地、土地边角零星土地,和沟渠路占地等因素,各块面积考虑0.8~0.9的折减系数,折算成净面积用于灌溉。

(2)设计灌溉面积按照"以水定地"的原则,"先耕后园"的顺序,优先灌溉耕地及耕地周边的园地,然后再灌溉耕地以外集中连片的耕园地,确保粮食基本农田和两区划定范围列入灌溉范围。

(3)与土地利用规划、林业规划衔接,土地利用规划为建设用地等其他用地、不再纳入灌溉范围。

(4)根据耕园地分布情况合理选择设计灌溉面积。离水源远或分布比较分散的耕园地,灌溉成本高,一般不予考虑;离水源近或分布集中的耕园地,灌溉成本低,优先考虑。

(5)为便于确定灌溉面积,根据项目区耕园地集中连片程度、自流或扬水灌溉等条件,将不合列入灌溉面积的区域扣除,将适合列入本工程的灌溉面积保留,然后再进行水土资源平衡分析,通过经济技术比较确定灌溉面积。

(6)优先发展能自流灌溉、耕地集中连片区域,对于提水灌溉区域,通过经济技术比选确定设计灌溉面积。

2. 设计灌溉面积方案拟定

项目区地多,可供水量少,设计灌溉面积的多少主要取决于水源工程的供水量,水源工程多,可供水量多,灌溉面积相应会大,反之灌溉面积会小。

项目区现状有效灌溉面积 29.0 万亩,灌溉水利用系数为 0.47,现有灌区节水后,至规划水平年 2035 年灌溉水利用系数可达到 0.63。随着水库改造增加供水量,新建、改扩建骨干输水工程的配套、当地水利工程改扩建供水量增加,项目区设计灌溉面积会相应增加。本工程按照各灌片水土资源情况,设计灌溉面积按由小到大的顺序,拟定 4 个方案进行技术经济比选,见图 4-1-9。

1)方案一:设计灌溉面积 37.5 万亩

方案一是在现有罗秀河灌片、石祥河水库灌片以及小型水库灌片现有灌面基础上,考虑石祥河水库与罗柳南干渠连接渠系较短,工程代价很小,本次通过新建石祥河引水渠将罗秀河水补入石祥河水库,方案一的灌区范围主要包括罗柳灌片和石祥河灌片,灌区范围位置见图 4-1-9 的 A 区,灌区总灌溉面积 37.5 万亩,方案一总投资(含田间工程)22.7 亿元。

2)方案二:设计灌溉面积 50.3 万亩

方案二在方案一基础上新增运江东灌片,通过新建江头干渠将中平河水补入落脉河然后入长村水库,增加的灌区范围位置见图 4-1-9 的 B 区。与方案一相比较,设计灌溉面积增加 12.8 万亩,灌区总灌溉面积 50.3 万亩,方案二总投资(含田间工程)34.4 亿元。

3)方案三:设计灌溉面积 59.5 万亩

方案三在方案二基础上新增柳江西灌片,在规划报告"6.1.2 水源分析"中,对柳江西灌溉范围和灌溉水源进行了分析,确定了柳江西灌溉面积为 9.2 万亩,通过方案比选,确定工程布局主要为通过新建南柳连接干渠、柳江西干渠,将罗秀河水补入柳江西灌片,增加的灌区范围位置见图 4-1-9 的 C 区。与方案二相比较,设计灌溉面积增加 9.2 万亩,灌区总灌溉面积 59.5 万亩,方案三总投资(含田间工程)42.7 亿元。

4)方案四:设计灌溉面积 64.5 万亩

方案四主要考虑新建玲马库,自流灌溉发展罗秀河上游大樟河两岸耕园地、通过罗柳总干渠引水后,在罗柳总干渠和南干渠沿线建泵站,提水灌溉干渠南面高地,增加的灌区范围位置见图 4-1-9 的 D 区。与方案三相比较,设计灌溉面积增加 5.0 万亩,灌区总灌溉面积 64.5 万亩,方案四总投资(含田间工程)54.0 亿元。

3. 灌溉面积方案比选

将 4 个方案的设计灌溉面积、供水量、相应工程内容、投资、效益、经济指标等指标进行对比,见表 4-1-8。

从表 4-1-8 可看出,随着灌溉面积增加,工程内容和工程投资相应增加。方案一至方案四经济净现值均大于 0,效益费用比大于 1,收益率大于 8%。

方案二对比方案一,灌溉面积增加 12.8 万亩,增加的灌面主要为运江东灌片,该灌片耕园地面积集中连片,发展潜力较大,但落脉河水库、长村水库调蓄能力不足,并受上游和平电站引水影响,导致现有灌区保灌面积较小,现状集中连片耕地多为旱地,制约了运江东灌片乡镇供水安全保障提升和农业灌溉发展。经分析,长村水库无扩建条件,在尽量减少对上游和平电站发电影响下,该灌片仍然缺少调蓄能力,不能满足灌区发展。本次规划利用已建下六甲水库进行调蓄,新建江头干渠补入长村水库后,可解决该片灌溉缺水问题;从经济效益指标来看,差额内部收益率大于 8%,方案二为较优方案。

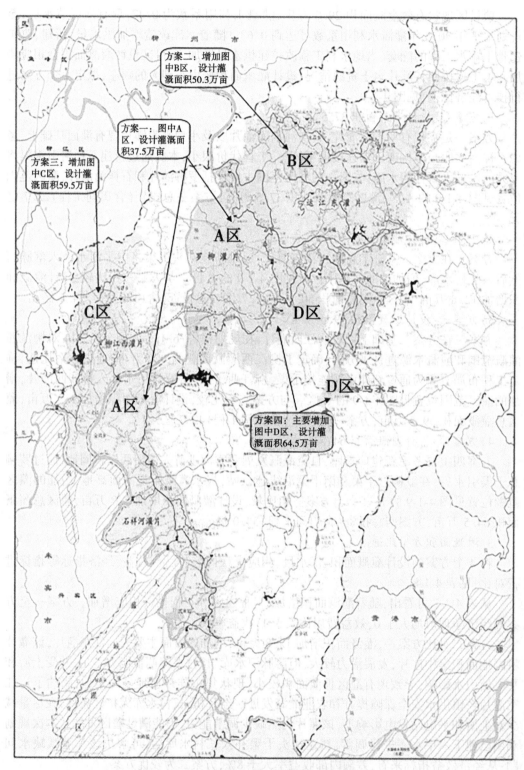

图 4-1-9　设计灌溉面积方案示意图

表 4-1-8　设计灌溉面积方案对比

项目		方案一			方案二			方案三(推荐方案)			方案四		
灌溉区域		A区			A区+B区			A区+B区+C区			A区+B区+C区+D区		
设计灌溉面积/万亩		37.5			50.3			59.5			64.5		
方案同新增设计灌溉面积/万亩		12.8			9.2			5.0					
新增和恢复复灌面位置		位于象州县运江镇、象州镇以及中平镇、武宣县三里镇、二塘镇和黄茆镇等			位于金秀县桐木镇和象州县水晶乡、罗秀镇、大乐镇等			位于象州县马坪乡和石龙镇			位于金秀县大樟乡、象州县百丈乡、寺村镇等		
灌区内人口	现状总人口/万人	34.0			39.0			44.1			45.3		
	贫困人口/万人	4.6			6.6			7.3			7.7		
供水量	当地水利工程/亿m³	1.9			2.6			3.0			3.3		
工程骨干建设内容 灌片名称	工程内容	组合	规模	投资/亿元	组合	规模	投资/亿元	组合	规模	投资/亿元	组合	规模	投资/亿元
罗柳灌片	江头干渠新建	√	0.4~0.2	0.30	√	1.5~0.9	0.51	√	1.5~0.9	0.51	√	1.5~0.9	0.51
	石祥河引江水渠新建	√	1.0	0.50	√	1.0	0.50	√	1.0	0.50	√	1.0	0.50
	南柳连接干渠新建	√	0.3	0.30	√	0.3	0.30	√	1.5~1.2	0.76	√	1.5~1.2	0.76
	其他骨干工程改扩建	√		13.0	√		13.30	√		13.53	√		14.40
石祥河灌片	现有骨干工程改扩建	√		5.8	√		5.8	√		5.8	√		5.8
运江东灌片	现有骨干工程改扩建				√		10.09	√		10.09	√		10.09
柳江西灌片	柳江西干渠新建							√	1.2~0.3	1.59	√	1.2~0.3	1.59
	其他骨干干渠改扩建							√		4.32	√		4.32
	玲马水库新建										√	2 000	6.0
D区提水泵站及骨干渠道新建											√		4.0

续表 4-1-8

项目		方案一	方案二	方案三(推荐方案)	方案四
投资/亿元	灌溉骨干工程投资分摊	19.9	30.5	37.1	48.0
	田间工程投资(不计入总投资)	2.8	3.9	5.6	6.0
	灌区总投资	22.7	34.4	42.7	54.0
亩均投资/亿元	灌区总投资/设计灌溉面积	0.61	0.68	0.72	0.84
经济指标	经济净现值/亿元	2.96	3.32	4.55	-3.17
	效益费用比	1.09	1.11	1.12	0.94
	内部收益率	8.5%	8.9%	9.1%	7.5%
	方案间差额内部收益率	8.5%	8.1%	5.1%	
当地政府管理需求		考虑罗秀河、落脉河、水晶河、石祥河等水资源统一调度管理,将罗秀河富裕水量调至运江东灌片缺水区域,现状河流水系及渠系水力联系密切,且且工程增加投资很少,当地政府愿意将此区域列入灌区范围,工程建成后,由灌区管理单位统一调度管理		建设下六甲灌区是助推少数民族地区脱贫坚、实现乡村振兴战略需要,方案三新增的柳江西灌片均在贫困、岩溶发育且水资源短缺严重地区,也是桂中地区糖料蔗主产乡镇,当地政府迫切需要将柳江西灌片列入下六甲灌区,工程建设后统一管理	为应对未来极端气候抗旱需要,同时可进一步发展灌面,结合巩固脱贫地区经济高质量发展,希望通过新建玲马水库,进一步扩大灌区范围,同时玲马水库有条件作为象州县城以及周边柳江、红水河上游再次来宾市区的第二水源,防止柳江、红水河上游发展对水源供水保证等要求,满足象州市发展水质污染风险,若经济合理,建议列入下六甲灌区统一管理

注:1. 规模一栏中,水库工程为兴利库容,单位为万 m³;渠、管道工程为设计流量,单位为 m³/s。

2. 田间工程投资仅作为本表工程效益分析,未列入总投资。

方案三对比方案二,灌溉面积增加 9.2 万亩,增加的灌片主要为柳江西灌片,该灌片耕园地面积集中连片,发展潜力较大,但由于降雨少、蒸发量大、岩溶发育等影响,水资源量不足,现状灌区大部分利用泵站从柳江和红水河提水灌溉,运行费用较高,农民无法承受,造成灌区多数耕园地未能灌溉,由水浇地变成旱地。该灌片是桂中地区糖料蔗主产区,也是来宾市巩固脱贫成果的重点地区,从经济效益指标来看,差额内部收益率大于8%,因此方案三为较优方案。

方案四对比方案三,灌溉面积增加 5.0 万亩,增加的灌溉面积位于金秀县大樟乡,象州县百丈乡、寺村镇等。该方案为保证粮食和糖料蔗产量稳定提升,同时顺利应对柳江上游再次发生水质污染事件,需要新建玲马水库,发展灌溉范围 5 万亩,同时玲马水库作为城乡生活第二水源。从经济效益指标来看,由于方案四投资较大,与方案三相比差额内容收益率仅 5.1%,经济效益相对较差,本次规划将该方案作为远期 2050 年展望方案考虑。

考虑到推荐方案三对当地巩固脱贫攻坚成果,实现乡村振兴,促进当地经济社会发展产生的社会效益最大,因此作为本阶段推荐方案,设计灌溉面积采用 59.5 万亩。

综上所述,下六甲灌区设计灌溉面积 59.5 万亩,其中保灌面积 20.0 万亩,改善灌溉面积 9.0 万亩,新增和恢复灌溉面积 30.5 万亩。按市县分,金秀县 3.0 万亩,象州县 38.0 万亩,武宣县 18.5 万亩。自流灌溉面积 53.8 万亩,扬水灌溉面积 5.7 万亩。各灌片设计灌溉面积见表 4-1-9,新增灌溉面积情况见表 4-1-10,常规和高效灌溉面积见表 4-1-11。

表 4-1-9　设计灌溉面积成果汇总　　　　　　　　　　　　　　单位:万亩

灌片名称	设计灌溉面积	有效灌溉面积	恢复灌溉面积	新增灌溉面积
运江东灌片	12.8	7.9	2.6	2.3
罗柳灌片	19	11.0	6.0	1.9
柳江西灌片	9.3	3.0	5.3	1.0
石祥河灌片	18.5	7.1	6.6	4.8
合计	59.5	29.0	20.5	10.0

表 4-1-10　主要新增灌溉面积分布　　　　　　　　　　　　　　单位:万亩

灌片名称	原设计	本次规划			新增灌面	新增灌溉面积高程范围及主要原因
		小计	自流	提水		
运江东灌片	10.5	12.8	12.8	0	2.3	主要通过江头干渠引水至长村水库,长村灌片净增加约 2.3 万亩;长村水库片新增灌片高程范围为 85~130 m

续表 4-1-10

灌片名称	原设计	本次规划			新增灌面	新增灌溉面积高程范围及主要原因
		小计	自流	提水		
罗柳灌片	17.1	19.0	17.0	2.0	1.9	主要通过下六甲水库补水新建江头干渠,新建石祥河引水渠,新建屯抱泵站提水等罗柳灌片净增加约 1.9 万亩;江头干渠片新增灌片高程范围为 150~170 m,屯抱支渠片新增灌片高程范围 130~160 m,石祥河引水渠和古才、热水支渠片新增灌片高程范围为 70~120 m
柳江西灌片	8.2	9.2	8.25	0.95	1.0	主要通过新建柳江西干渠引水至龙旦水库、牡丹水库和丰收水库,为减少抽水量、降低抽水费用,减轻农民负担,灌片内现状提水泵站主要承担灌溉高峰期及工程检修期供水,经分析,柳江西灌片净增加约 1.0 万亩;新增灌片高程范围为 75~120 m
石祥河灌片	13.7	18.5	15.75	2.75	4.8	主要通过石祥河引水渠引水至石祥河水库,为减少抽水量、降低抽水费用,减轻农民负担,灌片内现状提水泵站主要承担灌溉高峰期及工程检修期供水,石祥河灌片增加约 4.8 万亩;新增灌片高程范围为 65~80 m
合计	49.5	59.5	53.8	5.7	10.0	

表 4-1-11　常规和高效节水灌溉面积成果汇总　　　　　　单位:万亩

灌片名称	设计灌溉面积	常规灌溉面积	高效节水灌溉面积
运江东灌片	12.8	10.3	2.5
罗柳灌片	19	15.1	3.9
柳江西灌片	9.2	6.0	3.2
石祥河灌片	18.5	11.0	7.5
合计	59.5	42.4	17.1

4.1.2.7 灌溉范围与前期规划成果对比分析

《珠江流域综合规划》《广西桂中治旱下六甲水库补水灌区工程规划报告》等已批复前期规划成果中下六甲灌区设计灌溉面积均为 33.5 万亩,灌区灌溉范围分布如图 4-1-10 所示。灌区规划基本布局主要考虑利用已建成下六甲水库,按照下六甲水库初设批复文件,在枯水期水电站的运行调度要服从下游规划 33.5 万亩耕园地灌溉需水要求,通过下六甲、廷岭、中平三个电站的引水设施,将下六甲水库的来水引至罗柳总干引水枢纽上游,

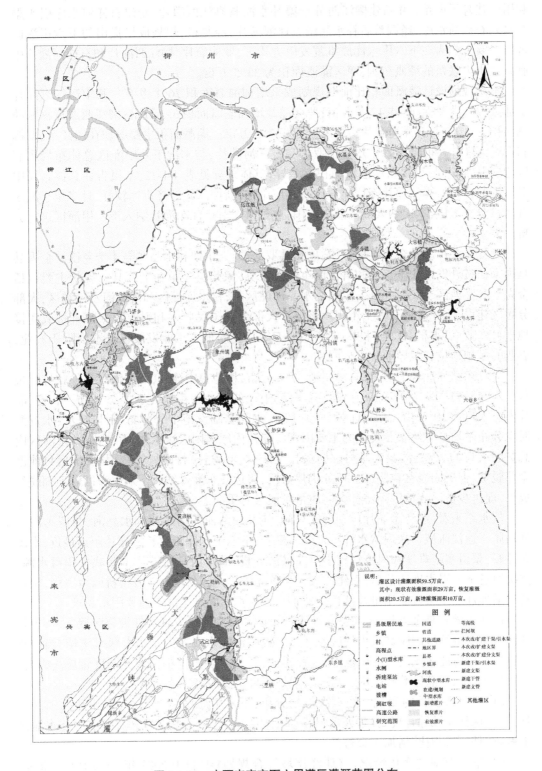

图 4-1-10　广西来宾市下六甲灌区灌溉范围分布

利用已建骨干渠系,并新建柳江西分干渠补水灌溉柳江西灌片,新建石祥河水库引水渠补水入石祥河水库,经调蓄后补水灌溉石祥河灌片,经复核,规划成果提出的下六甲灌区范围主要考虑为在下六甲水库原批复发电方式下,罗柳灌片、柳江西灌片和石祥河灌片中有直接水力联系的灌溉范围,灌区灌溉面积为33.5万亩。

本次规划设计灌溉面积比前期规划成果增加灌溉面积26.1万亩。其中运江东灌片全部为增加灌溉面积,共12.8万亩;罗柳灌片增加灌溉面积6.3万亩;柳江西灌片核减灌溉面积0.4万亩;石祥河灌片增加灌溉面积7.3万亩。灌溉面积主要增加在运江东、罗柳和石祥河灌片。前期规划中均包括罗柳和石祥河灌片,与本次下六甲灌区总体布局和灌区范围基本相同,只是新增灌溉面积有差异,具体差异见表4-1-12,本报告在总体布局中对罗柳灌片和石祥河灌片新增灌片已有相应论述,新增灌片经济指标较好,且多位于灌区贫困村分布区域,本次纳入灌区灌溉范围,此处重点对运江东灌片纳入下六甲灌区进行分析。

运江东灌片涉及金秀县桐木镇,象州县罗秀镇、大乐镇和水晶乡等4个乡镇。金秀县是国家扶贫开发工作重点县和自治区革命老区县,象州县是革命老区县。现状主要包括金秀县和平灌区、凉亭坝灌区,象州县水晶河灌区、长村水库灌区和落脉河水库灌区,大部分灌区建设于20世纪五六十年代。该灌片大部分的国民收入和财政收入都直接或间接地来自农业,以水稻、甘蔗、水果、农产品加工等为主的地方工业发展也基本依附于农业,农业的基础地位和主导地位十分明显。

运江东灌片地势平坦,现有耕园地37.6万亩,耕地集中连片,发展灌溉条件较好。现状有效灌溉面积仅7.9万亩,有效灌溉率仅21%,约4/5的耕地处于"靠天吃饭"状态,灌片内总人口约10万,人均灌溉面积不到1亩,水利基础设施十分薄弱,干旱缺水、水资源时空分布不均是制约农业发展的主要因素。灌片内原贫困人口1.98万,占下六甲灌区内总贫困人口的27%,涉及大峨村、马旦村、友庆村、罗秀村、竹山村等贫困村,虽然目前已全部脱贫,但巩固脱贫攻坚成果任务仍然艰巨,将运江东灌片纳入下六甲灌区对巩固脱贫成果、促进少数民族地区经济社会高质量发展具有重要意义。

从水系来看,运江东灌片位于运江东侧,涉及的河流为落脉河和水晶河,与罗秀河一样均属于运江流域。从现状水源工程分布来看,下六甲水库距离长村灌片距离最近,水源条件好,渠道实施难度和代价均较小。经供需分析,灌片内长村灌片主要缺少调蓄水源,本次通过下六甲水库调蓄后,新建江头干渠首先满足本区新增0.7万亩耕园地灌溉,顺势适当增加江头干渠过流流量并延长后补水入长村水库满足运江东灌片用水需求。

运江东灌片是金秀县、象州县农业水利设施基础和灌溉发展条件最好区域之一,也是灌区内需要继续巩固脱贫成果的区域之一。现状河流水系及渠系水力联系密切,当地政府迫切希望将此区域列入灌区范围,工程建成后,由灌区管理单位统一调度管理。因此,本次列入下六甲灌区灌溉范围。与前期规划成果主要内容对比如下:

(1)灌区涉及县的变化。经本次规划分析,下六甲灌区涉及金秀、象州和武宣3个县。与《珠江流域综合规划》涉及的县范围一致;与《广西桂中治旱下六甲水库补水灌区工程规划报告》相比,增加了金秀县。

(2)灌区范围的变化情况。《珠江流域综合规划》编制于2008年,于2012年批复。在水资源配置、水资源保障规划中更注重于水电的开发利用,对下六甲灌区范围主要考虑在已有下六甲水库水电开发基础上,利用已有规划成果,未进行深入论证,但规划提出下六甲灌区为大型灌区。

本次规划对灌区范围进行了较为深入的论证比选,重点对运江东灌片从当地农业发展需求、水资源条件、现状河流水系及渠系水力联系、方案的经济合理性等方面进行了深入论证。通过分析,本次将运江东灌片纳入灌区范围。

(3)供水量变化。《珠江流域综合规划》提出下六甲灌区建设年限安排在 2020 年,灌溉水利用系数达到 0.5,灌溉用水量为 2.7 亿 m^3。本次规划提出下六甲灌区规划水平年为 2035 年,综合灌溉水利用系数达到 0.63,农业灌溉供水量 2.77 亿 m^3,按照新时期国家节水要求,随着灌溉水利用系数提高,农业灌溉定额降低,灌区内容现状灌溉面积可节约水量约 1.1 亿 m^3,节省的水量按照亩均综合定额 480 m^3/亩考虑,可发展约 23 万亩耕园地灌溉面积。经对比,本次规划农业灌溉供水量与《珠江流域综合规划》成果基本一致,是合理的。

两次规划灌区范围成果对比见表 4-1-12,前期规划成果下六甲灌区范围见图 4-1-11。

表 4-1-12　本次规划与已批复规划灌溉面积对比成果

灌片名称	本次设计	流域规划成果	本次已批复	对比分析
运江东	12.8	0.0	12.8	(1)珠江流域规划未考虑此灌片面积。 (2)本次主要通过江头干渠引水至长村水库,将运江东灌片纳入灌区范围,新增灌溉面积 12.8 万亩
罗柳	19	12.7	6.3	(1)珠江流域规划仅考虑了罗柳总干引水枢纽控制灌溉面积 11.2 万亩、友谊干渠、江头引水枢纽控制的灌溉面积 1.5 万亩,合计 12.7 万亩。 (2)本次主要将江头干渠新增和恢复灌片 1.1 万亩、罗柳总干渠及上游百丈引水枢纽等引水灌片 4.7 万亩,以及石祥河引水渠沿线新增直供面积 0.5 万亩等纳入灌区范围,新增灌溉面积 6.3 万亩
柳江西	9.2	9.6	-0.4	本次规划灌片范围、面积与珠江流域综合规划灌片范围、面积基本相同,经本次按照最新的土地调查成果复核,灌溉面积相比减少 0.4 万亩
石祥河	18.5	11.2	7.3	(1)珠江流域规划仅考虑了石祥河干渠控制的原设计灌溉面积 11.15 万亩。 (2)本次主要将柳江和黔江左岸集中连片旱地面积为 5.2 万亩、福隆水库灌溉面积 0.8 万亩、乐业水库灌溉面积 0.3 万亩、新龟岩泵站直供灌溉面积 0.2 万亩和武农泵站直供灌溉面积 0.9 万亩纳入灌区范围,新增灌溉面积 7.3 万亩
合计	59.5	33.5	26.1	

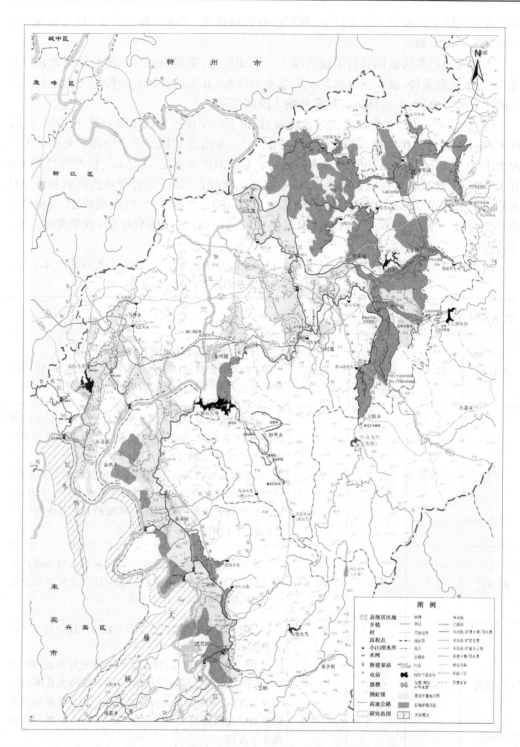

图 4-1-11　广西来宾市下六甲灌区原规划与本次新增灌溉范围

4.2　乡镇供水范围

下六甲灌区范围内有象州县城、武宣县城等 2 个县城,桐木、水晶、罗秀、大乐、马坪、石龙、金鸡、二塘等 15 个集镇和 176 个农村。2 个县城和 15 个集镇目前均有供水水厂或供水公司,水源为地表水或地下水。

象州县城的供水水厂主要为象州自来水厂,水源为柳江干流,现状供水能力 3 万 t/d,供水量 915 万 m³。武宣县城的供水水厂主要为武宣县自来水厂,水源为黔江,待高达水库建成后,采用高达水库为备用水源。现状供水能力 6 万 t/d,供水量 2 032 万 m³。16 个集镇中有 10 个集镇采用柳江、黔江、滴水河等地表水,6 个集镇采用地下水。位于县城和集镇周边的农村通过城乡供水管网延伸供水,远离县城和集镇的城乡管网尚未覆盖,一般采用地下水、山泉水、水窖集雨水为水源。16 个乡镇供水设施现状见表 4-2-1。

表 4-2-1　灌区范围内各乡镇供水设施现状

序号	县	乡镇	现状主水源		供水水厂
			地表水	地下水	
1	金秀县	桐木	大卜冲		桐木镇自来水厂
2		大乐		地下水	大乐镇自来水厂
3		罗秀	罗秀河		罗秀水厂
4		水晶	水晶河		水晶乡自来水厂
5		百丈	百丈河		百丈水厂
6		中平	滴水河		中平自来水厂
7	象州县	寺村		地下水	寺村镇自来水厂
8		运江	罗秀河		运江镇自来水厂
9		象州	柳江		象州县自来水厂
10		马坪		地下水	马坪镇电灌水厂
11		石龙	青凌江		石龙镇自来水厂
12		金鸡		地下水	金鸡自来水厂
13	武宣县	黄茆镇		地下水	黄茆水厂
14		二塘镇		地下水	二塘镇自来水厂
15		武宣镇	黔江/东乡河		武宣县自来水厂

　　乡镇通过多年建设,特别是"十二五""十三五"期间的农村饮水安全建设和提质增效工程实施,灌区大部分农村人饮问题已基本解决。但由于投资少等各方面限制,目前已建工程,特别是农村供水工程存在着建设标准低,工程规模小,集中供水率和自来水普及率低、供水保证率偏低、水质达标率偏低、水源保护区或保护范围划定较少,管网漏损率偏高、已建集中式供水工程需要维修改造等多方面问题。特别是以地下水为水源的乡镇,受降雨时空分布及丰枯水季节变化影响较大,仍存在供水保证率不高,饮水安全问题易反复等问题。

　　《象州县城市总体规划(2018—2035年)》规划以柳江河、青凌河、河坪河、达捷河、水晶河等作为饮用水源,加强城镇居民饮用水源安全保护和饮水安全工程建设。规划象州县内乡镇就近水源建厂供水,城镇近郊村庄可采用城镇统一供水,规划乡镇供水普及率2035年达到100%。加强保护饮用水水源保护,确保其水质维持在Ⅱ~Ⅲ类地表水水质标准水平。

　　《武宣县城市总体规划(2008—2030年)》提出乡镇通过建设水厂,满足区域城镇供水要求,合理配置水资源,供水设施的发展和布局适当超前,积极发展区域性供水设施,实现共建共享,加快城镇水厂供水管网建设,规划到2030年集中供水普及率达到100%。

　　由于地下水补给不足、水量少,且超采易产生地面沉降等环境问题等原因,来宾市、象州县和武宣县"十四五"供水保障初步规划并结合国家地下水管控相关要求,提出乡镇供水原则上由地表水替换地下水,提出大乐、寺村、马坪、金鸡、黄茆、二塘等6个目前采用地下水的乡镇。随着城市化发展,为提高农村居民饮水保证率和水质,按照水利部城乡一体化供水要求,规划集镇周边的农村尽量纳入乡镇一体化范围,努力提高农村供水保障率及自来水普及率,建设规模化农村供水工程。

　　本次规划以乡镇为单元,结合来宾市、象州县和武宣县"十四五"供水保障初步规划对各乡镇的水源安排,对各乡镇水源进行逐一梳理,将乡镇水源与灌区水源工程一致的乡镇纳入灌区乡镇供水范围,不采用灌区水源工程的乡镇不列入灌区供水范围,如表4-2-2所示。

　　综上所述,本次规划乡镇供水涉及象州县马坪镇、武宣县金鸡乡和二塘镇等3个集镇、38个村,设计水平年2035年供水人口11.3万。马坪镇利用龙旦水库作为供水水源;罗秀镇潘村及土办村利用长村水库作为供水水源;武宣县金鸡乡利用石祥河水库作为供水水源;二塘镇利用福隆水库作为供水水源。各乡镇的水厂均规划建于水库放水洞出口附近,因此本工程不再单独设乡镇供水管等设施。另外,下六甲灌区渠系沿线经过水晶、百丈乡、象州镇、运江镇等均可以利用灌区水源作为应急备用生活水源。

表 4-2-2　乡镇供水范围筛选

序号	县	乡镇		主水源	水源工程	是否纳入灌区供水范围		说明
		集镇	农村/个			是	否	
1	金秀	桐木	15	水晶河	大卜冲水库		否	乡镇供水工程均不是灌区水源工程
2		大乐	11	落脉河	大乐供水工程		否	
3		罗秀	15	罗秀河	罗秀供水工程		否	
			2		长村水库	是		长村水库为灌区主水源
4	象州	水晶	16	水晶河	水晶供水工程		否	乡镇供水工程均不是灌区水源工程
		百丈	15	百丈河	水晶供水工程		否	
5		中平	18	滴水河	中平供水工程		否	
6		寺村	13	寺村河	寺村水库		否	
7		运江	12	罗秀河	运江供水工程		否	
8		象州（县城）	11	柳江	象州供水工程		否	
9		马坪	8	马坪河	龙旦水库	是		龙旦水库为灌区主水源
10		石龙	8	青凌江	石龙供水工程		否	石龙供水工程不是灌区水源工程
11								
12	武宣	金鸡	8	石祥河	石祥河水库	是		石祥河水库是灌区水源工程
13		黄茆镇	14	甘检河	甘检水库		否	甘检水库不是灌区水源工程
14		二塘镇	17	福隆河	福隆水库	是		福隆水库是灌区水源工程
15		武宣镇（县城）	22	黔江东乡河	武宣供水工程高达水库		否	供水工程不是灌区水源工程

供水范围见表 4-2-3、图 4-2-1。

表 4-2-3　乡镇供水范围汇总

序号	县（市）	乡镇名称	供水范围		水源工程
			集镇	村/社区/个	
1	象州县	罗秀镇	—	2	长村水库
2		马坪镇	马坪镇集镇	11	龙旦水库
3	武宣县	金鸡乡	金鸡乡集镇	8	石祥河水库
4		二塘镇	二塘镇集镇	17	福隆水库
合计		4 个乡镇	3 个集镇	38	

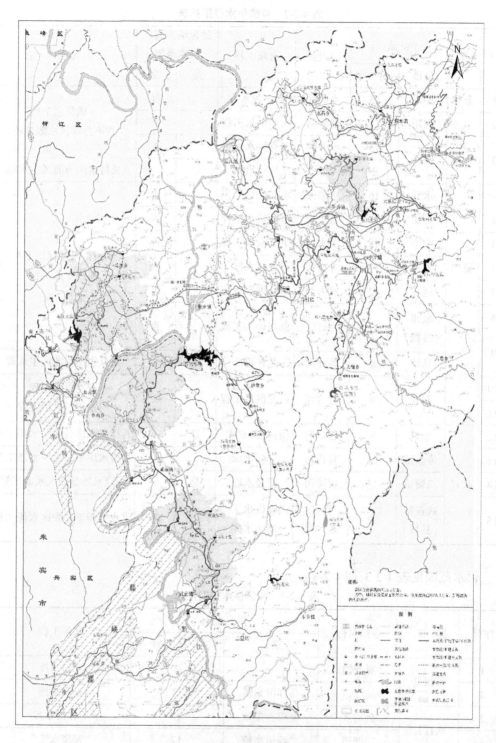

图 4-2-1　乡镇规划供水范围

第 5 章　灌区水土资源开发利用现状及评价

5.1　灌区水资源量

5.1.1　水资源量

来宾市处于广西中部,北回归线从南缘通过,气候温和,季风环流影响明显,降雨主要集中在 4—8 月,约占年降水量的 70%。月最大降水量多数发生在 5—7 月,暴雨中心位于来宾市的金秀县大瑶山区,多年平均降水量大于 2 000 mm,而处于市中心河谷地带的兴宾区多年平均降水量约 1 100 mm,降水空间分布不均。

根据《广西水资源综合规划》(2010—2030 年),来宾市多年平均降雨量 1 344 mm,降水总量 192.08 亿 m³,地表水资源量 107.87 亿 m³,地下水资源量为 18.46 亿 m³,扣除水资源重复计算量,全市水资源总量 107.87 亿 m³,水资源可利用量 30.2 亿 m³。金秀县资源总量、水资源可利用量分别为 22.93 亿 m³、6.4 亿 m³,象州县 17.25 亿 m³、4.8 亿 m³,武宣县 13.63 亿 m³、3.8 亿 m³。各县水资源情况如表 5-1-1 所示。

表 5-1-1　各县水资源情况统计

序号	区域	年降水量/亿 m³	地表水资源量/亿 m³	地下水资源量/亿 m³	水资源总量/亿 m³	水资源可利用量/亿 m³
一	来宾市	192.08	107.87	18.46	107.87	30.2
二	三县情况	91.14	53.81	12.18	53.81	15.0
1	金秀县	36.15	22.93	4.28	22.93	6.4
2	象州县	30.02	17.25	5.36	17.25	4.8
3	武宣县	24.97	13.63	2.54	13.63	3.8

5.1.2　水质

根据来宾市武宣县及象州县地表水环境例行监测资料,本次灌区周边主要国控(省控)断面包括车渡、象州运江老街、石龙、勒马和大陆洲断面。其中车渡断面位于红水河,运江老街和石龙断面位于柳江,大陆洲和勒马断面位于黔江。

来宾市环境监测站对以上国控(省控)断面水质进行了监测,根据其提供的 2017—2019 年水质监测数据可知,各监测断面水质均满足《地表水环境质量标准》(GB 3838—2002)Ⅲ类水质标准。

5.1.3　现状水利工程

下六甲灌区现状水源工程主要包括 20 座蓄水工程、9 座引水工程、5 座提水工程,原设计灌溉面积 49.5 万亩,现状有效灌溉面积 29.0 万亩。

5.1.3.1　蓄水工程

灌区内现有中型水库 4 座,分别为下六甲水库、长村水库、石祥河水库、丰收水库,合计总库容 1.53 亿 m^3,兴利库容 0.82 亿 m^3,原设计灌溉面积 14.95 万亩,现状有效灌溉面积 7.7 万亩。

下六甲水库位于金秀瑶族自治县六巷乡下六甲村附近的滴水河下游河段上,是一座以发电为主,兼有灌溉、旅游等综合利用的工程,主要由下六甲水库和引水式水电站组成。工程始建于 2003 年,2006 年完工,坝址以上集雨面积 285 km^2,多年平均径流量 3.72 亿 m^3,水库总库容 3 202 万 m^3,兴利库容 1 680 万 m^3,死库容 1 270 万 m^3,库容系数 4.33%。水库正常蓄水位 295 m,死水位为 275 m,属不完全年调节水库。电站为引水式电站,装机容量 2×9 800 kW,单机额定流量 12.08 m^3/s,多年平均发电量为 7 392 万 kW·h。发电后尾水通过引水渠引至廷岭、中平建跌水电站(装机容量均为 2×2 500 kW),发电后尾水引至罗柳总干引水坝前,为灌区补水创造了良好条件。

长村水库位于象州县罗秀镇东侧柳江支流运江的右侧小支流上,是一座以灌溉为主,兼顾发电等综合利用的中型水库。工程建于 1958 年,经 1966 年、1971 年、1975 年、1988 年、1999 年、2001 年多次除险加固后达到现在规模。水库集水面积仅 17.7 km^2,另有引水渠 1 条(4.5 km),引落脉河来水进入长村水库,补充水库的来水,水库总库容 1 384 万 m^3,兴利库容 684 万 m^3,死库容 276 万 m^3。水库正常蓄水位 144.12 m,死水位 138.72 m,原设计灌溉面积 2.05 万亩,现状有效灌溉面积 1.64 万亩。

石祥河水库位于武宣县金鸡乡大坪村附近的石祥河上,是一座以灌溉为主,兼顾发电等综合利用的中型水库。工程于 1958 年动工兴建,1960 年基本建成,1961 年开始发挥效益。历经 1961—1964 年、1967—1968 年、1986—1988 年、1990 年、2009 年等多次除险加固达到现有规模。水库坝址以上集雨面积 228 km^2,多年平均径流量 1.69 亿 m^3,水库总库容 7 399 万 m^3,兴利库容 3 500 万 m^3,死库容 1 200 万 m^3,水库正常蓄水位 90.4 m,死水位 82 m,原设计灌溉面积 11.15 万亩,现状有效灌溉面积 5.77 万亩。

丰收水库位于象州县马坪乡柳江支流马坪河的小支流龙岩沟上,是以灌溉为主的中型水库。该工程于 1958 年建成并投入使用,后经 1961 年、1963 年、1983 年及 2002 年多次维修加固才达到现有规模。水库坝址以上集雨面积 39.27 km^2,坝址多年平均径流量 2 888 万 m^3,水库总库容 3 335 万 m^3,兴利库容 2 309 万 m^3,死库容 86 万 m^3。水库正常蓄水位 77 m,死水位 69.9 m,原设计灌溉面积 1.75 万亩,现状有效灌溉面积仅 0.29 万亩。

灌区内现有小型水库 16 座,总库容 6 937 万 m^3,兴利库容 5 068 万 m^3,原设计灌溉面积 7.59 万亩,现状有效灌溉面积 5.77 万亩。

下六甲灌区蓄水工程统计如表 5-1-2 所示。

表 5-1-2　下六甲灌区蓄水工程统计

序号	工程名称	水库规模	总库容/万 m³	兴利库容/万 m³	死库容/万 m³	原设计灌溉面积/万亩	现状有效灌溉面积/万亩	开发任务
一	中型水库		15 320	8 173	2 832	14.95	7.70	
1	下六甲水库	中型	3 202	1 680	1 270			发电为主,兼顾灌溉
2	长村水库	中型	1 384	684	276	2.05	1.64	灌溉为主,兼顾发电
3	石祥河水库	中型	7 399	3 500	1 200	11.15	5.77	灌溉为主,兼顾发电
4	丰收水库	中型	3 335	2 309	86	1.75	0.29	灌溉
二	小型水库		6 937	5 068	360	7.59	5.77	
1	甫上水库	小(1)型	315	206	62.1	0.85	0.50	灌溉
2	老虎尾水库	小(1)型	179	134	25.5	0.09	0.05	灌溉
3	兰靛坑水库	小(1)型	231	205	0.42	0.08	0.06	灌溉
4	仕会水库	小(1)型	160	124	2	0.13	0.10	灌溉
5	两旺水库	小(1)型	912	654	165	0.76	0.50	灌溉
6	百万水库	小(1)型	101	73	1.7	0.10	0.10	灌溉
7	歪甲水库	小(1)型	143	84	3	0.15	0.14	灌溉
8	云岩水库	小(1)型	133	105	9.5	0.19	0.15	灌溉
9	跌马寨水库	小(1)型	142	110	2	0.16	0.10	灌溉
10	落脉河水库	小(1)型	794	542	34	2.44	2.00	灌溉为主,兼顾发电
11	太山水库	小(1)型	516	295	10	0.40	0.30	灌溉
12	长塘水库	小(1)型	573	494	6.6	0.66	0.50	灌溉
13	龙旦水库	小(1)型	949	757	15.3	0.30	0.30	灌溉
14	牡丹水库	小(1)型	386	297	4	0.24	0.12	灌溉
15	福隆水库	小(1)型	673	493	8	0.76	0.61	灌溉
16	乐业水库	小(1)型	730	495	11.2	0.28	0.25	灌溉

5.1.3.2　引水工程

　　灌区内现有引水规模较大工程共有 9 处,均以灌溉为主,原设计灌溉面积 19.5 万亩,现状有效灌溉面积 12.77 万亩,灌区现状引水工程情况如表 5-1-3 所示。

　　罗秀河引水工程位于象州县中平镇大普村西南的罗秀河干流上,始建于 1958 年,原设计灌溉面积 11.09 万亩,原设计流量 8.3 m³/s,1976 年在总干渠 15 km 处增建了冲天桥水电站,从总干渠引水 3.44 m³/s,后总干渠进行了扩建,现设计流量 9.5 m³/s,加大流量为 11.86 m³/s,工程自建成后经 1963 年、1982 年及 1991—1993 年 WFP 支援广西 3730 项目象州县水利工程罗秀河总干渠和南干渠实施后达到现状规模。由于渠坡护砌年久失修、损坏严重等原因导致渠系建筑物输水能力不足，现状有效灌溉面积仅 6.27 万亩。

水晶引水工程位于金秀县桐木镇甘棠村附近的水晶河上，始建于 1956 年，原设计流量为 2.58 m³/s，现过流能力为 1.5~2.0 m³/s，原设计灌溉面积 1.78 万亩，现状有效灌溉面积 1.1 万亩。

和平引水工程位于金秀县金秀镇和平村附近的水晶河支流上，设计流量 0.64 m³/s，原设计灌溉面积 0.7 万亩，现状有效灌溉面积 0.5 万亩。

凉亭引水工程位于金秀县桐木镇的凉亭坝村附近的水晶河支流桐木河上，是以引水工程为主，结合"结瓜"水库长塘水库、太山水库的"长藤结瓜"型灌溉系统，原设计流量 3 m³/s，原设计灌溉面积 1.2 万亩，现状有效灌溉面积 1 万亩。

表 5-1-3　下六甲灌区现状引水工程统计

序号	工程名称	水源	设计流量/（m³/s）	原设计灌溉面积/万亩	现状有效灌溉面积/万亩
1	罗秀河引水工程	罗秀河	11.86	11.09	6.27
2	江头引水工程	中平河	1.9	1.5	1.2
3	友谊引水工程	中平河	0.5	0.5	0.4
4	水晶引水工程	水晶河	2.58	1.78	1.1
5	和平引水工程	水晶河	0.64	0.7	0.5
6	凉亭引水工程	桐木河	3	1.2	1
7	百丈一干渠引水工程	门头河	0.75	1.2	0.9
8	百丈二干渠引水工程	门头河	0.7	0.73	0.6
9	游龙引水工程	大樟河	0.8	0.8	0.8
	合计			19.5	12.77

5.1.3.3　提水工程

灌区内在用提水工程共有 5 处，均以灌溉为主，原设计灌溉面积 7.48 万亩，现状有效灌溉面积 2.76 万亩，灌区现状提水工程情况如表 5-1-4 所示。

白屯沟电灌站位于象州县石龙镇白屯沟村附近的黔江一级支流红水河上，为石龙电灌灌区的一级提水泵站，始建于 1966 年，于 1970 年发挥效益，工程在 2011 年完成更新改造，现状由于大藤峡水利枢纽库区淹没影响，对其进行了复建，目前已基本完工，复建后总装机 3×160 kW，设计流量 1.08 m³/s，设计灌溉面积 2.64 万亩，现状有效灌溉面积 1.5 万亩。

猛山电灌站位于象州县马坪乡的柳江上，为马坪电灌灌区的一级提水泵站，工程始建于 1970 年，于 2004 年完成了泵房、廊道、机电设备等的更新改造，现状由于大藤峡水利枢纽库区淹没影响，对其进行了复建，目前已基本完工，复建后总装机 3×450 kW，设计流量 2.79 m³/s，设计灌溉面积 3.31 万亩，现状有效灌溉面积 0.78 万亩。

新龟岩电灌工程于 1988 年秋动工兴建，当年投入运行，原设计抽水流量 1.2 m³/s，

2010 年进行了复建,主要供水至新龟岩灌片以及对石祥河干渠进行水源补充,满足新龟岩灌片 1.2 万亩甘蔗的灌溉和黄茆镇二塘 1.0 万亩水稻的灌溉,泵站直供灌溉面积 0.2 万亩,有效灌溉面积 0.2 万亩,其余面积均为与石祥河干渠联合供水面积。

武农电灌站位于武宣县武宣镇的武宣农场附近的黔江上,共有两级提水泵站,建成于 1972 年,自建成以来未进行过更新改造,现状由于大藤峡水利枢纽库区淹没影响,对其一级电灌站进行了复建,目前已基本完工,复建后总装机 4×220 kW,设计流量 2.6 m³/s,设计灌溉面积 1.33 万亩,现状有效灌溉面积 0.28 万亩。

樟村电灌站位于武宣县二塘镇樟村附近的黔江上,为石祥河干渠的补水泵站,共有两级,建成于 1960 年,自建成以来未进行过更新改造,现状由于大藤峡水利枢纽库区淹没影响,对其一级电灌站进行了复建,目前已基本完工,复建后总装机 4×380 kW,设计流量 1.96 m³/s。

表 5-1-4 下六甲灌区现状提水工程统计

序号	泵站名称	水源	装机/kW	设计流量/(m³/s)	原设计灌溉面积/万亩	现状有效灌溉面积/万亩	说明
1	白屯沟电灌站	红水河	3×160	1.08	2.64	1.5	已复建
2	猛山电灌站	红水河	3×450	2.79	3.31	0.78	已复建
3	新龟岩电灌站	黔江	3×220 3×110	1.2	0.2	0.2	
4	武农电灌站	黔江	4×220	2.6	1.33	0.28	已复建
5	樟村电灌站	黔江	4×380	1.96	面积已计入石祥河水库		已复建

5.1.4 供用水情况

根据《来宾市水资源公报》和灌区实际调查情况,现状 2018 年,灌区各类供水工程总供水量为 25 006 万 m³,其中:水库工程供水量为 10 976 万 m³,引水工程供水量为 11 844 万 m³,提水工程供水量为 1 475 万 m³,地下水供水量为 711 万 m³。

下六甲灌区 2018 年总用水量为 25 006 万 m³,其中:城乡生活用水量 479 万 m³,工业及三产用水量 232 万 m³,农业灌溉用水量 24 295 万 m³。

5.1.5 水资源开发利用评价

从水资源开发利用率来看,三县现状 2018 年用水总量为 7.88 亿 m³,与水资源总量 53.81 亿 m³ 相比,开发利用率为 14.64%,与来宾市平均水平 19.22% 相比,开发利用程度略低,且低于广西 15.72% 的平均水平。

从用水效率看,2018 年灌区内农田实灌亩均用水量 691~1 090 m³,与来宾市和广西平均水平相当,高于广西全区平均水平;万元工业增加值用水量为 66~67 m³,略高于广西平均万元工业增加值用水量;城镇居民生活人均用水量为 134~136 L/(人·d),农村居民生活人均用水量为 90~94 L/(人·d),大牲畜用水量为 75 L/(头·d),小牲畜用水量为 26 L/(头·d),用水水平与来宾市平均水平相当,但略低于广西的相应平均用水指标。

5.2　土地资源及开发利用现状

下六甲灌区涉及金秀、象州和武宣三县,灌区范围内总国土面积 1 722 km²(258.2 万亩),其中象州县占比 69.7%,武宣县占比 22.1%,金秀县占比 8.2%。

本工程灌区范围内土地主要有耕地、林果地、草地、居民点及工矿用地、交通运输用地、水域及水利设施用地、未利用土地等。灌区土地分类利用现状如下(见表 5-2-1):

(1)耕地 139.8 万亩,占总土地面积的 54.1%。

(2)园地 5.6 万亩,占总土地面积的 2.17%。

(3)林地 70.6 万亩,占总土地面积的 27.34%。

(4)草地 11.9 万亩,占总土地面积的 4.61%。

(5)工矿仓储用地 1.8 万亩,占总土地面积的 0.70%。

(6)居民点及城镇用地 13.8 万亩,占总土地面积的 5.34%。

(7)交通运输用地 0.6 万亩,占总土地面积的 0.23%。

(8)水域及水利设施用地 10.3 万亩,占总土地面积的 3.99%。

(9)其他土地 3.8 万亩,占总土地面积的 1.47%。

表 5-2-1　灌区内现状土地利用情况

序号	地类	面积/万亩	占比/%
1	耕地	139.8	54.14
2	园地	5.6	2.17
3	林地	70.6	27.34
4	草地	11.9	4.61
5	工矿仓储用地	1.8	0.70
6	公共管理和住宅用地	13.8	5.34
7	交通运输用地	0.6	0.23
8	水域及水利设施用地	10.3	3.99
9	其他土地	3.8	1.47
10	合计	258.2	100.0

第 6 章　需水预测

6.1　经济社会发展现状及预测

6.1.1　经济社会发展现状

来宾市 2018 年全年生产总值 711 亿元,其中,第一产业增加值 169 亿元,第二产业增加值 263 亿元(工业增加值 192 亿元),第三产业增加值 279 亿元。2018 年全市财政收入 50.5 亿元。全市常住人口 223.4 万,其中城镇人口 99.5 万,城镇化率为 44.5%。

金秀县 2018 年全年生产总值 35.7 亿元,其中,第一产业增加值 9.5 亿元,第二产业增加值 6.7 亿元(工业增加值 3.4 亿元),第三产业增加值 19.5 亿元。2018 年财政收入 2.06 亿元,全县常住人口 13.25 万,其中城镇人口 4.92 万,城镇化率 37.13%。

象州县 2018 年地区生产总值 121 亿元,第一产业增加值 35 亿元,第二产业增加值 55 亿元(工业增加值 45 亿元),第三产业增加值 31 亿元。2018 年财政收入 6.1 亿元,全县常住人口 30.1 万,其中城镇人口 12 万,城镇化率 40.0%。

武宣县 2018 年全年生产总值 122 亿元,其中,第一产业增加值 29 亿元,第二产业增加值 53 亿元(工业增加值 46 亿元),第三产业增加值 40 亿元。2008 年财政收入 8.9 亿元,全县常住人口 37.36 万,其中城镇人口 15.66 万,城镇化率 41.92%。

6.1.2　经济社会发展预测依据

6.1.2.1　来宾市城市总体规划(2017—2035 年)

规划来宾市按照西江经济带新兴现代化工业城市的定位,紧抓珠江—西江经济带开放发展、自治区打造高铁经济带等重大契机,立足特色产业发展、城镇和交通设施建设、生态功能区划分等基础,主动融入"一带一路"和"两核驱动、三区统筹"建设,构建现代工业产业体系。规划近期水平年为 2025 年,远期水平年为 2035 年。规划来宾市构建"一带、两廊,四区、六基地"的产业格局。

"一带"为西江经济带,形成"东承粤港、南融首府、北接桂柳"的发展格局。

"两廊"为柳来工业走廊(柳州—来宾)、柳武物流走廊(柳州—象州县城—石龙半岛—武宣县城)。

"四区"为桂中先进制造核心区(位于来宾市区)、港产城一体化示范区(含武宣工业园区、象州工业集中区)、特色产业经济区(合山、忻城)、绿色生态经济区(金秀桐木镇)。

"六基地"为特色优势农产品生产基地。①"双高"糖料蔗基地:重点以兴宾区、武宣县、象州县、忻城县等 4 个糖料蔗生产重点县(区)为依托,建设以兴宾、象州、武宣为主的规模甘蔗产业带。②桑蚕茧丝绸基地：重点建设象州、忻城两个国家标准化桑蚕生产基地县，打造象州、忻城"三高"桑蚕产业带，培育壮大兴宾与武宣新蚕区。缫丝加工基地以象州、忻城、兴宾区为重点。③特色水果产业基地：重点建设以象州、金秀、武宣、兴宾为主的亚热带优质水果生产基地，重点发展早晚熟柑橘产业带和优质葡萄，发展牛心柿、红心蜜柚等特色水果，适当调减荔枝、龙眼等热带水果，调优水果品种结构调整，形成主导品种突出、特色多样、优质高效的品种结构体系。④茶叶生产基地：建设以金秀、武宣、象州为主的茶叶优势产业区，打造金秀、武宣生态有机茶区。⑤无公害蔬菜生产基地：建设凤凰长福、良塘定甲、良江中团、凤凰华侨农场、寺山石塘、城厢格兰6大蔬菜基地。⑦养殖生产基地：建设以兴宾、武宣、象州、忻城为主的优质种畜产业带和生态畜牧养殖带。

来宾市城市总体规划（2017—2035 年）运用综合增长率、生长模型、趋势外推三种方法预测来宾市 2035 年总人口 335 万，其中武宣县城 20 万~25 万人，象州县城 10 万~14 万人，金秀县城 2 万~3 万人，石龙镇（全国重点镇）25 万~30 万人，桐木镇、罗秀镇、黄茆镇、二塘镇均为 1 万~5 万人，全市城镇化率为 70%。其他乡镇为一般镇。来宾市城镇等级规划图见图 6-1-1。

6.1.2.2　象州县城市总体规划（2018—2035 年）

象州县城市总体规划（2018—2035 年）规划象州县城市发展总体目标为坚持"农业强县、工业富县、商贸活县、旅游旺县、科教兴县、依法治县"战略，将象州建设成为桂中地区城乡和谐发展、经济活力彰显、文化特色鲜明、生态环境友好的现代化宜居宜业城市。规划近期水平年为 2025 年，远期水平年为 2035 年。

第一产业以充分发挥象州县富硒土地资源和生态资源优势，进一步优化农业产业布局，大力发展特色农业，积极推进现代农业（核心）示范区建设，加快发展休闲农业观光旅游，推动现代农业发展。重点发展优质谷、桑蚕、甘蔗、水果、养殖等产业。

第二产业坚持转型升级、创新驱动，立足象州县区位优势和产业基础，以港产城一体化发展为核心，以改造提升传统特色优势产业、培育壮大新兴产业为重点，加快提升新型工业化水平，构建特色现代工业体系。重点发展茧丝绸加工业、特色农副食品加工业、蔗糖加工业、林产品林纸加工业、化工及矿产加工业、建材产业、机械（汽配）制造业、新能源产业、船舶修造业等产业。

第三产业大力发展服务业，构建较为合理的现代服务业体系，壮大城镇经济，提高服务业占三产的比重，并促进服务业与农业、制造业相互融合发展。突出发展现代物流和现代金融等生产性服务业，推动生产性服务业向专业化和价值链高端延伸。重点发展旅游、物流、商贸、金融、房地产、电子商务、养老服务业等产业。

规划象州县 2035 年总人口为 71 万，其中象州县城、石龙镇大于 10 万人，马坪、罗秀、寺村等 3 个乡镇均为 2 万~5 万人，大乐、中平、运江均为 1 万~2 万人，秒皇、水晶、百丈等 3 个乡镇均小于 1 万人。规划 2035 年全县城镇人口 45 万人，城镇化率 63%。象州县城镇等级规划图见图 6-1-2。

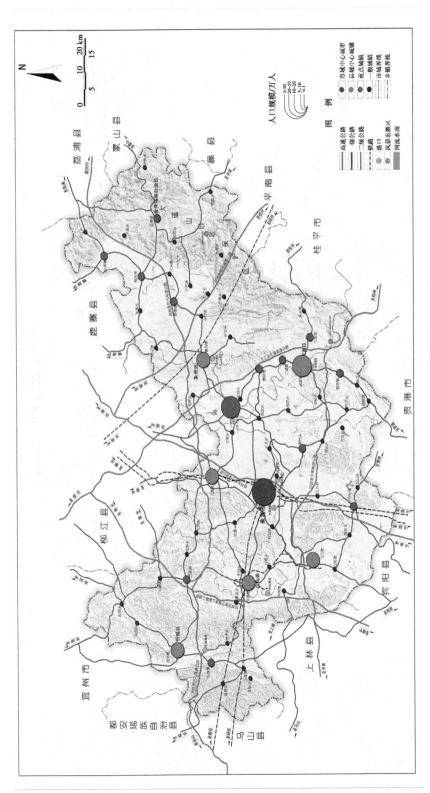

图 6-1-1　来宾市城镇等级规划

图 6-1-2　象州县城镇等级规划

6.1.2.3　武宣县城市总体规划(2008—2030)

武宣县城市总体规划(2008—2030)规划武宣县城市性质为以工业为主导,大力发展旅游、物流等现代服务业的山水园林城市,主要职能为桂中内核港口城市、区域物流中心、桂中地区重要的旅游城市,积极发展制糖、建材、矿产品加工等支柱产业,把武宣打造成国家制糖生产基地、桂中最大的建材生产基地以及有色金属冶炼基地。规划近期水平年为2020 年,远期水平年为 2030 年。

规划到 2030 年 GDP 达到 247 亿元,其中第一产业 56 亿元,第二产业 98 亿元,第三产业 93 亿元,三次产业结构比为 22.8∶39.8∶37.4。

规划武宣县 2030 年总人口为 52 万,其中武宣县城大于 16 万人,桐岭镇、二塘镇、三里镇、东乡镇等 4 个乡镇人口规模均为 1.2 万~2 万人,黄茆镇、通挽镇人口规模为 0.8 万~1.2 万人,其他乡镇均小于 0.8 万人。规划 2035 年全县城镇人口 34 万,城镇化率65.3%。

6.1.3　经济社会发展指标预测

6.1.3.1　人口指标预测

人口指标预测主要包括常住人口、城镇人口、城镇化率预测三部分,对 3 个县行政范围、研究范围和灌区范围分别预测。

1. 常住人口预测

1)三个县行政范围内常住人口预测

金秀、象州、武宣 3 个县 2018 年年末常住人口约为 81 万人。2011—2018 年常住人口增长率为 1.5%,其中金秀 2.2%,象州 0.6%,武宣 1.9%。

考虑到未来珠江—西江经济带发展、桂中城市发展和环境改善,3 个县吸引周边县市人口能力增强,计划生育二胎政策调整等因素,常住人口增长率基本维持现有水平,随着人口增加,增长率逐渐降低。参考当地城市总体规划,预计 2019—2035 年人口增长率金秀县为 1.0%~2.0%、象州县 0.6%~0.8%,武宣县 1.0%~1.8%。经计算,3 个县行政区范围内 2035 年常住人口 99 万人。

三个县行政范围内增长率预测情况、2035 年人口见表 6-1-1。

表 6-1-1　三个县行政范围内常住人口增长率预测

序号	县名称	2011—2018 年常住人口				本次采用增长率/%			2035 年预测人口/万人
		2011 年人数/万人	2018 年人数/万人	年均增长率/%		2018—2025 年	2026—2030 年	2031—2035 年	
1	金秀	11.4	13.3	2.2		2.0	1.5	1.0	17.2
2	象州	28.8	30.1	0.6		0.8	0.7	0.6	33.9
3	武宣	32.7	37.4	1.9		1.8	1.5	1.0	47.9
合计		72.9	80.8	1.5					99.0

2) 研究范围和灌区范围常住人口预测

金秀、象州、武宣等 3 个县 2018 年研究范围内常住人口为 60.5 万人,灌区范围内 44.1 万人,规划期内增加率同行政区,经预测,2035 年常住人口研究范围内 73.1 万人,灌区范围内 52.3 万人。

2035 年三个县研究范围、灌区范围人口预测成果见表 6-1-2。

表 6-1-2　2035 年三个县研究范围、灌区范围人口预测成果

序号	县名称	研究范围内/万人		灌区范围内/万人	
		2018 年	2035 年	2018 年	2035 年
1	金秀	8.9	11.6	3.8	4.9
2	象州	30.1	33.9	27.8	31.4
3	武宣	21.5	27.6	12.5	16.0
合计		60.5	73.1	44.1	52.3

2. 城镇化率

金秀、象州、武宣等 3 个县 2018 年城镇化率分别为 37%、40%、42%,随着乡村振兴战略、珠江—西江经济带发展、广西桂中城镇群、广西特色小城镇等战略和规划实施,参考来宾市和 3 个县城市总规,预测规划水平年 2035 年城镇化率水平预计会达到 65%。

研究范围内各乡镇城镇化率根据乡镇定位及发展前景分别确定。各乡镇的重要性按照《来宾市城市总体规划》和各县城市总体规划分为县城、重点镇、一般乡镇 3 类,研究范围各类的城镇化率确定如下:

县城或县城副中心:金秀镇(金秀县城)、象州镇(象州县城)、石龙镇(象州县城副中心)、武宣镇(武宣)分别定位为县城或县城副中心,现状年城镇化率在 60% 左右,预计规划水平年 2035 年城镇化率可达到 95%。

重点镇:金秀的桐木镇、象州的罗秀镇、武宣的黄茆镇、二塘镇等 4 个镇,现状年城镇化率大多在 40%~50%,设计水平年 2035 年拟定为 70%~72%。

一般乡镇:其他乡镇定位为一般乡镇,现状年城镇化率大多在 30% 左右,设计水平年 2035 年拟定为 50%~55%。

根据以上原则,经预测至规划水平年 2035 年,金秀、象州、武宣 3 个县行政范围内城镇人口 64.5 万,城镇化率 65%;研究范围内城镇人口 47.2 万人,城镇化率 65%;灌区范围内城镇人口 35.5 万,城镇化率 68%。

2035 年城镇人口和城镇化率预测成果见表 6-1-3。

6.1.3.2　牲畜指标预测

金秀、象州、武宣等 3 个县行政区范围内大牲畜存栏 2018 年年末为 1.4 万头。2011—2018 年增长率为 0.7%,小牲畜存栏 2018 年年末为 65.9 万头。2011—2018 年增长率为 0.9%。

表 6-1-3　2035 年城镇人口和城镇化率预测成果

序号	县名	行政区内			研究范围内			灌区范围内		
		常住/万人	城镇/万人	城镇化率/%	常住/万人	城镇/万人	城镇化率/%	常住/万人	城镇/万人	城镇化率/%
1	金秀	17.2	11.2	65	11.6	8.4	72	4.9	3.5	70
2	象州	33.9	22.1	65	33.9	21.5	63	31.4	20.4	65
3	武宣	47.9	31.2	65	27.6	17.3	63	16.0	11.6	72
合计		99.0	64.5	65	73.1	47.2	65	52.3	35.5	68

来宾市经济社会发展"十三五"规划要求,大力建设肉牛产业强市,加快生猪产业转型升级,推进生猪等生态养殖。预计 2019—2035 年大牲畜、小牲畜增长率分别达到 0.8%、1%,到设计水平年 2035 年 3 个县行政区范围内大牲畜 1.6 万头,小牲畜 78.1 万头。

2035 年研究范围、灌区范围内大牲畜、小牲畜的数量,根据基准年数量和各县增长速度进行预测。经计算,研究范围内 2035 年大牲畜数量为 0.7 万头,小牲畜数量为 45.4 万头。灌区范围内 2035 年大牲畜数量为 0.5 万头,小牲畜数量为 33.4 万头。

行政区范围、研究范围、灌区范围内的大牲畜、小牲畜预测数量见表 6-1-4、表 6-1-5。

表 6-1-4　大牲畜预测成果

序号	县名称	行政区范围内/万头		研究范围内/万头		灌区范围内/万头	
		2018 年	2035 年	2018 年	2035 年	2018 年	2035 年
1	金秀	0.1	0.1	0.1	0.1	0.1	0.1
2	象州	0.2	0.3	0.2	0.3	0.2	0.2
3	武宣	1.0	1.2	0.3	0.3	0.2	0.2
合计		1.3	1.6	0.6	0.7	0.5	0.5

6.1.3.3　主要经济指标预测

本次主要经济指标预测包括 GDP、工业增加值、第三产业增加值等 3 部分。

1. GDP 指标预测

2011 年金秀、象州、武宣等 3 个县行政区范围内 GDP 为 171 亿元,2018 年为 259 亿元,2011—2018 年增长率为 4.9%~7.4%。随着结构转型升级、灌区建设和效益的发挥,经济总量提高,预计 2019—2035 年 GDP 增速会有所改善并逐渐降低,预计为 8.0%~9.0%,经计算行政区范围内 2035 年 GDP 为 1 044 亿元。

表 6-1-5　小牲畜预测成果

序号	县名称	行政区范围内/万头		研究范围内/万头		灌区范围内/万头	
		2018 年	2035 年	2018 年	2035 年	2018 年	2035 年
1	金秀	8.6	10.2	6.1	7.2	4.4	5.3
2	象州	15.5	18.3	15.5	18.3	14.2	16.8
3	武宣	41.8	49.6	16.8	19.9	9.5	11.3
合计		65.9	78.1	38.4	45.4	28.1	33.4

研究范围、灌区范围内 GDP 根据基准年数量和各县增长速度进行统计计算。经预测,研究范围内 2035 年 GDP 为 900 亿元,灌区范围内 2035 年 GDP 为 722 亿元。

GDP 增长率及数量见表 6-1-6、表 6-1-7。

表 6-1-6　3 个县 GDP 年均增长率预测成果

序号	县名称	2011—2018 年 GDP			本次采用增长率/%			2035 年 GDP/亿元
		2011 年/亿元	2018 年/亿元	年均增长率/%	2019—2025 年	2026—2030 年	2031—2035 年	
1	金秀	22	36	7.4	9.0	8.5	8.0	147
2	象州	76	121	6.8	9.0	8.5	8.0	487
3	武宣	73	102	4.9	9.0	8.5	8.0	410
合计		171	259	6.1				1 044

表 6-1-7　研究范围、灌区范围内 GDP 预测成果

序号	县名称	行政区范围内/亿元		研究范围内/亿元		灌区范围内/亿元	
		2018 年	2035 年	2018 年	2035 年	2018 年	2035 年
1	金秀	36	147	33	132	7	27
2	象州	121	487	108	436	106	428
3	武宣	102	410	82	332	66	267
合计		259	1 044	223	900	179	722

2. 工业增加值指标预测

现状金秀县工业主要为重晶石和板材制作。象州县工业主要为重晶石采选业、制糖业、蚕丝、木材、造纸等,武宣工业主要为重晶石采选业、水泥、铁合金、制糖、木材加工等。3 个县行政区范围内 2011 年工业增加值为 60 亿元,2018 年为 77 亿元,2011—2018 年平均增长率为 3.0%~4.3%。随着西江经济带发展,大藤峡枢纽建成、通航条件改善,结构转型升级,象州、石龙、武宣等地区工业集聚发展,预计 2019—2035 年工业增速会有所改善,为 4.0%~5.0%,经计算行政区范围内 2035 年工业增加值为 164 亿元。

研究范围、灌区范围内工业增加值根据基准年数量和以上增长速度进行统计计算。经预测,研究范围内 2035 年工业增加值为 157 亿元,灌区范围内 2035 年工业增加值为 143 亿元。

工业增加值增长率及预测成果见表 6-1-8、表 6-1-9。

表 6-1-8　3 个县工业增加值年均增长率预测成果

序号	县名称	2011—2018 年工业			本次采用增长率/%			2035 年工业增加值/亿元
		2011 年/亿元	2018 年/亿元	年均增长率/%	2019—2025 年	2026—2030 年	2031—2035 年	
1	金秀	3	4	4.3	5.0	4.5	4.0	10
2	象州	34	45	3.9	5.0	4.5	4.0	94
3	武宣	23	28	3.0	5.0	4.5	4.0	60
合计		60	77	3.6				164

表 6-1-9　研究范围、灌区范围内工业增加值预测成果

序号	县名称	行政区范围内/亿元		研究范围内/亿元		灌区范围内/亿元	
		2018 年	2035 年	2018 年	2035 年	2018 年	2035 年
1	金秀	4	10	4	9	1	1
2	象州	45	94	44	94	43	92
3	武宣	28	60	25	54	23	50
合计		77	164	73	157	67	143

3. 第三产业增加值指标预测

金秀、象州、武宣等 3 个县行政区范围内 2011 年第三产业增加值为 40 亿元,2018 年为 94 亿元,2011—2018 年平均增长率为 12.8%~13.4%。随着产业结构调整,预计 2019—2035 年第三产业增速会有所改善,为 9%~12%,经计算行政区范围内 2035 年工业

增加值为 575 亿元。

研究范围、灌区范围内第三产业增加值根据基准年数量和各县增长速度进行统计计算。经预测,研究范围内 2035 年第三产业增加值为 457 亿元,灌区范围内 2035 年第三产业增加值为 359 亿元。

第三产业增加值增长率及预测成果见表 6-1-10、表 6-1-11。

表 6-1-10　3 个县第三产业增加值年均增长率预测成果

序号	县名称	2011—2018 年第三产业			本次采用增长率/%			2035 年第三产业/亿元
		2011 年/亿元	2018 年/亿元	年均增长率/%	2019—2025 年	2026—2030 年	2031—2035 年	
1	金秀	8	20	13.4	12.0	10.0	9.0	122
2	象州	14	32	12.8	12.0	10.0	9.0	198
3	武宣	18	42	12.8	12.0	10.0	9.0	255
合计		40	94	13.0%				575

表 6-1-11　研究范围、灌区范围内第三产业增加值预测成果

序号	县名称	行政区范围内/亿元		研究范围内/亿元		灌区范围内/亿元	
		2018 年	2035 年	2018 年	2035 年	2018 年	2035 年
1	金秀	20	122	18	98	4	22
2	象州	32	198	32	177	32	176
3	武宣	42	255	33	182	30	161
合计		94	575	83	457	66	359

根据上述成果,计算灌区相关社会经济指标。三个县行政范围 2035 年主要经济指标预测成果见表 6-1-12,研究范围和灌区范围 2035 年主要经济指标预测成果见表 6-1-13。

6.1.3.4　城市绿地和道路面积

城镇绿地灌溉和城镇道路主要分布在县城和各集镇。本次规划参考来宾市、金秀县、象州县、武宣县相关城市总体规划成果,拟定人均绿地面积和城市道路面积分别为 16 m²/人、18 m²/人,绿化和道路面积分别为 1 586 万 m²、1 784 万 m²。

根据以上分析,结合本工程乡镇供水范围(见表 6-1-14),通过计算,本工程乡镇供水范围设计水平年 2035 年总人口 11.26 万,其中城镇人口 6.62 万,农村人口 4.65 万;大牲畜 0.10 万头,小牲畜 6.16 万头;生产总值 50 亿元,第二产业增加值 6 亿元(工业增加值 6 亿元),第三产业增加值 16 亿元,绿地 174 万 m²、道路 196 万 m²。

表 6-1-12　3 个县行政范围设计水平年 2035 年主要经济指标预测成果

范围	县名称	供水范围 城区/集镇/场部	村/社区/个	人口/万人			城镇化率/%	牲畜/万头		经济指标/亿元				绿地和道路/万 m²	
				总人口	城镇	农村		大牲畜	小牲畜	GDP	第二产业	工业	第三产业	绿地	道路
行政区范围	金秀县	10 个集镇	81	17.2	11.2	6.0	65	0.1	10.2	147	15	10	122	276	310
	象州县	11 个集镇	122	33.9	22.1	11.8	65	0.3	18.3	487	116	94	198	543	611
	武宣县	10 个集镇,1 个农场	149	47.9	31.2	16.7	65	1.2	49.6	410	69	60	255	767	863
	3 县合计	31 个集镇,1 个农场	352	99.0	64.5	34.5	65	1.6	78.1	1 044	200	164	575	1 586	1 784

表 6-1-13　研究范围和灌区范围设计水平年 2035 年主要经济指标预测成果

序号	县	乡镇/农场名称	供水范围 城区/集镇/农场	村/社区/个	人口/万人			城镇化率/%	大牲畜/万头	小牲畜/万头	GDP/亿元	第二产业/亿元	工业增加值/亿元	第三产业/亿元	绿地/万 m²	道路/万 m²	是否灌区范围
					总人口	城镇	农村										
1	金秀县	桐木镇	桐木镇集镇	15	4.95	3.46	1.48	70	0.06	5.3	27	1	1	22	79	89	是
2		三角乡	三角乡集镇	4	0.40	0.20	0.20	50		0.2	2			2	6	7	是
3		金秀镇	金秀县城	3	3.67	3.48	0.18	95	0.01	0.5	90	11	7	65	59	66	否
4		罗香乡	—	1	0.14		0.14			0.4					2	3	否
5		长垌乡	长垌乡集镇	7	0.61	0.30	0.30	50		0.2	3			2	10	11	否
6		六巷乡	六巷乡集镇	5	0.61	0.30	0.30	50		0.2	3			2	10	11	否
7		大樟乡	大樟乡集镇	8	1.21	0.61	0.61	50	0.01	0.4	6	5		5	19	22	否

续表 6-1-13

序号	县	乡镇/农场名称	供水范围 城区/集镇/农场	供水范围 村/社区/个	人口/万人 总人口	人口/万人 城镇	人口/万人 农村	城镇化率/%	大牲畜/万头	小牲畜/万头	GDP/亿元	第二产业/亿元	工业增加值/亿元	第三产业/亿元	绿地/万m²	道路/万m²	是否灌区范围
8		大乐镇	大乐镇集镇	11	2.55	1.40	1.15	55	0.02	1.5	11	3	2	2	41	46	否
9		罗秀镇	罗秀镇集镇	10	2.30	1.61	0.69	70	0.02	1.0	16	2	2	8	37	41	是
			—	7	0.39		0.39		0.01	0.4	1	2	1			33	是
10		水晶乡	水晶乡集镇	7	1.83	0.91	0.91	50	0.02	1.3	6	2	1	1	29		否
			—	9	0.23		0.23		0.01	0.2							否
11	象州县	百丈乡	百丈乡集镇	15	1.74	0.87	0.87	50	0.02	1.3	6	2	1		28	31	是
12		中平镇	中平镇集镇	18	3.02	1.66	1.36	55	0.03	1.9	18	3	3	6	48	54	是
13		寺村镇	寺村镇集镇	13	4.37	2.40	1.96	55	0.03	1.9	35	5	4	15	70	79	是
14		运江镇	运江镇集镇	12	3.88	2.13	1.75	55	0.03	1.9	14	4	3	2	62	70	是
15		象州镇	象州县城	11	5.52	5.24	0.28	95	0.03	2.0	292	88	71	124	88	99	是
16		妙皇乡	妙皇乡集镇	8	2.32	1.16	1.16	50	0.02	1.3	8	2	2	1	37	42	否
17		马坪镇	马坪镇集镇	8	3.44	1.89	1.55	55	0.03	1.9	11	3	3	1	55	62	是
18		石龙镇	石龙镇集镇	8	2.36	2.24	0.12	95	0.02	1.6	18	2	2	18	38	42	是

续表6-1-13

序号	县	乡镇/农场名称	供水范围 城区/集镇/农场	供水范围 村/社区/个	人口/万人 总人口	人口/万人 城镇	人口/万人 农村	城镇化率/%	大牲畜/万头	小牲畜/万头	GDP/亿元	第二产业/亿元	工业增加值/亿元	第三产业/亿元	绿地/万m²	道路/万m²	是否灌区范围
19		金鸡乡	金鸡乡集镇	17	2.39	1.20	1.20	50	0.02	1.5	14	1	1	5	38	43	是
20		黄茆镇	黄茆镇集镇	14	3.10	2.17	0.93	70	0.03	1.8	19	1	1	7	50	56	是
21		二塘镇	二塘镇集镇	1	5.04	3.53	1.51	70	0.04	2.4	24	2	2	10	81	91	是
			—	15	0.77		0.77		0.01	0.7	4						否
22	武宣县	武宣镇	武宣县城区	22	4.20	3.99	0.21	95	0.06	4.1	198	52	46	136	67	76	是
23		黔江农场	农场		0.68	0.68		100	0.02	1.1	8			3	11	12	是
24		三里镇	三里乡集镇		4.44	2.22	2.22	50	0.04	3.3	27	2	2	10	71	80	是
			—		0.59		0.59		0.01	0.4	2						否
25		东乡镇	东乡镇集镇	43	6.44	3.54	2.90	55	0.07	4.6	34	3	2	11	103	116	否
	研究范围合计	金秀县	6个集镇	137	11.59	8.35	3.21	72	0.08	7.2	131	12	8	98	185	209	
		象州县	11个集镇、1个农场	69	33.95	21.51	12.42	63	0.29	18.2	436	116	94	178	533	599	
		武宣县	6个集镇、1个农场	249	27.65	17.33	10.33	63	0.30	19.9	330	61	54	182	421	474	
		3县合计	23个集镇、1个农场		73.19	47.19	25.96	65	0.67	45.3	897	189	156	458	1 139	1 282	
	灌区范围合计	金秀县	1个集镇	15	4.95	3.46	1.48	70	0.06	5.3	27	1	1	22	79	89	
		象州县	10个集镇	111	31.39	20.36	11.03	65	0.25	16.8	428	114	92	176	496	558	
		武宣县	4个集镇、1个农场	50	16.00	11.56	4.44	72	0.17	11.3	267	57	50	161	246	277	
		3县合计	15个集镇、1个农场	176	52.34	35.38	16.95	68	0.48	33.4	722	172	143	359	821	924	

表 6-1-14　本工程供水范围设计水平年 2035 年主要经济指标预测成果

序号	县(市)	乡镇/农场名称	供水范围		人口/万人			城镇化率/%	大牲畜/万头	小牲畜/万头	GDP/亿元	第二产业/亿元	工业增加值/亿元	第三产业/亿元	绿地/万 m²	道路/万 m²
			城区/集镇	村社区/个	总人口	城镇	农村									
1	象州县	罗秀镇	—	2	0.39	0.39			0.01	0.43	1			1		
2		马坪镇	马坪镇集镇	11	3.44	1.89	1.55	55	0.03	1.86	11	3	3	1	55	62
3	武宣县	金鸡乡	金鸡乡集镇	8	2.39	1.20	1.20	50	0.02	1.47	14	1	1	5	38	43
4		二塘镇	二塘镇集镇	17	5.04	3.53	1.51	70	0.04	2.40	24	2	2	10	81	91
合计		4 个乡镇	3 个集镇	38	11.26	6.62	4.65	59	0.10	6.16	50	6	6	16	174	196

6.2 灌溉需水预测

6.2.1 种植结构预测

6.2.1.1 现状种植结构

下六甲灌区位于广西中部,靠近北回归线,阳光充足,气候温和,无霜期短,四季宜耕,灌区涉及的象州县,有"桂中粮仓"和"优质米之乡"的美誉,是特色果业生产基地、国家优质粮食生产基地县、广西粮源基地县,同时也是"双高"糖料蔗基地建设任务县、特色果业生产基地,涉及的武宣县是"双高"糖料蔗基地建设任务县、国家糖料蔗生产重点县和特色果业生产基地。

现状作物主要分为粮食作物和经济作物,粮食作物以种植水稻为主,玉米、红薯、大豆等为辅;经济作物以种植糖料蔗、柑橘为主,蔬菜、桑蚕、龙眼、梨、葡萄等为辅。

灌区内现状灌溉土地为耕地(水田、水浇地、旱地)和园地(果园、其他园地)。水田主要种植水稻,以"稻—稻"两熟制为主。旱地种植模式以一熟制为主,二熟制、三熟制为辅,一熟制主要种植甘蔗,二熟制主要种植模式为春玉米—秋玉米、春玉米—豆类(花生)等,三熟制主要种植蔬菜,种植模式为白菜—萝卜—西红柿等。果园主要种植柑橘、龙眼、葡萄、梨、桃等。

根据金秀县、象州县、武宣县统计年鉴、各乡镇农经报表,现状 2018 年,灌区设计灌溉面积 59.5 万亩,播种面积 92.2 万亩,复种指数 1.55,粮食作物、经济作物播种面积分别为 34.5 万亩、57.1 万亩,粮经种植比为 1:1.62。

灌溉范围内粮食作物以种植早稻、晚稻、早晚玉米、其他(薯类及豆类)为主,分别占粮食总播种面积的 45%、40%、6%、2%;经济作物以种植糖料蔗、蔬菜、水果等为主,分别占经济作物播种面积的 39%、15%、19%,其次为青饲料、药材等,如表 6-2-1 所示。

表 6-2-1 现状水平年农业种植结构情况

序号	一级灌片	耕园地面积/万亩	总播种面积/万亩	粮食作物/万亩						经济作物/万亩				
				早稻	晚稻	早玉米	晚玉米	其他	小计	糖料蔗	蔬菜	水果	其他	小计
1	运江东灌片	12.8	25.2	6.2	5.4	0.4	0.3	0.3	12.5	4.2	3.0	4.3	0.8	12.5
2	罗柳灌片	19.0	31.9	6.8	6.2	0.7	0.6	0.4	14.5	4.0	5.8	4.7	2.8	17.2
3	柳江西灌片	9.2	11.7	1.5	1.2	0.3	0.2	0.8	3.6	3.8	2.4	0.9	0.8	7.8
4	石祥河灌片	18.5	23.4	1.4	1.2	0.7	0.6	0	3.9	10.0	5.6	1.1	2.8	19.5
5	合计	59.5	92.2	15.9	14.0	2.1	1.7	1.5	34.5	22.0	16.8	11.0	7.2	57.1

6.2.1.2 相关规划要求

1.《广西壮族自治区现代农业(种植业)发展"十三五"规划(2016—2020年)》

规划提出,重点打造粮食产业、糖料蔗产业、水果产业、蔬菜产业等10大优势特色产业。

粮食产业:实施藏粮于地、藏粮于技战略,稳定粮食产能,优化粮食结构,确保谷物基本自给、口粮绝对安全。到2020年,粮食总产量稳定在1500万t左右。优化水稻、玉米、马铃薯主产区布局,以50个粮源基地县(市、区)为重点,建设一批不同区域代表的粮食生产功能区,形成以桂东南、桂北、桂中为主的优质稻优势产区,以桂西、桂中为主的玉米优势产区。

糖料蔗产业:全区糖料蔗种植面积稳定在1200万亩以上,总产量保持在7500万t以上,糖料蔗总产和产糖量占全国的60%以上。强化优势产区,适度调控糖料蔗种植规模,促进糖料蔗生产进一步向桂南、桂西南、桂中和右江河谷优势区域集中,重点建设崇左、南宁、来宾、柳州等糖料蔗生产大市和32个糖料蔗生产大县。

水果产业:壮大特色果业。稳定水果面积,优化结构,提升品质,做强品牌,打造精品果业,提高特色果业竞争力。到2020年,全区果园面积1700万亩,水果产量2000万t。

自治区对下六甲灌区涉及的象州、武宣种植业发展定位主要为粮食产业、糖料蔗产业、水果产业等特色产业,见表6-2-2。

表6-2-2　自治区对象州、武宣的种植业发展定位

序号	定位	县名	
		象州	武宣
1	国家产粮大县、自治区粮源基地县	√	
2	国家糖料蔗生产重点县	√	√
3	特色果业生产基地	√	√

2.《广西粮食生产功能区和糖料蔗生产保护区划定工作方案》

实施方案提出,以永久基本农田为基础,以水土资源环境条件较好、农业基础设施比较完善的优势产区为重点,选择优质地块进行"两区"划定,依据实施方案,金秀县水稻生产功能区5万亩,糖料蔗生产保护区3万亩,象州县水稻生产功能区25万亩,糖料蔗生产保护区21万亩,武宣县水稻生产功能区11万亩,玉米生产功能区3万亩,糖料蔗生产保护区27万亩。

按照该方案和灌区范围,经统计,灌区范围内划定"两区"面积约67万亩,占三县"两区"总面积的71%,其中水稻生产功能区31万亩,玉米生产功能区2万亩,糖料蔗生产保护区34万亩,详见表6-2-3。

表 6-2-3　灌区范围涉及三县糖料蔗和粮食生产功能区面积

区域		国土面积/km²	耕园地面积/万亩	合计/万亩	粮食生产功能区/万亩			糖料蔗生产保护区/万亩
					小计	水稻	玉米	
三县	三县合计	6 120	262.8	95	44	41	3	51
	灌区内合计	1 722	145.4	67	33	31	2	34
金秀	全县	2 518	43.4	8	5	5		3
	灌区内	120	8.3	5	3	3		2
象州	全县	1 898	116.8	46	25	25		21
	灌区内	1 132	90.0	39	22	22		17
武宣	全县	1 704	102.6	41	14	11	3	27
	灌区内	470	47.1	23	8	6	2	15

3.《来宾市农业发展"十三五"规划》

(1)粮食产业方面:重点建设以兴宾区、忻城县、象州县、武宣县为主的优质粮食产业带;到 2020 年,全市粮食播种面积稳定在 260 万亩以上,其中全市水稻种植面积稳定在 180 万亩以上、优质稻占水稻总面积的 95%以上,玉米种植面积 45 万亩以上,粮食总产量突破 85 万 t。

(2)甘蔗产业。加快建设"双高"糖料蔗示范基地,打造蔗糖强市。重点以兴宾区、武宣县、象州县、忻城县等 4 个糖料蔗生产重点县(区)为依托,建设以兴宾、象州、武宣为主的规模甘蔗产业带。到 2020 年,全市甘蔗种植面积稳定在 220 万亩、总产量 1 400 万 t 以上,其中"双高"糖料蔗基地 105 万亩、单产达到 8 t/亩、糖分 14.5%以上。

(3)水果产业。重点建设以象州、金秀、武宣、兴宾为主的亚热带优质水果生产基地,重点发展早晚熟柑橘产业带和优质葡萄。到 2020 年,全市水果总面积 100 万亩,水果总产量 80 万 t,水果总产值 40 亿元。

4.《象州县农业发展"十三五"规划》

"十三五"期间,确立粮食基础地位。把优质谷作为重点发展产业,糖料蔗、桑蚕、水果等产业作为农业强县产业优先发展,重点突出特色产业品种结构调整。到"十三五"期末,象州县种植业实现"人均千斤粮、一亩蔗、一亩桑、半亩果"的目标。

粮食产业:确保 25 万亩水田用于发展优质谷生产,占象州县水田总面积 80%以上;年种植粮食面积稳定在 56 万亩以上,总产量 18 万 t 以上,其中优质谷要达到 46 万亩,产量 17 万 t 以上。

糖料蔗产业:马坪、石龙、运江、寺村、水晶等乡镇为糖料蔗主产区。

水果产业:新发展水果面积 10 万亩,全县水果面积达 15 万亩以上。

5.《武宣县农业发展和粮食生产"十三五"规划》

(1)粮食作物:保持粮食播种面积基本稳定,全县粮食播种面积稳定在 40 万亩以上;

到 2020 年,全县水稻种植面积稳定在 30 万亩以上,优质稻占水稻总面积的 80%,重点布局二塘镇、桐岭镇、通挽镇、三里镇等乡镇;玉米种植面积 6 万亩;豆类面积 4 万亩;薯类种植面积 5 万亩,大力发展秋冬马铃薯;冬小麦种植面积 1 万亩。

(2)糖料蔗:建设"双高"糖料蔗示范基地,以糖料蔗生产重点县建设为依托,全力实施自治区下达的"双高"糖料蔗示范基地建设任务。重点布局在金鸡乡、黄茆镇等乡镇和黔江农场。到 2020 年,全县甘蔗种植面积稳定在 35 万亩,"双高"糖料蔗基地 10 万亩以上,总产量达到 210 万 t,单产达到 6 t/亩。

(3)蔬菜产业:布局在武宣镇城郊"菜篮子"生产基地和以二塘镇等乡镇为主的秋冬菜优势产区,并配套建设采后加工处理、预冷仓储运输设施。

6.2.1.3　灌区土壤情况

灌区范围内耕地土壤主要有水稻土、红壤、石灰土和冲积土等 4 类。水稻土占比约为 48%,红壤占比约 47%,其他两类土壤合计占比 5% 左右。

水稻土是灌区内主要耕作土壤,在灌区各乡镇均有分布。水稻土的成土母质主要是砂页岩,其次是冲积物,主要分布在大瑶山山前平原区。水稻耕层厚 8~40 cm,厚度较为适宜,既适合水稻根系生长,又适合耕作。水稻土土壤结构以耕性良好的团粒、微团粒结构为主;土壤质地黏壤所占比例最大,其次为壤土,土质质地适中,储水、供水、保肥、供肥、通气、保温、导温性能较好,对作物的宜种性、发苗性、保苗性都比较好,容易稳产高产。灌区发展优质稻生产具有得天独厚的土壤条件优势,稻田土壤有机质含量水平较高,在较高等级以上(≥30.0 g/kg)达 78%,灌区 90% 以上土壤全氮含量在较高等级以上(≥1.5 g/kg),70% 以上耕地土壤有效磷含量在中等等级以上(≥9.9 mg/kg),70% 以上耕地土壤速效钾含量在中等级以上(≥50 mg/kg),水稻土中微量元素含量丰富,有效硫、有效铜和有效铁平均含量均为极高等级,有效锌、有效锰平均含量均为高等级,有利于优质稻优良米质地形成。

红壤主要分布在灌区低山、丘陵和坡地。成土母质有第四纪红土红壤、砂岩红壤、砂页岩红壤、页岩红壤等。红壤的自然肥力不高,质地多为黏土,土层深厚。土壤有机质含量范围在 7.2~66 g/kg,平均含量为 28 g/kg,有机质含量总体上属中上水平;土壤有效磷含量范围在 1.4~100.1 mg/kg,平均含量为 16.6 mg/kg,有效磷含量总体上属中上水平;土壤速效钾含量范围在 24.8~239 mg/kg,平均含量为 87.2 mg/kg,速效钾含量总体上属中等偏上水平。

综上所述,灌区范围内土壤耕层厚度适中,土壤结构良好,土壤质地、耕层养分状况均适合农业灌溉和作物稳产高产,灌区是广西重要的商品粮、糖料蔗生产基地。

6.2.1.4　种植结构预测

规划水平年作物种植结构调整以现状种植结构为基础,根据《来宾市农业发展"十三五"规划》《象州县农业发展"十三五"规划》《武宣县农业发展和粮食生产"十三五"规划》对农业产业结构调整的要求,以及《广西粮食生产功能区和糖料蔗生产保护区划定工作方案》成果,按照"稳粮、稳蔗、保菜、强水果"的思路,在优先满足粮食生产功能区和糖料蔗生产保护区划定成果的前提下,保证蔬菜自给,重点发展水果等经济作物。规划水平年种植结构调整后灌区的复种指数由现状的 1.55 提高到 1.85。

1. "稳粮"

灌区涉及的象州县和武宣县有"桂中粮仓"和"优质米之乡"的美誉,其中象州县是国家优质粮食生产基地县、广西粮源基地县规划的千亿斤粮食重点县。由于水源限制和经济价值低、经济利益驱动等原因,当地群众把水田改种水果较多,目前水稻种植面积约15.9万亩。

依据《关于防止耕地"非粮化"稳定粮食生产的意见》(国办发〔2020〕44号文),各地区要把粮食生产功能区落实到地块,引导种植目标作物,保障粮食种植面积。根据《广西粮食生产功能区和糖料蔗生产保护区划定工作方案》划定三县水稻生产功能区41万亩、玉米生产功能区3万亩,本灌区灌溉范围内水稻生产功能区18.9万亩,本次规划根据灌区范围内现状种植结构、人粮平衡及粮食生产功能区划定成果,综合确定粮食种植面积。

广西属于粮食产销平衡省份,现状灌区范围内总人口人数44.1万,粮食产粮21.4万t,按2018年广西人均粮食占有量280 kg/人考虑,则现状灌区的粮食产粮可满足76.1万人,扣除灌区范围内人口后,外调粮食可满足32.1万人需求。

规划水平年2035年,灌区范围内预测总人口52.3万,灌区范围内及现状外调粮食满足人口合计83.5万,参考邻近的大藤峡灌区,按人均400 kg的国际粮食安全标准线考虑,则需要粮食产量33.8万t。

根据当地种植及饮食习惯,考虑设计水平年粮食发展的多元化格局,本次设计按水稻需求量占粮食总需求量的80%,玉米占15%,其他占5%考虑;灌区范围内的粮食产量主要考虑灌溉范围内、外两部分,其中灌溉范围外粮食作物产量按照现状播种面积及单产估算,灌溉范围内粮食产量,综合考虑水源条件改善和农业技术措施的提高,按水稻单产600 kg/亩、玉米单产500 kg/亩、其他单产300 kg/亩计算;由此推算,满足人粮平衡,灌溉范围内水稻播种面积至少需达到37.8万亩、玉米播种面积需达到7.8万亩、其他播种面积达到5.3万亩,合计50.9万亩。

依据上述分析结果,灌溉范围内拟定双季稻灌溉面积18.9万亩,玉米灌溉面积3.9万亩,其他灌溉面积2.6万亩。

灌区规划水平年人粮平衡计算成果见表6-2-4~表6-2-7。

表6-2-4　灌区现状年人粮平衡计算

区域	城镇/万人	农村/万人	小计/万人	粮食产量/万t	广西人均2018年粮食占有量/(kg/人)	满足人口/万人	外调粮食可满足人口/万人
桐木镇	1.2	2.6	3.8	1.5	280	5.4	1.6
象州县	11.9	15.9	27.8	15.2	280	54.1	26.3
武宣县	6.4	6.1	12.5	4.7	280	16.6	4.2
合计	19.5	24.6	44.1	21.4		76.1	32.1

表 6-2-5　灌区规划水平年粮食需求量计算

区域	城镇/万人	农村/万人	小计/万人	外调满足 人口/万人	人均粮食占有量/ （kg/人）	粮食需求量/ 万 t
桐木镇	3.5	1.5	4.9	1.6	400	2.6
象州县	20.4	11.0	31.4	26.3	400	23.1
武宣县	11.5	4.4	16.0	4.2	400	8.1
合计	35.4	16.9	52.3	32.1		33.8

表 6-2-6　灌区规划水平年人粮平衡计算

项目	单位	水稻	玉米	薯类	合计
粮食需求量占比	%	80	15	5	100
各粮食需求量	万 t	27.0	5.1	1.7	33.8
其中：设计灌溉范围外					
亩均产量	kg/亩	450	350	200	
播种面积	万亩	9.3	4.2	0.9	14.4
粮食产量	万 t	4.2	1.5	0.2	5.9
其中：设计灌溉范围内	kg/亩				
亩均产量	kg/亩	600	500	300	
最少播种面积	万亩	37.8	7.8	5.3	50.9
灌溉面积	万亩	18.9	3.9	2.6	25.4
本次拟定面积	万亩	18.9	3.9	2.6	25.4

表 6-2-7　灌区现状及规划水平年各灌片水稻种植面积　　　　　单位：万亩

一级灌片	二级灌片	耕园地面积	水稻面积		
			两区划定成果	现状年	规划年
运江东灌片	落脉灌片	2.4	1.6	2.2	1.6
	长村灌片	4.6	1.9	2.2	1.9
	桐木灌片	3.0	1.3	0.9	1.3
	水晶灌片	2.8	1.9	0.9	1.9
	小计	12.8	6.7	6.2	6.7

续表 6-2-7

一级灌片	二级灌片	耕园地面积	水稻面积		
			两区划定成果	现状年	规划年
罗柳灌片	罗秀河上灌片	4.3	2.7	1.5	2.7
	友谊灌片	2.8	2.0	1.0	2.0
	总干直灌灌片	1.3	0.7	0.7	0.7
	北干渠灌片	5.9	1.9	1.7	1.9
	南干渠灌片	4.9	1.8	1.6	1.8
	小计	19.0	8.9	6.4	8.9
柳江西灌片	马坪灌片	4.8	1.1	1.2	1.1
	丰收灌片	4.4	0.7	0.8	0.7
	小计	9.2	1.8	2.0	1.8
石祥河灌片	石祥河灌片	18.5	1.5	1.4	1.5
合计		59.5	18.9	15.9	18.9

2. "稳蔗"

广西是我国最大的糖料生产和食糖生产中心,糖料蔗总产和产糖量占全国的 60% 以上。灌区涉及的象州县、武宣县是"双高"糖料蔗基地建设任务县、国家糖料蔗生产重点县,灌区甘蔗种植条件得天独厚,已形成相对稳定连片规模化生产的糖料蔗带,并成为当地重要的支柱产业,现状灌区为石龙糖厂、武宣糖厂及罗秀糖厂的原料蔗基地。

灌区现状播种面积约 22 万亩。由于现有灌区工程老化失修,设施配套差,工程效益发挥不良,能实现稳定灌溉的甘蔗面积较少,亩均产量仅 4.5 t 左右,《广西粮食生产功能区和糖料蔗生产保护区划定工作方案》划定三县糖料蔗生产保护区 51 万亩,其中灌溉范围内 16.9 万亩,见表 6-2-8。

本阶段,依据糖料蔗生产保护区划定结果,拟定糖料蔗灌溉面积为 16.9 万亩。

表 6-2-8　灌溉范围内糖料蔗生产保护区划定成果　　　　　　　单位:万亩

一级灌片	二级灌片	耕园地面积	糖料蔗生产保护区
运江东灌片	落脉灌片	2.4	0.2
	长村灌片	4.6	0.6
	桐木灌片	3.0	0.6
	水晶灌片	2.8	0.9
	小计	12.8	2.3

续表 6-2-8

一级灌片	二级灌片	耕园地面积	糖料蔗生产保护区
罗柳灌片	罗秀河上灌片	4.3	0.1
	友谊灌片	2.8	0.1
	总干直灌灌片	1.3	0
	北干渠灌片	5.9	1.6
	南干渠灌片	4.9	0.9
	小计	19.0	2.7
柳江西灌片	马坪灌片	4.8	1.9
	丰收灌片	4.4	2.1
	小计	9.2	4.0
石祥河灌片	石祥河灌片	18.5	7.9
合计		59.5	16.9

3."保菜"

灌区非蔬菜优势产区,主要为满足当地需要,现状蔬菜占用耕地面积约 8.4 万亩,播种面积约 16.8 万亩,考虑本次工程实施后,水源条件改善,蔬菜亩均单产会大幅度提高,本次考虑蔬菜种植以三熟制为主,拟定蔬菜播种面积为 7.9 万亩,即春、秋、冬蔬菜各种植约 23.8 万亩,复种指数为 3.0。

4."强水果"

现状灌区内水果以砂糖橘为主,由于砂糖橘经济效益较好,现状播种面积达 11 万亩。据调查,砂糖橘播种后,一般第 4 年开始结果,砂糖橘树收益年限为 8~10 年,且由于广西砂糖橘种植成本逐渐加大,种植面积逐年扩大,砂糖橘出售单价降低,其经济效益也逐年降低,甚至出现亏损现象。预计至规划水平年,随着树龄增大,病虫害增多,经济效益的下降,而种粮有稳定的收益,水果种植面积会下降,预计降至现状的 40%~50%,即 4.5 万亩,但由于可以稳定灌溉,可有效提高其单产和果品质量,从而增强水果产业。

规划水平年的种植结构见表 6-2-9。

6.2.2 灌溉制度设计

6.2.2.1 作物灌溉方式选择

现状灌区内大部分作物为全面灌溉,部分规模种植的糖料蔗、蔬菜、水果等作物采用微喷灌、滴灌等局部灌溉方式。

表 6-2-9 下六甲灌区规划水平年各灌片作物种植结构

单位：万亩

一级灌片	二级灌片	耕园地面积	总播种面积	粮食作物						经济作物						
				早稻	晚稻	春玉米	秋玉米	其他	小计	糖料蔗	春蔬菜	秋蔬菜	冬蔬菜	水果	其他	小计
运江东灌片	落脉灌片	2.4	4.4	1.6	1.6	0.2	0.2	0.2	3.8	0.2	0.0	0.0	0.0	0.4	0.0	0.6
	长村灌片	4.6	8.4	1.9	1.9	0.3	0.3	0.4	4.8	0.6	0.5	0.5	0.5	0.8	0.8	3.7
	桐木灌片	3.0	5.5	1.3	1.3	0.2	0.2	0.2	3.2	0.6	0.3	0.3	0.3	0.4	0.5	2.3
	水晶灌片	2.8	4.7	1.9	1.9	0	0	0	3.8	0.9	0	0	0	0	0	0.9
罗柳灌片	罗秀河上灌片	4.3	8.6	2.6	2.6	0.3	0.3	0.4	6.2	0.1	0.4	0.4	0.4	0.3	0.8	2.4
	友谊灌片	2.8	5.5	2.0	2.0	0.2	0.2	0.3	4.7	0.1	0.1	0.1	0.1	0.2	0.3	0.9
	总干直灌灌片	1.3	2.7	0.7	0.7	0.1	0.1	0.1	1.7	0	0.2	0.2	0.2	0.2	0.3	1.1
	北干渠灌片	5.9	10.3	1.9	1.9	0.4	0.4	0.6	5.2	1.6	0.6	0.6	0.6	0.7	1.1	5.2
	南干渠灌片	4.9	9.4	1.8	1.8	0.3	0.3	0.5	4.7	0.9	0.6	0.6	0.6	0.6	1.2	4.5
柳江西灌片	马咛灌片	4.8	8.5	1.1	1.1	0.3	0.3	0.5	3.3	1.9	0.6	0.6	0.6	0.2	1.2	5.1
	丰收灌片	4.4	7.6	0.7	0.7	0.3	0.3	0.4	2.4	2.1	0.6	0.6	0.6	0.1	1.1	5.1
石祥河灌片	石祥河灌片	18.5	34.8	1.5	1.5	1.2	1.2	1.7	7.1	7.9	4.0	4.0	4.0	0.5	7.2	27.7
合计		59.5	110.4	19.0	19.0	3.8	3.8	5.3	50.9	17.0	7.9	7.9	7.9	4.4	14.5	59.6

现状水田主要种植水稻,农民基本按老习惯淹灌方式进行灌溉,甚至串灌、漫灌;旱作物以糖料蔗、玉米、蔬菜、水果为主,现状主要灌溉方式为畦灌或沟灌。

节水灌溉是现代农业发展的趋势所在,灌区也具有发展高效节水的自身优势,《全国节水型社会建设"十三五"规划》中提出全国高效节水灌溉率目标为31%,缺水地区大型及重点中型灌区应达到国家节水型灌区标准要求。《"十三五"新增1亿亩高效节水灌溉面积实施方案》中提出在丘陵坡地的果园、茶园、设施农业区等高经济附加值作物区,大力推广喷灌、微灌技术;在糖料蔗种植区大力推广喷灌、微灌技术,提升"双高"(高产高糖)基地建设的灌溉保障能力。

本工程结合灌区地形、土壤、作物需水特点和当地农民的财力,因地制宜地采取各种节水灌水方式。在灌区内按照以下原则确定灌溉方式:

(1)水稻与其他作物相比,耗水量最大,灌溉方式全部采用"薄、浅、湿、晒"的科学淹灌技术。

(2)玉米等相对低效的旱作物灌溉方式基本维持现状,采用沟灌、畦灌等常规灌溉方式。

(3)规模化种植的蔬菜采用微喷灌方式,规模化种植甘蔗、水果采用滴灌方式。

依据《广西灌溉发展总体规划》,至2030年全区高效节水总灌溉面积达到1 322万亩,占全区有效灌溉面积的32.8%,其中来宾市高效节水灌溉面积达到101.8万亩,占有效灌溉面积的29.2%。

本次结合灌区范围内近几年高标准农田及高效节水工程建设情况,拟定至规划水平年2035年,高效节水灌溉面积17.2万亩(见表6-2-10),占设计灌溉面积的28.7%,基本达到了《广西灌溉发展总体规划》的要求。

表6-2-10　规划年高效节水灌溉面积　　　　　单位:万亩

一级灌片	二级灌片	耕园地面积	常规灌溉面积	高效节水灌溉面积
运江东灌片	落脉灌片	2.4	2.2	0.3
	长村灌片	4.6	3.5	1.0
	桐木灌片	3.0	2.3	0.7
	水晶灌片	2.8	2.3	0.5
罗柳灌片	罗秀河上灌片	4.3	3.6	0.6
	友谊灌片	2.8	2.5	0.2
	总干直灌灌片	1.3	1.1	0.2
	北干渠灌片	5.9	4.2	1.7
	南干渠灌片	4.9	3.7	1.3
柳江西灌片	马坪灌片	4.8	3.2	1.6
	丰收灌片	4.4	2.8	1.6
石祥河灌片	石祥河灌片	18.5	11.0	7.5
合计		59.5	42.4	17.2

6.2.2.2　作物生育期基本参数

根据灌区范围内各种作物的生长周期和需水要求(见表6-2-11～表6-2-18),经实地调查并参考邻近灌区,确定本次设计各种作物生育期。

表 6-2-11　水稻各生育期基本参数

作物	起止日期		生育阶段	阶段天数	最小/mm	适宜/mm	最大/mm	阶段渗漏强度/(mm/d)	作物系数K_c
早稻	3 月 28 日	4 月 6 日	泡田期	10	15	20	30	1.5	1
	4 月 7 日	4 月 21 日	返青期	15	30	40	60	1.5	0.8
	4 月 22 日	5 月 6 日	分蘖前期	15	5	10	50	1	1.05
	5 月 7 日	5 月 22 日	分蘖后期	16					1.15
	5 月 23 日	6 月 13 日	拔节孕穗期	22	10	20	30	1	1.2
	6 月 14 日	6 月 25 日	抽穗开花期	12	5	15	22.5	1	1.15
	6 月 26 日	7 月 8 日	乳熟期	13	5	10	22.5	1	1.1
	7 月 9 日	7 月 18 日	黄熟期	10					1.05
晚稻	7 月 25 日	8 月 3 日	泡田期	10	15	20	30	1.5	1
	8 月 4 日	8 月 18 日	返青期	15	30	40	60	1.5	0.95
	8 月 19 日	9 月 3 日	分蘖前期	16	5	10	50	1	1.2
	9 月 4 日	9 月 18 日	分蘖后期	15					1.3
	9 月 19 日	10 月 8 日	拔节孕穗期	20	10	20	30	1	1.35
	10 月 9 日	10 月 23 日	抽穗开花期	15	5	15	22.5	1	1.3
	10 月 24 日	11 月 8 日	乳熟期	16	5	10	22.5	1	1.25
	11 月 9 日	11 月 20 日	黄熟期	12					1.2

表 6-2-12　糖料蔗各生育期基本参数(常规灌溉)

作物	起止日期		生育阶段	阶段天数/d	计划湿润层/mm	适宜含水率(占体积比)		作物系数K_c
						上限/%	下限/%	
糖料蔗	3 月 11 日	3 月 30 日	出芽期	20	300	30.0	24.0	0.6
	3 月 31 日	5 月 3 日	幼苗期	34	300	32.0	26.0	0.7
	5 月 4 日	6 月 14 日	分蘖期	42	350	34.0	28.0	0.8
	6 月 15 日	10 月 27 日	伸长期	135	400	34.0	28.0	0.84
	10 月 28 日	12 月 14 日	成熟期	48	400	32.0	26.0	0.78

表 6-2-13　旱晚玉米各生育期基本参数（常规灌溉）

作物	起止日期		生育阶段	阶段天数/d	计划湿润层/mm	适宜含水率（占体积比）		作物系数 K_c
						上限/%	下限/%	
旱玉米	3 月 25 日	4 月 5 日	出苗期	12	200	28.0	26.0	0.35
	4 月 6 日	4 月 23 日	幼苗期	18	250	28.0	26.0	0.45
	4 月 24 日	5 月 18 日	拔节孕穗期	25	300	30.0	28.0	0.5
	5 月 19 日	6 月 7 日	抽穗开花期	20	350	32.0	30.0	0.65
	6 月 8 日	6 月 25 日	灌浆期	18	400	30.0	28.0	0.7
	6 月 26 日	7 月 10 日	蜡熟期	15	400	28.0	26.0	0.6
	7 月 11 日	7 月 27 日	黄熟期	17	400	26.0	20.0	0.55
晚玉米	8 月 1 日	8 月 10 日	出苗期	10	200	28.0	26.0	0.35
	8 月 11 日	8 月 26 日	幼苗期	16	250	28.0	26.0	0.45
	8 月 27 日	9 月 16 日	拔节孕穗期	21	300	30.0	28.0	0.5
	9 月 17 日	10 月 1 日	抽穗开花期	15	350	32.0	30.0	0.65
	10 月 2 日	10 月 18 日	灌浆期	17	400	30.0	28.0	0.7
	10 月 19 日	10 月 28 日	蜡熟期	10	400	28.0	26.0	0.6
	10 月 29 日	11 月 7 日	黄熟期	10	400	26.0	20.0	0.55

表 6-2-14　蔬菜各生育期基本参数（常规灌溉）

作物	起止日期		生育阶段	阶段天数/d	计划湿润层/mm	适宜含水率（占体积比）		作物系数 K_c
						上限/%	下限/%	
白菜	4 月 9 日	4 月 14 日	发芽期	6	200	30.0	26.0	1.05
	4 月 15 日	4 月 22 日	幼苗期	8	250	32.0	28.0	1.2
	4 月 23 日	5 月 12 日	莲座期	20	300	34.0	30.0	1.4
	5 月 13 日	6 月 16 日	结球期	35	300	34.0	30.0	1.4
	6 月 17 日	6 月 26 日	成熟期	10	250	32.0	28.0	1.2
萝卜	7 月 2 日	7 月 7 日	发芽期	6	200	30.0	26.0	0.7
	7 月 8 日	7 月 22 日	幼苗期	15	250	32.0	28.0	0.75
	7 月 23 日	8 月 11 日	肉质根生长前期	20	300	34.0	30.0	0.95
	8 月 12 日	9 月 20 日	肉质根生长盛期	40	300	34.0	30.0	0.95
	9 月 21 日	9 月 30 日	成熟期	10	300	32.0	28.0	0.85

续表 6-2-14

作物	起止日期		生育阶段	阶段天数/d	计划湿润层/mm	适宜含水率（占体积比）		作物系数 K_c
						上限/%	下限/%	
西红柿	10月6日	10月14日	发芽期	9	200	30.0	26.0	0.7
	10月15日	11月23日	幼苗期	40	250	32.0	28.0	0.8
	11月24日	12月16日	开花期	23	300	34.0	30.0	0.95
	12月17日	3月21日	结果期	95	300	34.0	30.0	1.05
	3月22日	4月2日	成熟期	12	300	32.0	28.0	0.95

表 6-2-15　水果各生育期基本参数（常规灌溉）

作物	起止日期		生育阶段	阶段天数/d	计划湿润层/mm	适宜含水率（占体积比）		作物系数 K_c
						上限/%	下限/%	
水果（砂糖橘）	2月1日	2月28日	春梢萌发	28	300	28.0	24.0	0.5
	3月1日	6月20日	夏梢萌发	112	350	30.0	26.0	0.55
	6月21日	8月20日	果实膨大	61	400	30.0	26.0	0.65
	8月21日	9月20日	秋梢成长	31	450	32.0	28.0	0.75
	9月21日	11月20日	果实成熟	61	450	34.0	30.0	0.8
	11月21日	1月31日	花芽分化	72	450	32.0	28.0	0.75

表 6-2-16　糖料蔗各生育期基本参数（微灌）

作物	起止日期		生育阶段	阶段天数/d	计划湿润层/mm	适宜含水率（占体积比）		作物系数 K_c	作物覆盖率 G_c
						上限/%	下限/%		
糖料蔗	3月11日	3月30日	出芽期	20	300	29.7	23.7	0.6	0.25
	3月31日	5月3日	幼苗期	34	300	31.7	25.7	0.7	0.45
	5月4日	6月14日	分蘖期	42	350	33.6	27.7	0.8	0.55
	6月15日	10月27日	伸长期	135	400	33.6	27.7	0.84	0.75
	10月28日	12月14日	成熟期	48	400	31.7	25.7	0.78	0.7

表 6-2-17 蔬菜各生育期基本参数(微喷灌)

作物	起止日期		生育阶段	阶段天数/d	计划湿润层/mm	适宜含水率(占体积比)		作物系数 K_c	作物覆盖率 G_c
						上限/%	下限/%		
白菜	4月9日	4月14日	发芽期	6	200	30.0	26.0	1.05	0.20
	4月15日	4月22日	幼苗期	8	250	32.0	28.0	1.2	0.50
	4月23日	5月12日	莲座期	20	300	34.0	30.0	1.4	0.70
	5月13日	6月16日	结球期	35	300	34.0	30.0	1.4	0.70
	6月17日	6月26日	成熟期	10	250	32.0	28.0	1.2	0.65
萝卜	7月2日	7月7日	发芽期	6	200	30.0	26.0	0.7	0.20
	7月8日	7月22日	幼苗期	15	250	32.0	28.0	0.8	0.50
	7月23日	8月11日	肉质根生长前期	20	300	34.0	30.0	1.0	0.70
	8月12日	9月20日	肉质根生长盛期	40	300	34.0	30.0	1.0	0.70
	9月21日	9月30日	成熟期	10	300	32.0	28.0	0.9	0.65
西红柿	10月6日	10月14日	发芽期	9	200	30.0	26.0	0.7	0.20
	10月15日	11月23日	幼苗期	40	250	32.0	28.0	0.8	0.50
	11月24日	12月16日	开花期	23	300	34.0	30.0	1.0	0.75
	12月17日	3月21日	结果期	95	300	34.0	30.0	1.1	0.75
	3月22日	4月2日	成熟期	12	300	32.0	28.0	1.0	0.70

表 6-2-18 水果各生育期基本参数(滴灌)

作物	起止日期		生育阶段	阶段天数/d	计划湿润层/mm	适宜含水率(占体积比)		作物系数 K_c	作物覆盖率 G_c
						上限/%	下限/%		
水果(砂糖橘)	2月1日	2月28日	春梢萌发	28	300	28.0	24.0	0.5	0.2
	3月1日	6月20日	夏梢萌发	112	350	30.0	26.0	0.55	0.5
	6月21日	8月20日	果实膨大	61	400	30.0	26.0	0.65	0.7
	8月21日	9月20日	秋梢成长	31	450	32.0	28.0	0.75	0.7
	9月21日	11月20日	果实成熟	61	450	34.0	30.0	0.8	0.65
	11月21日	1月31日	花芽分化	72	450	32.0	28.0	0.75	0.6

6.2.2.3 参照作物需水量

参照作物需水量是指水分充足、地面完全覆盖、生长正常、高矮整齐的开阔（200 m 以上的长度及宽度）矮草地（草高 8~15 cm）的需水量，它是各种气候条件影响作物需水量的综合指标。

本次设计以日为计算单位，根据象州、武宣气象站 1965—2018 年逐日气象资料，采用国际粮农组织（FAO）推荐的彭曼-蒙蒂斯（Penman-Monteith）方法分别计算两站历年各时段参照作物需水量，其表达式如下

$$ET_0 = \frac{0.408\Delta(R_n - G) + \gamma\dfrac{900}{T + 273}U_2(e_s - e_a)}{\Delta + \gamma(1 + 0.34U_2)} \tag{6-2-1}$$

式中：ET_0 为参照作物腾发量，mm；R_n 为冠层表面净辐射，$MJ/(m^2 \cdot d)$；G 为土壤热通量，$MJ/(m^2 \cdot d)$；T 为平均气温，℃；e_s 为饱和水气压，kPa；e_a 为实际水气压，kPa；Δ 为饱和水气压-气温关系曲线在 T 处的切线斜率，kPa/℃；γ 为湿度计常熟，kPa/℃；U_2 为 2 m 高处的风速，m/s。

6.2.2.4 作物需水量

作物需水量又称为作物潜在腾发量，是作物在土壤水分和养分适宜、管理良好、生长正常、大面积高产条件下的棵间土面（水面）蒸发量与植株蒸腾量之和。

确定作物需水量的方法有田间试验直接测定和作物系数计算法。在本设计中，采用作物系数法，即

$$ET_c = K_c \cdot ET_0 \tag{6-2-2}$$

式中：ET_c 为作物需水量，mm；K_c 为作物系数；ET_0 为参照作物腾发量，mm。

6.2.2.5 微灌工程作物耗水强度

本次设计主要采用微喷灌、滴灌方式灌溉糖料蔗、蔬菜、水果等经济类作物，只有部分土壤表面被作物覆盖，属局部灌溉，此时部分土壤湿润就可满足作物需水要求，作物耗水量与作物对地面的遮阴率有关，其耗水强度为：

$$E_a = \frac{G_c}{0.85}ET_c \tag{6-2-3}$$

式中：E_a 为作物耗水强度，mm/d；ET_c 为作物需水量，mm；G_c 为作物遮阴率。

6.2.2.6 水稻灌溉制度计算

在分析制定水稻灌溉制度时，参考广西推广的"薄、浅、湿、晒"科学灌溉方法，它能使水稻获得增产和高产，而且还能节约用水，提高水的经济效益。因此，本次规划以"薄、浅、湿、晒"的灌溉制度为依据，采用各生育阶段参数和相应的逐日降雨和蒸发量，逐日进行农田水分供求的平衡计算，计算公式如下

$$h_1 + P + m - ET_c - C = h_2 \tag{6-2-4}$$

式中：h_1 为时段初田面水层深度，mm；h_2 为时段末田面水层深度，mm；P 为时段内降雨量，mm；m 为时段内灌水量，mm；ET_c 为时段内作物需水量；C 为时段内排水量。

田间水量平衡时,根据其水层上、下限,超则排,少则蓄(灌),即当 h_2 下降至允许含水率下限 $h_{\min}$ 时,即为灌水时间,灌水定额 $M = h_{\max} - h_{\min}$;当 h_2 超过 $h_{\max}$ 时,即为排水时间,排水量 $C = h_2 - h_{\max}$。灌水或排水后,以 $h_1 = h_{\max}$ 为新的起点,继续向后验算,直至阶段结束转入落干时。按此拟定出全生育期灌水次数、灌水时间。

6.2.2.7　旱作物传统灌溉制度计算

旱作物生育期灌水时间、灌水次数及灌水定额采用水量平衡法,以作物主要根系吸水层作为灌水时的土壤计划湿润层,并要求土层内的储水量保持在作物所要求的范围内,按下式进行计算:

$$\omega_2 = \omega_1 - \frac{ET_c - P_0 - W_t}{H} \tag{6-2-5}$$

$$M = H(\omega_{\max} - \omega_{\min}) \tag{6-2-6}$$

式中:ω_2 为时段末 H 深度土层内含水率(占土壤体积/%);ω_1 为时段初 H 深度土层内含水率(占土壤体积/%);ET_c 为作物需水量,mm;P_0 为时段内有效雨量,mm,有效雨量是降水量与降水利用系数的积(当日降水量小于 5 mm 时,利用系数取 0;当日降水量为 5~30 mm 时,利用系数取 0.8;当日降水量为 30~50 mm 时,利用系数取 0.6;当日降水量为 50~100 mm 时,利用系数取 0.3;当日降水量大于 100 mm 时,利用系数取 0.15);W_t 为由于计划湿润层增加而增加的水量,mm;H 为土壤计划湿润层深度,mm;$\omega_{\max}$ 为适宜含水率上限(占土壤体积/%);$\omega_{\min}$ 为适宜含水率下限(占土壤体积/%)。

以播种时为起点,按式(6-2-5)逐时段计算时段末土壤含水率 ω_2,当 $\omega_2 < \omega_{\max}$ 时,即为灌水时间。按式(6-2-6)计算灌水定额,灌水后以 $\omega_1 = \omega_{\max}$ 为新的起点,继续逐时段计算,直至收获,从而拟定出全生育期灌水次数、灌水时间和灌水定额。

6.2.2.8　旱作物高效节水灌溉制度计算

1.最大净灌水定额

根据《微灌工程技术规范》(GB/T 50485—2020),最大净灌水定额采用以下公式计算:

$$m_{\max} = 0.001zp(\theta'_{\max} - \theta'_{\min}) \tag{6-2-7}$$

式中:$m_{\max}$ 为最大净灌水定额,mm;z 为计划湿润土层深度,cm;p 为微灌设计土壤湿润比,%;$\theta'_{\max}$、$\theta'_{\min}$ 为适宜土壤含水率上、下限(占体积的百分比)。

最大净灌水定额计算成果见表 6-2-19。

表 6-2-19　最大净灌水定额计算成果

作物	灌水方式	计划湿润层深度 z/cm	湿润比 p/%	适宜土壤含水率上限 $\theta'_{\max}$	适宜土壤含水率下限 $\theta'_{\min}$	最大净灌水定额 $m_{\max}$/mm
糖料蔗	微灌	40	70	21.3	16.25	20.7
蔬菜	微喷灌	20	75	21.3	17.5	8.3
果树	滴灌	70	30	20.0	16.25	11.7

2. 灌水周期

微灌的特点之一是可以实现高频灌溉,其灌水周期可小于由传统最大灌水定额决定的最大灌水周期,具体的灌水周期长短,应根据植物对水分的响应确定。根据《微灌工程技术规范》(GB/T 50485—2020),设计灌水周期由下式计算

$$T \leq T_{\max} = \frac{m_{\max}}{I_{a}} \quad\quad\quad (6\text{-}2\text{-}8)$$

式中:T 为设计灌水周期,d;$T_{\max}$ 为最大灌水周期,d;$m_{\max}$ 为最大净灌水定额,mm;I_{a} 为选用的作物耗水强度,mm/d。

参照邻近灌区,并参考现场调查的灌区内各种作物的现状种植情况,参考《微灌工程技术规范》(GB/T 50485—2020)确定灌水周期内作物的关键时期耗水量作为设计耗水强度,设计灌水周期成果见表 6-2-20。

表 6-2-20　设计灌水定额计算成果

作物	灌水方式	设计耗水强度 I_{a}/(mm/d)	最大净灌水定额 $m_{\max}$/mm	最大灌水周期 $T_{\max}$/d	设计灌水周期 T/d	设计灌水定额 m_{d}	
						mm	m³/亩
糖料蔗	微灌	4	20.7	5.2	5	20.0	13.3
蔬菜	微喷灌	5.5	8.3	1.5	1	5.5	3.7
果树	滴灌	3.5	11.7	3.3	3	10.5	7.0

3. 设计灌水定额

根据《微灌工程技术规范》(GB/T 50485—2020),设计灌水定额按下式计算:

$$m_{d} = T \cdot I_{a} \quad\quad\quad (6\text{-}2\text{-}9)$$

式中:m_{d} 为设计净灌水定额,mm。

4. 灌溉净定额

本次设计根据微灌一次最大灌水定额,参照灌区内同类作物传统灌溉制度,并结合现场调查的作物滴灌示范区的灌水情况确定各种作物 85% 保证年灌水次数,历年逐旬灌水过程根据传统灌溉制度进行分配。

6.2.2.9　灌溉定额计算结果

各作物灌溉制度根据降水量、作物需水、渗漏量等数据,经计算各作物灌溉定额年系列计算成果见表 6-2-21、表 6-2-22。

6.2.2.10　灌溉定额合理性分析

本次采用灌溉定额是根据象州、武宣气象站 1965—2018 年降雨、蒸发等资料进行逐日长系列计算,推求各种作物历年灌溉定额(见表 6-2-23),将历年灌溉定额从小到大排频,求出各灌溉保证率灌溉定额,方法合理。

从设计成果来看,本次计算成果在《农林牧渔业及农村居民生活用水定额》(DB45/T 804—2019)给定的范围内,因此认为本次计算成果是合理的。

表 6-2-21　象州县各作物灌溉制度计算　　　　单位:m³/亩

年份	早稻	晚稻	糖料蔗	春玉米	秋玉米	西红柿	白菜	萝卜	砂糖橘	糖料蔗	西红柿	白菜	萝卜	砂糖橘
	常规	常规	常规	常规	常规	常规	常规	常规	常规	微灌	微喷灌	微喷灌	微喷灌	微灌
多年平均	177.2	261.7	151.4	56.4	106.6	202.3	190.7	134.0	249.2	67.4	120.6	88.8	56.4	38.3
1965	168.2	287.1	223.6	81.1	137.3	225.2	247.8	142.6	359.7	130.1	160.1	120.1	66.7	91.0
1966	157.3	371.3	219.6	60.1	175.2	221.2	270.5	172.6	312.8	120.1	106.7	146.7	80.0	91.0
1967	199.8	224.2	136.0	82.4	95.4	275.8	166.6	84.6	241.3	50.0	173.4	66.7	13.3	14.0
1968	152.8	291.3	162.1	69.3	125.5	194.5	191.9	205.2	287.7	70.0	93.4	106.7	80.0	63.0
1969	221.3	306.6	193.5	68.0	137.3	313.1	241.2	140.6	307.1	100.1	160.1	133.4	66.7	56.0
1970	181.8	278.3	109.8	28.8	119.0	166.6	221.2	150.6	222.5	30.0	120.1	93.4	66.7	28.0
1971	196.0	285.5	181.7	61.4	142.5	254.5	246.5	170.6	356.8	90.0	120.1	133.4	80.0	56.0
1972	221.3	227.9	170.0	116.4	61.4	253.2	161.2	91.9	274.5	80.0	200.1	40.0	13.3	35.0
1973	170.9	235.3	108.5	47.1	102.0	171.9	162.6	140.6	205.9	40.0	120.1	80.0	66.7	14.0
1974	182.5	298.5	151.6	36.6	132.0	194.5	221.2	140.6	272.8	70.0	80.0	106.7	53.4	56.0
1975	177.2	289.6	202.6	65.4	122.9	166.6	189.2	142.6	312.2	90.0	133.4	106.7	66.7	42.0
1976	167.4	262.3	150.3	43.1	116.4	166.6	161.2	170.6	268.8	70.0	106.7	106.7	80.0	42.0
1977	187.3	287.1	153.0	69.3	107.2	254.5	189.2	176.6	281.4	60.0	146.7	93.4	66.7	14.0
1978	169.5	248.0	201.3	62.8	98.0	171.9	225.2	139.2	307.1	100.1	120.1	106.7	40.0	63.0
1979	168.3	232.4	220.9	86.3	103.3	203.9	167.9	176.6	335.7	130.1	146.7	80.0	66.7	77.0
1980	212.4	280.8	167.3	73.2	102.0	161.2	187.9	140.6	211.0	80.0	146.7	93.4	53.4	35.0
1981	148.2	224.3	129.4	47.1	107.2	111.9	222.5	142.6	178.4	80.0	93.4	93.4	66.7	21.0
1982	167.2	233.1	120.3	45.8	88.9	198.5	162.6	84.6	172.7	60.0	120.1	66.7	40.0	21.0
1983	184.5	236.9	125.5	66.7	69.3	199.9	135.9	142.6	212.2	50.0	93.4	40.0	66.7	7.0
1984	155.6	179.5	111.1	49.7	45.8	198.5	139.9	112.6	169.3	40.0	120.1	40.0	40.0	7.0
1985	174.2	238.7	153.0	56.2	116.4	198.5	194.5	142.6	281.4	70.0	146.7	106.7	66.7	28.0
1986	170.0	304.1	196.1	49.7	133.3	166.6	215.9	169.2	330.0	90.0	106.7	106.7	80.0	77.0
1987	218.3	231.0	111.1	57.5	94.1	199.9	162.6	139.2	189.9	40.0	120.1	80.0	80.0	7.0
1988	223.4	248.0	156.9	69.3	98.0	311.8	165.2	110.6	275.1	80.0	186.8	93.4	66.7	42.0
1989	194.9	308.0	252.3	87.6	158.2	279.8	249.2	113.9	347.1	140.1	186.8	120.1	53.4	77.0

续表 6-2-21

年份	早稻	晚稻	糖料蔗	春玉米	秋玉米	西红柿	白菜	萝卜	砂糖橘	糖料蔗	西红柿	白菜	萝卜	砂糖橘
	常规	常规	常规	常规	常规	常规	常规	常规	常规	微灌	微喷灌	微喷灌	微喷灌	微灌
1990	210.3	323.1	232.7	57.5	192.2	254.5	275.8	148.6	343.1	120.1	133.4	146.7	53.4	98.0
1991	249.5	308.6	186.9	74.5	126.8	281.2	189.2	84.6	239.0	80.0	160.1	120.1	26.7	42.0
1992	142.8	315.6	183.0	32.7	149.0	169.2	249.2	140.6	298.5	110.1	66.7	120.1	53.4	77.0
1993	94.8	262.9	129.4	34.0	105.9	114.6	189.2	142.6	252.8	40.0	66.7	80.0	66.7	14.0
1994	145.6	151.4	44.4	44.4	34.0	137.2	113.3	54.6	114.4	0	80.0	26.7	13.3	0
1995	142.6	237.6	138.6	44.4	70.6	194.5	161.2	178.6	242.5	60.0	120.1	66.7	93.4	28.0
1996	169.0	232.9	126.8	74.5	98.0	194.5	194.5	140.6	207.0	30.0	120.1	80.0	80.0	21.0
1997	154.9	193.2	58.8	15.7	51.0	159.9	107.9	85.9	107.5	0	80.0	40.0	26.7	0
1998	143.5	302.9	141.2	35.3	130.7	173.2	221.2	142.6	287.1	70.0	80.0	93.4	80.0	28.0
1999	184.8	245.4	107.2	48.4	85.0	166.6	166.6	178.6	133.2	50.0	93.4	80.0	93.4	21.0
2000	154.5	315.5	132.0	57.5	95.4	199.9	162.6	112.6	224.7	60.0	133.4	80.0	66.7	21.0
2001	131.1	237.6	88.9	23.5	91.5	135.9	166.6	112.6	154.6	30.0	53.4	53.4	53.4	14.0
2002	195.3	199.7	113.7	39.2	65.4	221.2	106.6	58.0	163.6	30.0	120.1	53.4	13.3	21.0
2003	211.1	243.1	168.6	65.4	94.1	286.5	139.9	145.2	280.8	90.0	146.7	66.7	53.4	42.0
2004	202.1	276.1	164.7	64.1	138.6	217.2	221.2	142.6	243.0	60.0	133.4	120.1	66.7	49.0
2005	188.9	312.3	217.0	26.1	164.7	227.9	247.8	142.6	332.3	120.1	133.4	133.4	53.4	98.0
2006	176.7	238.3	102.0	41.8	104.6	162.6	193.2	112.6	200.7	50.0	93.4	93.4	53.4	42.0
2007	199.9	278.1	218.3	103.3	137.3	226.5	221.2	140.6	303.1	110.1	160.1	106.7	53.4	84.0
2008	175.9	261.4	120.3	43.1	92.8	135.9	166.6	206.5	251.6	60.0	66.7	80.0	106.7	28.0
2009	198.6	326.9	184.3	71.9	134.7	221.2	221.2	149.9	339.1	60.0	173.4	120.1	53.4	56.0
2010	132.0	238.6	138.6	53.6	96.7	171.9	222.5	143.9	236.8	60.0	106.7	66.7	53.4	28.0
2011	224.4	263.3	210.5	86.3	94.1	254.5	221.2	146.6	298.5	60.0	146.7	66.7	53.4	28.0
2012	169.9	244.6	104.6	60.1	74.5	227.9	167.9	148.6	193.3	20.0	106.7	80.0	53.4	14.0
2013	204.3	224.2	122.9	45.8	81.1	226.5	141.2	123.9	208.2	50.0	120.1	53.4	40.0	7.0
2014	127.4	266.2	163.4	18.3	130.7	146.6	193.2	112.6	240.8	80.0	80.0	120.1	40.0	49.0
2015	220.7	197.3	98.0	87.6	23.5	250.5	167.9	28.0	197.9	20.0	146.7	26.7	0	0
2016	136.5	296.4	121.6	26.1	103.3	193.2	187.9	112.6	215.6	50.0	106.7	93.4	40.0	21.0
2017	135.8	267.7	98.0	34.0	92.8	109.3	193.2	121.9	182.4	40.0	53.4	80.0	26.7	35.0

表 6-2-22　武宣县各作物灌溉制度计算　　　　　　　单位：m³/亩

年份	早稻	晚稻	糖料蔗	春玉米	秋玉米	西红柿	白菜	萝卜	砂糖橘	糖料蔗	西红柿	白菜	萝卜	砂糖橘
	常规	常规	常规	常规	常规	常规	常规	常规	常规	微灌	微喷灌	微喷灌	微喷灌	微灌
多年平均	173.6	263.7	146.7	49.0	100.8	200.8	186.5	132.7	247.7	61.5	113.3	85.6	57.1	48.6
1965	131.5	287.7	178.4	35.3	134.7	207.9	233.2	167.9	299.7	100.1	133.4	133.4	66.7	84.0
1966	152.4	403.4	207.9	41.8	189.6	153.2	303.8	135.9	334.0	140.1	93.4	160.1	66.7	112.1
1967	238.2	238.9	145.8	95.4	95.4	265.2	162.6	107.9	234.5	80.0	160.1	80.0	40.0	49.0
1968	135.3	263.0	153.0	61.4	86.3	170.6	187.9	195.9	233.3	50.0	93.4	80.0	93.4	56.0
1969	212.3	339.0	202.6	94.1	120.3	294.5	226.5	109.3	303.1	80.0	186.8	120.1	53.4	56.0
1970	173.3	217.6	60.8	15.7	53.6	149.2	131.9	107.9	189.9	0	66.7	40.0	53.4	0
1971	191.6	228.2	125.5	52.3	85.0	205.2	173.2	137.2	231.0	40.0	133.4	80.0	66.7	21.0
1972	200.7	237.7	119.6	74.5	61.4	265.2	133.3	82.6	220.7	60.0	160.1	40.0	26.7	49.0
1973	182.5	228.3	116.4	36.6	81.1	167.9	135.9	109.3	156.7	40.0	93.4	66.7	53.4	14.0
1974	164.3	316.3	88.2	35.3	126.8	173.2	230.5	110.6	265.3	50.0	66.7	93.4	40.0	56.0
1975	188.4	299.4	209.8	65.4	112.4	262.5	197.2	167.9	299.7	0	146.7	93.4	66.7	42.0
1976	139.9	247.0	119.6	24.8	70.6	146.6	133.3	135.9	258.5	40.0	120.1	53.4	66.7	28.0
1977	182.2	267.2	147.1	60.1	86.3	211.9	197.2	169.2	217.3	40.0	106.7	80.0	66.7	35.0
1978	183.5	262.4	213.7	83.7	115.0	249.2	193.2	135.9	306.5	120.1	173.4	106.7	53.4	98.0
1979	152.0	226.9	154.9	36.6	108.5	227.9	175.9	162.6	351.1	90.0	133.4	93.4	80.0	77.0
1980	246.7	309.7	175.2	83.7	119.0	287.8	214.5	137.2	300.8	80.0	173.4	106.7	53.4	56.0
1981	172.4	241.2	145.8	47.1	108.5	143.9	211.9	162.6	180.7	80.0	106.7	93.4	80.0	35.0
1982	182.6	272.9	149.0	45.8	91.5	187.9	163.9	81.3	221.9	80.0	133.4	80.0	26.7	42.0
1983	189.0	247.6	119.6	40.5	73.2	215.9	149.2	141.2	267.6	40.0	120.1	53.4	66.7	21.0
1984	166.5	233.9	154.9	34.0	92.8	203.9	182.6	109.3	225.3	50.0	120.1	93.4	53.4	49.0
1985	211.7	272.0	213.7	68.0	117.7	278.5	205.2	167.9	344.3	120.1	200.1	93.4	80.0	84.0
1986	150.1	288.1	154.9	58.8	111.1	135.9	206.5	194.5	224.2	50.0	66.7	93.4	93.4	63.0
1987	213.2	274.1	149.0	51.0	121.6	218.5	219.9	135.9	220.7	50.0	106.7	106.7	80.0	42.0
1988	240.3	244.5	202.6	120.3	120.3	343.8	189.2	110.6	347.7	90.0	226.8	93.4	53.4	42.0
1989	216.1	282.0	210.5	45.8	145.1	282.5	259.8	142.9	340.8	90.0	173.4	120.1	40.0	70.0
1990	203.4	329.8	213.7	65.4	150.3	285.2	263.8	141.2	374.0	100.1	160.1	120.1	66.7	91.0
1991	198.2	301.9	154.9	43.1	146.4	219.9	242.5	81.3	350.0	90.0	120.1	120.1	40.0	77.0
1992	142.0	315.3	184.3	51.0	136.0	125.3	237.2	137.2	303.1	100.1	53.4	106.7	53.4	84.0
1993	79.7	230.2	64.7	15.7	65.4	117.3	134.6	135.9	152.1	0	40.0	53.4	66.7	7.0
1994	167.0	164.1	123.5	44.4	34.0	162.6	87.9	81.3	152.1	0	80.0	26.7	13.3	21.0
1995	145.1	228.4	119.6	43.1	62.8	185.2	134.6	167.9	260.8	50.0	106.7	80.0	80.0	42.0
1996	154.6	228.4	122.2	37.9	83.7	201.2	171.9	169.2	187.6	30.0	106.7	80.0	80.0	42.0
1997	118.7	183.7	60.8	7.8	52.3	127.9	111.9	114.6	146.4	10.0	53.4	53.4	26.7	14.0

续表 6-2-22

年份	早稻	晚稻	糖料蔗	春玉米	秋玉米	西红柿	白菜	萝卜	砂糖橘	糖料蔗	西红柿	白菜	萝卜	砂糖橘
	常规	常规	常规	常规	常规	常规	常规	常规	常规	微灌	微喷灌	微喷灌	微喷灌	微灌
1998	136.0	307.5	184.3	15.7	128.1	129.3	239.9	167.9	265.3	80.0	66.7	106.7	66.7	77.0
1999	173.9	254.0	119.6	23.5	74.5	129.3	142.6	167.9	187.6	40.0	66.7	66.7	66.7	14.0
2000	182.5	315.8	178.4	35.3	141.2	215.9	237.2	109.3	215.0	100.1	120.1	120.1	66.7	70.0
2001	107.6	233.5	60.8	23.5	66.7	109.3	145.2	109.3	146.4	20.0	53.4	53.4	53.4	7.0
2002	204.7	191.4	90.2	51.0	18.3	239.9	82.6	113.3	188.7	10.0	133.4	13.3	26.7	0
2003	199.4	221.3	125.5	60.1	74.5	281.2	117.3	141.2	236.8	50.0	146.7	53.4	53.4	35.0
2004	206.6	294.1	181.1	73.2	146.4	210.5	250.5	135.9	308.8	70.0	120.1	120.1	80.0	77.0
2005	162.7	323.2	184.3	41.8	155.6	154.6	270.5	107.9	263.1	110.1	80.0	133.4	53.4	98.0
2006	218.7	248.4	160.8	79.7	104.6	229.2	205.2	135.9	305.4	80.0	120.1	106.7	66.7	63.0
2007	157.2	251.0	154.9	24.8	105.9	214.5	171.9	137.2	192.1	70.0	93.4	80.0	53.4	49.0
2008	148.6	259.9	96.1	15.7	94.1	119.9	181.2	195.9	149.8	30.0	40.0	66.7	106.7	21.0
2009	175.2	296.4	153.0	60.1	137.3	218.5	233.2	141.2	307.7	70.0	106.7	106.7	53.4	70.0
2010	123.4	259.5	154.9	15.7	117.7	131.9	214.5	109.3	221.9	60.0	66.7	93.4	40.0	49.0
2011	220.1	309.2	237.9	94.1	150.3	237.2	250.5	142.6	337.4	110.1	133.4	120.1	53.4	91.0
2012	135.4	281.6	119.6	48.4	104.6	166.6	205.2	113.3	298.5	70.0	93.4	93.4	53.4	56.0
2013	170.7	234.4	61.4	57.5	66.7	235.9	138.6	107.9	193.3	20.0	146.7	40.0	40.0	21.0
2014	158.7	258.4	154.9	17.0	100.1	181.2	189.2	109.3	268.8	60.0	106.7	80.0	40.0	35.0
2015	213.0	187.0	88.2	83.7	26.1	242.5	95.9	60.0	154.4	10.0	146.7	26.7	13.3	7.0
2016	146.5	295.2	184.3	35.3	103.3	179.9	175.9	167.9	228.7	50.0	93.4	93.4	66.7	28.0
2017	133.1	245.7	122.2	26.1	69.3	142.6	135.9	114.6	159.0	50.0	53.4	66.7	26.7	49.0

6.2.3　灌溉水利用系数

6.2.3.1　常规灌溉水利用系数

按照《节水灌溉工程技术规范》（GB/T 50363—2018），大型灌区渠系水利用系数不应低于 0.55，旱作物田间水利用系数不宜低于 0.9，水稻区田间水利用系数不宜低于 0.95。

根据 1991—1993 年 WFP 支援广西 3730 项目象州县水利工程罗秀河总干渠和南干

渠实施后,对已经完成的几个浆砌石砂浆抹面防渗渠段的初步测流,每千米渠道水利用系数可达 0.996~0.998。

本次参考渠道现状情况成果,按照渠道长度及水田、旱作面积分灌片确定全灌区常规灌溉水利用系数为 0.56。

表 6-2-23　灌溉净定额对比　　　　　　　单位:m³/亩

种植模式	作物种类	灌溉方式	象州县		武宣县		《用水定额》	
			P=50%	P=85%	P=50%	P=85%	P=50%	P=85%
稻-稻	早稻	薄浅湿晒	185	224	182	224	≤185	≤225
	晚稻	薄浅湿晒	276	324	273	326	≤275	≤340
糖料蔗	糖料蔗	常规	167	225	170	225	≤180	≤225
春玉米- 秋玉米	春玉米	常规	64	83	51	83	≤70	≤85
	秋玉米	常规	115	153	116	157	≤125	≤155
三造蔬菜	西红柿	常规	221	283	228	295	≤235	≤300
	白菜	常规	210	268	210	267	≤210	≤265
	萝卜	常规	156	190	151	187	≤155	≤190
砂糖橘	砂糖橘	常规	270	348	261	343	≤275	≤350
糖料蔗	糖料蔗	微灌	67	111	67	111	≤90	≤110
三造蔬菜	西红柿	微喷灌	133	178	119	178	≤141	≤180
	白菜	微喷灌	104	133	104	133	≤105	≤135
	萝卜	微喷灌	59	89	59	89	≤70	≤90
砂糖橘	砂糖橘	微灌	31	86	54	93	≤65	≤85

6.2.3.2　高效节水灌溉水利用系数

本次结合灌区范围内近几年高标准农田及高效节水工程建设情况,拟定至规划水平年 2035 年,高效节水灌溉面积 17.1 万亩,占设计灌溉面积的 28.7%,基本达到了《广西灌溉发展总体规划》的要求。

结合本灌区规划高效节水种植作物情况,蔬菜等采用微喷灌方式,水果、糖料蔗采用滴灌方式,按照《节水灌溉工程技术规范》(GB/T 50363—2018),高效节水灌溉水利用系数喷灌区不应低于 0.8,微喷灌区不应低于 0.85,滴灌灌区不应低于 0.9。本灌区高效节水灌溉水利用系数 0.85(高位水池以下),考虑干、支渠损失,分灌片按照灌溉面积加权平均,计算至水源断面确定综合灌溉水利用系数为 0.81。

6.2.3.3　灌溉水利用系数

根据工程布局,下六甲灌区输水骨干工程主要包括渠道和管道,本工程实施后,渠道全部进行了防渗节水改造,部分输水骨干工程采用管道,实施了田间工程 39.5 万亩,其中高效节水灌溉面积 17.1 万亩,按照各灌片常规灌溉面积与高效节水灌溉面积加权平均,综合考虑各灌片设计灌溉面积、渠道长度等,确定各灌片灌溉水利用系数为 0.60~0.66。

6.2.3.4　合理性分析

本工程 2035 年各灌片灌溉水利用系数为 0.60~0.66,如表 6-2-24 所示介于临近已批复的《大藤峡水利枢纽灌区工程规划报告》2030 年灌溉水利用系数 0.6~0.7,且与《广西灌溉发展总体规划》中提到的至 2030 年通过进一步加大节水力度、提高用水效率,全区灌溉水利用系数提高至 0.6 以上是协调的,因此灌区灌溉水利用系数取值是合理的。

表 6-2-24　下六甲灌区各灌片灌溉水利用系数成果

一级灌片	二级灌片	田间水利用系数	渠系水利用系数	灌溉水利用系数
运江东灌片	落脉灌片	0.934	0.676	0.631
	长村灌片	0.928	0.675	0.626
	桐木灌片	0.925	0.689	0.637
	水晶灌片	0.927	0.691	0.641
罗柳灌片	罗秀河上灌片	0.938	0.706	0.662
	友谊灌片	0.944	0.699	0.66
	总干直灌灌片	0.935	0.684	0.64
	北干渠灌片	0.925	0.679	0.628
	南干渠灌片	0.921	0.670	0.617
柳江西灌片	马坪灌片	0.919	0.713	0.655
	丰收灌片	0.912	0.701	0.639
石祥河灌片	石祥河灌片	0.913	0.658	0.601

6.2.4　农业灌溉需水量

根据灌区的灌溉面积、作物组成及灌溉定额,进行历年逐日灌溉用水量计算,即可得出灌区历年逐日净用水过程,考虑灌溉水利用系数后即可求得水源断面毛灌溉用水量。经计算,规划水平年 2035 年,下六甲灌区多年平均灌溉毛需水量为 28 595 万 m^3。各灌片历年灌溉毛需水量见表 6-2-25。

表6-2-25 下六甲灌区规划水平年各灌片历年灌溉毛需水量（水源断面）

单位：万m³

水文年	运江东灌片					罗秀河上灌片	罗柳灌片			柳江西灌片		石祥河灌片	合计
	桐木灌片	水晶灌片	落脉灌片	长村灌片	友谊灌片		总干直灌灌片	北干渠灌片	南干渠灌片	马坪灌片	丰收灌片	石祥河灌片	
多年平均	1 583	1 628	1 474	2 392	1 842	1 784	1 705	2 731	2 543	2 054	1 712	7 148	28 595
1965—1966	1 815	1 778	1 614	2 751	1 989	1 997	1 842	3 231	2 950	2 490	2 136	8 462	33 055
1966—1967	1 987	2 014	1 819	3 001	2 258	2 208	2 089	3 483	3 206	2 657	2 249	9 272	36 243
1967—1968	1 530	1 556	1 427	2 322	1 792	1 742	1 658	2 641	2 471	1 986	1 650	7 624	28 399
1968—1969	1 664	1 657	1 526	2 531	1 903	1 879	1 761	2 903	2 698	2 195	1 841	7 235	29 793
1969—1970	1 955	1 978	1 785	2 957	2 240	2 207	2 076	3 406	3 166	2 596	2 185	9 214	35 765
1970—1971	1 588	1 643	1 509	2 412	1 905	1 835	1 764	2 692	2 552	1 988	1 621	4 718	26 227
1971—1972	1 841	1 809	1 666	2 805	2 076	2 075	1 923	3 227	2 995	2 450	2 064	6 828	31 759
1972—1973	1 629	1 685	1 523	2 456	1 887	1 814	1 745	2 818	2 605	2 118	1 772	6 601	28 653
1973—1974	1 428	1 468	1 345	2 167	1 696	1 640	1 570	2 440	2 301	1 819	1 497	5 793	25 164
1974—1975	1 701	1 770	1 612	2 569	2 000	1 912	1 850	2 909	2 711	2 157	1 782	6 637	29 610
1975—1976	1 721	1 776	1 599	2 591	1 969	1 897	1 820	2 994	2 750	2 260	1 903	8 687	31 967
1976—1977	1 563	1 598	1 452	2 366	1 809	1 759	1 674	2 703	2 514	2 031	1 695	5 839	27 003
1977—1978	1 720	1 744	1 590	2 610	2 001	1 962	1 854	2 971	2 783	2 239	1 863	7 403	30 740
1978—1979	1 597	1 616	1 444	2 406	1 781	1 755	1 649	2 809	2 570	2 149	1 830	8 753	30 359
1979—1980	1 624	1 594	1 430	2 454	1 755	1 768	1 626	2 907	2 637	2 256	1 949	7 648	29 648
1980—1981	1 709	1 829	1 629	2 559	2 031	1 910	1 877	2 920	2 712	2 184	1 812	8 954	32 126
1981—1982	1 362	1 395	1 248	2 053	1 576	1 540	1 459	2 372	2 205	1 818	1 531	7 211	25 770

续表 6-2-25

水文年	运江东灌片					罗柳灌片				柳江西灌片		石祥河灌片	合计
	桐木灌片	水晶灌片	落脉灌片	长村灌片	友谊灌片	罗秀河上灌片	总干直灌灌片	北干渠灌片	南干渠灌片	马坪灌片	丰收灌片	石祥河灌片	
1982—1983	1 389	1 468	1 313	2 088	1 652	1 575	1 529	2 372	2 220	1 779	1 472	6 731	25 588
1983—1984	1 450	1 538	1 385	2 182	1 732	1 640	1 603	2 462	2 306	1 826	1 501	6 559	26 184
1984—1985	1 195	1 232	1 097	1 803	1 394	1 369	1 294	2 056	1 933	1 562	1 302	6 906	23 143
1985—1986	1 552	1 544	1 413	2 360	1 768	1 756	1 638	2 713	2 523	2 063	1 735	9 437	30 502
1986—1987	1 760	1 796	1 630	2 659	2 005	1 947	1 855	3 060	2 818	2 299	1 932	7 306	31 067
1987—1988	1 533	1 614	1 464	2 316	1 852	1 764	1 714	2 598	2 456	1 929	1 577	7 727	28 544
1988—1989	1 721	1 748	1 580	2 606	1 987	1 954	1 842	2 981	2 784	2 258	1 888	9 313	32 662
1989—1990	1 969	1 967	1 765	2 970	2 181	2 161	2 018	3 499	3 189	2 704	2 320	9 365	36 108
1990—1991	2 035	2 041	1 853	3 079	2 294	2 257	2 122	3 581	3 289	2 734	2 320	9 673	37 278
1991—1992	1 925	2 062	1 844	2 885	2 297	2 153	2 122	3 281	3 050	2 445	2 022	7 943	34 029
1992—1993	1 700	1 743	1 573	2 563	1 938	1 877	1 793	2 960	2 721	2 234	1 882	7 528	30 512
1993—1994	1 312	1 324	1 217	1 993	1 515	1 482	1 402	2 270	2 115	1 701	1 417	4 497	22 245
1994—1995	952	1 028	947	1 442	1 195	1 112	1 106	1 567	1 506	1 121	884	4 553	17 413
1995—1996	1 410	1 417	1 273	2 137	1 606	1 605	1 492	2 452	2 292	1 870	1 571	6 404	25 529
1996—1997	1 460	1 464	1 348	2 225	1 709	1 684	1 583	2 529	2 380	1 913	1 591	6 748	26 634
1997—1998	1 092	1 209	1 086	1 641	1 380	1 275	1 278	1 788	1 720	1 287	1 017	4 170	18 943
1998—1999	1 610	1 647	1 508	2 440	1 875	1 816	1 735	2 770	2 583	2 065	1 713	7 549	29 311
1999—2000	1 463	1 552	1 384	2 201	1 766	1 688	1 636	2 483	2 350	1 866	1 534	5 908	25 831

续表 6-2-25

水文年	运江东灌片							罗柳灌片		柳江西灌片		石祥河灌片	合计
	桐木灌片	水晶灌片	落脉灌片	长村灌片	友谊灌片	罗秀河上灌片	总干直灌灌片	北干渠灌片	南干渠灌片	马坪灌片	丰收灌片	石祥河灌片	
2000—2001	1 607	1 711	1 544	2 418	1 928	1 818	1 783	2 723	2 551	2 012	1 650	8 222	29 967
2001—2002	1 241	1 321	1 197	1 872	1 508	1 424	1 395	2 090	1 976	1 539	1 251	4 594	21 408
2002—2003	1 312	1 428	1 276	1 965	1 595	1 485	1 476	2 199	2 067	1 613	1 312	5 254	22 982
2003—2004	1 664	1 706	1 535	2 511	1 910	1 861	1 769	2 884	2 673	2 179	1 828	6 914	29 434
2004—2005	1 730	1 767	1 608	2 619	2 021	1 963	1 869	2 993	2 794	2 262	1 887	8 559	32 072
2005—2006	1 886	1 919	1 723	2 844	2 127	2 082	1 969	3 299	3 030	2 508	2 124	7 999	33 510
2006—2007	1 443	1 497	1 374	2 187	1 723	1 651	1 594	2 454	2 311	1 814	1 486	7 980	27 514
2007—2008	1 830	1 839	1 669	2 767	2 063	2 021	1 906	3 229	2 957	2 470	2 101	7 013	31 864
2008—2009	1 531	1 592	1 448	2 315	1 810	1 740	1 677	2 608	2 448	1 933	1 590	6 043	26 734
2009—2010	1 902	1 941	1 786	2 886	2 213	2 140	2 047	3 277	3 050	2 439	2 024	7 954	33 659
2010—2011	1 398	1 386	1 262	2 125	1 589	1 588	1 473	2 446	2 279	1 869	1 575	6 451	25 441
2011—2012	1 785	1 836	1 646	2 690	2 052	1 995	1 900	3 099	2 868	2 349	1 974	9 479	33 673
2012—2013	1 444	1 481	1 354	2 194	1 724	1 680	1 599	2 459	2 337	1 836	1 505	6 714	26 327
2013—2014	1 468	1 559	1 399	2 209	1 756	1 668	1 626	2 489	2 338	1 848	1 517	5 779	25 656
2014—2015	1 448	1 494	1 338	2 179	1 657	1 605	1 533	2 518	2 319	1 907	1 607	6 671	26 276
2015—2016	1 382	1 486	1 349	2 084	1 692	1 584	1 566	2 307	2 186	1 676	1 350	5 275	23 937
2016—2017	1 493	1 573	1 419	2 251	1 780	1 700	1 649	2 535	2 383	1 881	1 545	7 358	27 567
2017—2018	1 356	1 450	1 321	2 045	1 647	1 542	1 522	2 279	2 146	1 663	1 348	5 379	23 698

6.3　城乡综合需水预测

城乡需水主要包括居民生活需水量、牲畜需水量、工业需水量、第三产业需水量、河道外生态环境需水量等 5 部分。灌区内城乡供水由当地县城、乡镇的自来水厂供水,本次可采用定额法分类进行预测。

6.3.1　城乡供水现状

下六甲灌区范围内的城区有象州县城、武宣县城及涉及的乡集镇和农村。各城镇均有供水水厂或供水公司,城市供水管网均已延伸至周边农村地区,初步实现了城镇联网供水,主要用水户包括城市、集镇和部分农村居民生活用水、公共用水以及工业用水。

象州县城的供水水厂主要为象州自来水厂,水源为柳江干流,现状供水能力 3 万 t/d,供水量 915 万 m³。

武宣县城的供水水厂主要为武宣县自来水厂,水源为黔江,待高达水库建成后,采用高达水库为备用水源。现状供水能力 6 万 t/d,供水量 2 032 万 m³。

各乡镇供水设施现状见表 6-3-1。

表 6-3-1　灌区范围内各乡镇供水设施现状

序号	县	乡镇	主水源	供水水厂
1	金秀县	桐木镇	大卜冲	桐木镇自来水厂
2		象州镇	柳江	象州县自来水厂
3		石龙镇	青凌河(现用)	石龙镇自来水厂
4		运江镇	罗秀河	运江镇自来水厂
5		寺村镇	龙殿冲地下水	寺村镇自来水厂
6		中平镇	龙宫河(滴水河)	中平自来水厂
7	象州县	罗秀镇	罗秀河	罗秀水厂
8		大乐镇	大乐镇集镇地下水	大乐镇自来水厂
9		马坪镇	马坪镇龙头地下水	马坪镇电灌水厂
10		妙皇乡	那宜河	妙皇乡水厂
11		百丈乡	百丈河	百丈水厂
12		水晶乡	水晶河	水晶乡自来水厂
13		金鸡乡	柳江	金鸡自来水厂
14		二塘镇	集镇地下水	二塘镇自来水厂
15	武宣县	黄茆镇	黄茆街地下水	黄茆水厂
16		武宣镇	黔江	武宣县自来水厂
17		三里镇	东岭地下水	三里镇自来水厂
18		东乡镇	松响水库	东乡镇水厂

农村人饮通过多年建设,特别是"十二五""十三五"期间的农村饮水安全建设和提质增效工程实施,灌区大部分农村人饮问题已基本解决。目前,城乡供水区域内各集镇及周边农村用水基本采用集中式水厂供水,基本实现了城镇联网供水,少数分布在山区、离集镇较远的农村采用分散供水,主要以地下水、引用山泉水、利用水窖集雨水为水源。受降雨时空分布及丰枯水季节变化影响较大,仍存在供水保证率不高,饮水安全问题易反复等问题。

6.3.2　城乡需水定额指标预测

6.3.2.1　现状年用水水平情况

根据《2018 年广西壮族自治区水资源公报》《2018 年度来宾市水资源公报》、现状用水水平调查,灌区范围内现状年城镇居民生活用水 130~140 L/(人·d),农村居民生活用水 80~90 L/(人·d);大牲畜用水约 75 L/(头·d),小牲畜用水 26 L/(头·d)。

灌区工业主要分布在象州县象州镇、武宣县武宣镇。现状工业类型主要包括造纸、蔗糖、汽配、家具制造、食品加工、新能源电动车等。工业需水定额取决于工业类型、发展水平、生产设备和工艺、重复水利用率等因素,同时受水资源量和供水能力的制约。经调查分析,现状年万元工业增加值用水指标约 67 m³/万元,万元第三产业增加值用水指标为 5~7 m³/万元。

6.3.2.2　设计水平年 2035 年定额指标预测

按照《城市给水工程规划规范》(GB 50282—2016)、《室外给水设计标准》(GB 50013—2018)、《村镇供水工程技术规范》(SL 310—2019)和广西壮族自治区《城镇生活用水定额》(DB45/T 679—2017)等规范要求,参考《广西壮族自治区水资源综合规划》等成果,同时考虑到与不同水平年的节水情景相适应,结合灌区经济社会发展的实际情况,拟定设计水平年 2035 年城乡需水指标。

(1)居民生活用水指标:参考《村镇供水工程技术规范》(SL 310—2019)和广西自治区《城镇生活用水定额》(DB45/T 679—2017),城镇居民人均用水指标采用 150 L/(人·d),农村居民人均用水指标采用 90 L/(人·d)。

(2)牲畜用水指标:大牲畜用水指标为 50 L/(头·d),小牲畜用水指标为 25 L/(头·d)。

(3)万元工业增加值用水指标:为满足节水型社会建设的要求,维持水资源的可持续利用,应降低工业用水定额,抑制工业用水量的过快增长。随着工业用水重复利用率的提高,生产工艺的改进,万元工业增加值用水量大幅下降。根据来宾市 3 个县的城市总体规划,灌区后期重点发展先进的制造业,发展汽车零部件制造、高档精密铸造、新能源电动车等;加大力度发展引进生物制药和医药;打造制糖循环产业等、着重向食品、造纸、制药、生物工程及建材五大方向发展;发展丝绸加工业等。灌区后期工业发展将更加节水,预测设计水平年 2035 年万元工业增加值用水定额比现状年下降 40%以上,减少至 35 m³/万元。

(4)万元第三产业增加值用水指标:

①县城:灌区的第三产业用水主要集中在县城,随着节水型社会的建设,节水器具的推广普及,人们的节水意识增强,万元第三产业增加值用水量大幅下降,预测设计水平年

2035年万元第三产业增加值用水定额比现状年有所下降,减少至 4 m³/万元。

②乡镇:根据《村镇供水工程技术规范》(SL 310—2019),下六甲灌区涉及乡镇的公共用水按居民生活用水的15%计算。

(5)河道外生态环境用水指标:参考广西自治区《城镇生活用水定额》(DB45/T 679—2017),城市绿地定额为 2 L/(m²·d),城市道路浇洒定额为 1.5 L/(m²·d)。

3 个县城乡用水指标见表 6-3-2。

表 6-3-2　设计水平年 2035 年城乡需水定额指标

序号	项目	单位	现状用水	规范规定		本次采用		
				村镇规范	自治区定额	金秀	象州	武宣
1	城镇居民人均生活水量	L/(p·d)	130~140	100~140	150~190	150	150	150
2	农村居民人均生活水量	L/(p·d)	80~90	70~100	70~120	90	90	90
3	大牲畜	L/(头·d)	75	40~120	50~100	50	50	50
4	小牲畜	L/(头·d)	26	5~90	10~30	25	25	25
5	万元工业增加值用水量	m³/万元	67			35	35	35
6	第三产业增加值用水量	m³/万元	5~7			4	4	4
7	城市绿化	m³/m²	2	1~2		2	2	2
8	道路浇洒	m³/m²	1.5	1~2		1.5	1.5	1.5

6.3.3　管网漏损率

根据调查,现状年城乡供水管网的漏损率为12%~25%,住房和城乡建设部制定的《城市供水管网漏损控制及评定标准》规定了城市供水管网基本漏损率不应大于12%。《水污染防治行动计划》和《国家节水行动方案》要求,到2020年全国公共供水管网漏损率控制在10%以内。

随着三个县实施管网节水改造,预计到设计水平年2035年,灌区内城乡供水管网漏损率可降低至8%。根据当地水厂规划建设情况,水厂处理水量损失率按4%计。水厂至水源的漏损率按3%计。

6.3.4　城乡需水量预测

依据经济社会发展指标、城乡需水定额指标、管网漏损率等成果,计算城乡需水量。城市绿化和道路浇洒按半年考虑。

经计算,本工程乡镇供水范围内设计水平年2035年毛需水 1 104 万 m³,净需水 939 万 m³,其中居民生活需水 515 万 m³,牲畜需水 58 万 m³,工业需水 194 万 m³,第三产业需水 54 万 m³,河道外生态需水 117 万 m³。

三个县行政区范围2035年城乡生活净需水成果见表6-3-3,研究范围和乡镇供水范围2035年城乡生活净需水成果见表6-3-4。

表 6-3-3　三县行政范围 2035 年城乡生活净需水成果

单位：万 m³

范围类别	县名称	供水范围		生活			牲畜			工业	第三产业	生态	合计
		城区/集镇/农场	村/社区/个	城镇	农村	小计	大牲畜	小牲畜	小计				
行政范围内	金秀县	10 个集镇	81	613	198	811	2	93	95	332	489	186	1 913
	象州县	11 个集镇	122	1 208	390	1 598	5	167	172	3 298	793	365	6 226
	武宣县	10 个集镇,1 个农场	149	1 706	551	2 257	21	452	473	2 100	1 018	516	6 364
	3 县合计	31 个集镇,1 个农场	352	3 527	1 139	4 666	28	712	740	5 731	2 300	1 067	14 503

表 6-3-4　研究范围和灌区范围 2035 年城乡生活净需水成果

单位：万 m³

序号	县名称	乡镇/农场名称	供水范围		生活			牲畜			工业	第三产业	生态	合计	是否城乡供水范围
			城区/集镇/农场	村/社区/个	城镇	农村	小计	大牲畜	小牲畜	小计					
1	金秀县	桐木镇	桐木镇集镇	15	189.54	48.74	238.28	1.08	47.96	49.04	28.38	28.43	53.25	397.38	是
2		三角乡	三角乡集镇	4	10.88	6.53	17.41	0.05	2.05	2.10	2.28	1.63	4.28	27.70	否
3		金秀镇	金秀县城	3	190.63	6.02	196.65	0.10	4.54	4.64	253.44	261.99	39.46	756.18	否
4		罗香乡	一	1		4.61	4.61	0.08	3.67	3.75	0.78		1.51	10.65	否
5		长桐乡	长桐乡集镇	7	16.62	9.97	26.59	0.04	1.58	1.62	3.47	2.49	6.54	40.71	否
6		六巷乡	六巷乡集镇	5	16.62	9.97	26.59	0.04	1.90	1.94	3.46	2.49	6.54	41.02	否
7		大樟乡	大樟乡集镇	8	33.24	19.95	53.19	0.09	4.07	4.16	6.95	4.99	13.08	82.37	否

续表 6-3-4

序号	县名称	乡镇/农场名称	供水范围		生活			牲畜			工业	第三产业	生态	合计	是否城乡供水范围	
			城区/集镇/农场	村/社区/个	城镇	农村	小计	大牲畜	小牲畜	小计					是	否
8		大乐镇	大乐镇集镇	11	76.80	37.70	114.50	0.41	13.70	14.11	72.78	11.52	27.46	240.37		否
9		罗秀镇	罗秀镇集镇	10	88.04	22.64	110.68	0.29	9.20	9.49	68.91	13.21	24.74	227.03		否
			—	2		12.97	12.97	0.10	3.89	3.99				16.96	是	
10		水晶乡	水晶乡集镇	7	50.06	30.04	80.10	0.29	12.20	12.49	51.38	7.51	19.69	171.17		否
			—	1		7.41	7.41	0.13	1.73	1.86					是	
11	象州县	百丈乡	百丈乡集镇	7	47.51	28.51	76.02	0.36	12.04	12.40	48.62	7.13	18.69	162.86		否
12		中平镇	中平镇集镇	9	90.93	44.64	135.57	0.52	17.47	17.99	88.15	13.64	32.51	287.86		否
13		寺村镇	寺村镇集镇	15	131.46	64.54	196.00	0.53	17.66	18.19	131.65	19.72	47.01	412.57		否
14		运江镇	运江镇集镇	18	116.80	57.34	174.14	0.51	16.95	17.46	109.59	17.52	41.76	360.47		否
15		象州镇	象州县城	13	286.95	9.06	296.01	0.54	18.09	18.63	2 494.76	495.79	59.40	3 364.59		否
16		妙皇乡	妙皇乡集镇	12	63.51	38.11	101.62	0.36	12.15	12.51	65.14	9.53	24.98	213.78		否
17		马坪镇	马坪镇集镇	11	103.73	50.92	154.65	0.51	16.98	17.49	96.50	15.56	37.09	321.29	是	
18		石龙镇	石龙镇集镇	8	122.52	3.87	126.39	0.45	14.90	15.35	70.79	18.38	25.36	256.27		否

续表 6-3-4

序号	县名称	乡镇/农场名称	供水范围 城区/集镇/农场	供水范围 村/社区/个	生活 城镇	生活 农村	生活 小计	牲畜 大牲畜	牲畜 小牲畜	牲畜 小计	工业	第三产业	生态	合计	是否城乡供水范围
19		金鸡乡	金鸡乡集镇	8	65.45	39.27	104.72	0.40	13.37	13.77	31.44	9.82	25.75	185.5	是 否
20		黄茆镇	黄茆镇集镇	8	118.72	30.53	149.25	0.50	16.73	17.23	40.83	17.81	33.35	258.47	是 否
21		二塘镇	二塘镇集镇	17	193.23	49.69	242.92	0.64	21.87	22.51	66.08	28.98	54.29	414.78	是 否
				5		25.28	25.28	0.21	6.38	6.59				31.87	否
22	武宣县	武宣镇	武宣县城区	14	218.41	6.90	225.31	1.12	37.34	38.46	1 599.82	545.20	45.22	2 454.01	否
23		黔江农场	场场部	1	36.97		36.97	0.29	9.72	10.01	9.42	5.55	7.27	69.22	否
24		三里镇	三里乡集镇	15	121.43	72.86	194.29	0.81	29.92	30.73	58.58	18.21	47.76	349.57	否
				2		19.38	19.38	0.21	4.00	4.21				23.59	否
25		东乡镇	东乡镇集镇	22	193.93	95.20	289.13	1.27	42.34	43.61	84.14	29.09	69.34	515.31	否
	研究范围合计	金秀县小计	6个集镇	43	458	106	564	1	66	67	299	302	125	1 357	
		象州县小计	11个集镇	124	1 178	408	1 586	5	167	172	3 298	629	359	6 044	
		武宣县小计	6个集镇、1个农场场部	92	948	339	1 287	5	182	187	1 890	655	283	4 302	
		3县合计	23个集镇、1个农场场部	259	2 584	853	3 437	12	414	426	5 487	1 586	766	11 702	
	乡镇供水范围合计	象州县小计	1个集镇	13	104	64	168	1	21	22	96	16	37	339	
		武宣县小计	2个集镇	25	259	89	348	1	35	36	98	39	80	601	
		合计	3个集镇	38	362	153	515	2	56	58	194	54	117	938	

第 7 章　水资源供需分析

7.1　可供水量预测

7.1.1　计算原则

7.1.1.1　优先满足河道生态基流要求

"生态优先,绿色发展",本着走可持续发展道路,人与自然和谐共处的原则,现有水利工程可供水量复核要首先满足河道下游生态最小需水量。

根据《全国水中长期供求规划技术大纲》《水利水电建设项目水资源论证导则》(SL 525—2011)等相关技术规程规范,本灌区各类水库、河道引水等取水口,必须预留下游河道的生态用水量。

各中型水库及罗柳总干渠引水工程等重点断面下游河道生态水量汛期(4—9 月)按照多年平均流量的 30% 下泄,非汛期(10 月至翌年 3 月)按照 90% 保证率最枯月与多年平均流量的 10% 取外包下泄;其他断面生态水量全年按 90% 保证率最枯月与多年平均流量的 10% 取外包下泄。

7.1.1.2　优先利用当地水

通过充分挖潜当地水利设施供水量,需水量先由当地已有水利设施供给,不足部分再通过新建供水工程等其他措施供给。

7.1.1.3　用水对象的供水次序

当灌区内有多个用水部门时,按照先居民生活用水,再工业用水、农业灌溉用水和其他用水的顺序进行调配使用。

7.1.1.4　各类水源工程的供水顺序

先由无调节性能和调节性能差的供水,再由调节能力较好的供水担负补偿调节任务;先用自流水,再用蓄水和提水;先用近水后用远水;先用当地水,再用外引水;力求做到统筹兼顾、取长补短,充分发挥各类水利工程的优势,从而使水资源得到合理、高效的利用。

7.1.1.5　城乡供水

至规划水平年,随着城镇化进程的加快,对供水水质及供水保证率要求较高,若有集中供水条件,则优先由水厂集中供水。

7.1.1.6　再生水利用量

城镇生活、工农业用水的回归水可作为城镇生态及下游用水户的取水水源之一继续使用,配置计算中城镇生活回归水系数为 0.8,工业生产回归水系数取 0.1,农村生活用水比较分散,用水量小,一般无排水设施,不计算回归水量。

规划水平年灌区内城镇生活需水 490 万 m^3,工业需水 248 万 m^3,城镇生活污水排放率按 80% 考虑,工业用水排放率按 10% 考虑,依据《水污染防治行动计划》(国发〔2015〕

17号)，按照国家新型城镇化规划要求，到 2020 年，全国所有县城和重点镇具备污水收集处理能力，污水处理率达到 85%，根据上述比例计算再生水可利用量为 354 万 m^3。

上述计算得到的再生水首先用于包括植被绿化、道路洒水等用途的城镇生态用水，本灌区乡镇供水范围内城镇生态需水量 138 万 m^3，多余水量下放河道作为河道内生态水源使用。

7.1.2　现状年供水设施及实际供水量

7.1.2.1　灌区现状供水设施

下六甲灌区现状水源工程主要包括 20 座蓄水工程、9 座引水工程、5 座提水工程，原设计灌溉面积 49.5 万亩，现状有效灌溉面积 29 万亩。

灌区内现有中型水库 4 座，分别为下六甲水库、长村水库、石祥河水库、丰收水库，总库容 1.53 亿 m^3，兴利库容 0.82 亿 m^3，原设计灌溉面积 14.95 万亩，现状有效灌溉面积 7.7 万亩；小型水库 16 座，总库容 6 937 万 m^3，兴利库容 5 068 万 m^3，原设计灌溉面积 7.59 万亩，现状有效灌溉面积 5.77 万亩；较大引水工程 9 处，原设计灌溉面积 19.5 万亩，现状有效灌溉面积 12.77 万亩；在用提水工程 5 处，原设计灌溉面积 7.48 万亩，现状有效灌溉面积 2.76 万亩。

7.1.2.2　现状年实际供水量

现状灌区乡镇供水主要以地下水为主，受降雨时空分布及丰枯水季节变化影响较大，存在供水保证率不高，饮水安全问题易反复等问题，现状年城乡及工业供水量 711 万 m^3。

现状灌区内农业灌溉水源主要为 4 座中型水库、16 座小型水库及引、提水工程，农业灌溉总供水量 24 295 万 m^3，其中蓄水工程 10 976 万 m^3，引水工程 11 844 万 m^3，提水工程 1 475 万 m^3。

现状年各工程实际供水量见表 7-1-1。

表 7-1-1　现状年各工程实际供水量表（水源断面）　　　　　单位：万 m^3

一级灌片	二级灌片	工程名称	规模	城乡供水	农业灌溉	小计	说明
运江东灌片	桐木灌片	小型水库			1 022	1 022	
		引水工程			1 485	1 485	
		小计			2 507	2 507	
	水晶灌片	小型水库			111	111	
		引水工程			1 088	1 088	
		小计			1 198	1 198	
	落脉灌片	小型水库			2 625	2 625	
	长村灌片	长村水库	中型		1 977	1 977	
		小型水库			290	290	
		地下水		18		18	
		小计		18	2 268	2 286	
	合计			18	8 598	8 616	

续表 7-1-1

一级灌片	二级灌片	工程名称	规模	城乡供水	农业灌溉	小计	说明
罗柳灌片	友谊灌片	下六甲水库	中型		63	63	以发电为主
		引水工程			1 415	1 415	
		小计			1 478	1 478	
	罗秀河上灌片	小型水库			95	95	
		引水工程			2 189	2 189	
		小计			2 285	2 285	
	总干直灌灌片	下六甲水库	中型		109	109	以发电为主
		小型水库			62	62	
		罗柳总干引水工程			2 832	2 832	
		小计			3 003	3 003	
	北干渠灌片	下六甲水库	中型		271	271	以发电为主
		小型水库			233	233	
		罗柳总干引水工程			1 587	1 587	
		小计			2 091	2 091	
	南干渠灌片	下六甲水库	中型		237	237	以发电为主
		小型水库			95	95	
		罗柳总干引水工程			1 248	1 248	
		小计			1 580	1 580	
	合计				10 436	10 436	
柳江西灌片	马坪灌片	小型水库			256	256	
		提水工程			372	372	
		地下水		249		249	
		小计		249	629	878	
	丰收灌片	丰收水库	中型		180	180	
		提水工程			860	860	
		小计			1 040	1 040	
	合计			249	1 669	1 918	

一级灌片	二级灌片	工程名称	规模	城乡供水	农业灌溉	小计	说明
石祥河灌片	石祥河灌片	石祥河水库	中型		2 915	2 915	
		小型水库			434	434	
		提水工程			242	242	
		地下水		444		444	
		小计		444	3 591	4 035	
全灌区	合计			711	24 295	25 006	

7.1.3　基准年可供水量分析

基准年各工程可供水量首先分析下泄生态水量,剔除城乡供水中保证率较低等不达标水源,灌区内现状水源工程均以灌溉为主,各水源原设计灌溉面积 49.5 万亩,现状有效灌溉面积 29 万亩,尚有约 20.5 万亩没有建设配套渠系或渠系已损毁;由于渠系配套不完善、渠道渗漏,灌溉水利用系数平均仅 0.47 左右。

根据各水源现状供水任务、有效灌溉面积、种植结构及灌溉水利用系数等,测算灌区基准年农业灌溉多年平均供水量 26 922 万 m^3(水源断面,下同),其中蓄水工程总供水量 12 713 万 m^3,引水工程总供水量 12 454 万 m^3,提水工程总供水量 1 755 万 m^3;$P=85\%$ 设计枯水年总可供水量 33 733 万 m^3,其中蓄水工程 16 665 万 m^3,引水工程 14 789 万 m^3,提水工程 2 279 万 m^3。基准年灌区各工程可供水量见表 7-1-2。

表 7-1-2　基准年灌区各工程可供水量汇总表(水源断面)

一级灌片	二级灌片	工程名称	规模	多年平均/万 m^3	设计枯水年($P=85\%$)/万 m^3	说明
运江东灌片	桐木灌片	长塘水库	小(1)	591	841	
		太山水库	小(1)	495	720	
		和平引水工程		640	818	
		凉亭坝引水工程		1 092	1 359	
		小计		2 818	3 738	
	水晶灌片	甫上水库	小(1)	55	59	
		老虎尾水库	小(1)	44	47	
		水晶河引水工程	小(1)	1 507	1 893	
		小计		1 606	1 999	
	落脉灌片	落脉河水库	中型	2 858	3 497	
	长村灌片	长村水库	中型	1 894	2 487	
		歪甲水库	小(1)	127	80	
		云岩水库	小(1)	70	33	
		小计		2 091	2 600	
	小计			9 373	11 834	

续表 7-1-2

一级灌片	二级灌片	工程名称	规模	多年平均/万 m³	设计枯水年 (P=85%)/万 m³	说明
罗柳灌片	友谊灌片	下六甲水库	中型	138	205	以发电为主
		友谊引水工程		274	309	
		江头引水工程		1 053	1 330	
		小计		1 465	1 844	
	罗秀河上灌片	跌马寨水库	小(1)	111	181	
		游龙引水工程		784	971	
		百丈一干渠引水工程		868	1 062	
		百丈二干渠引水工程		574	747	
		小计		2 337	2 961	
	总干直灌灌片	下六甲水库	中型	387	1 137	以发电为主
		兰靛坑水库	小(1)	71	83	
		罗柳总干引水工程		2 742	2 698	自流水
		小计		3 200	3 918	
	北干渠灌片	下六甲水库	中型	331	425	以发电为主
		两旺水库	小(1)	62	120	
		百万水库	小(1)	100	124	
		罗柳总干引水工程		1 694	2 039	自流水
		小计		2 187	2 708	
	南干渠灌片	下六甲水库	中型	216	273	以发电为主
		仕会水库	小(1)	111	133	
		罗柳总干引水工程		1 226	1 563	自流水
		小计		1 553	1 969	
	小计			10 742	13 400	
柳江西灌片	马坪灌片	龙旦水库	小(1)	225	270	
		牡丹水库	小(1)	89	107	
		猛山泵站		436	549	
		小计		750	926	
	丰收灌片	丰收水库	中型	165	214	
		白屯沟泵站		985	1 245	
		小计		1 150	1 459	
	小计			1 900	2 385	
石祥河灌片	石祥河灌片	石祥河水库	中型	3 970	4 857	
		乐业水库	小(1)	175	224	
		福隆水库	小(1)	428	548	
		新龟岩泵站		149	236	
		武农泵站		185	249	
	小计			4 907	6 114	
全灌区	合计			26 922	33 733	

7.1.4　规划水平年可供水量分析

7.1.4.1　规划水源工程

规划水平年,灌区内工程仍主要以蓄水、引水、提水工程为主。灌区内未规划有其他新建蓄水、引水工程。

灌区内既无规划新建水源泵站工程,也无现有泵站的更新改造计划,柳江、红水河沿线一级电灌站受大藤峡水利枢纽库区淹没影响,已完成复建,各电灌站可供水量分析按复建后规模进行复核。

7.1.4.2　本工程实施后可供水量分析

1. 供水方案

灌区建成后,根据工程总体布局和方案比选,将下六甲水库由原设计的以发电为主,兼顾灌溉、旅游等综合利用,调整为以灌溉为主,兼顾发电、旅游等综合利用,并新建连通工程,实现各灌片间水源相互调配,各灌片供水方案分述如下:

桐木灌片:主要通过挖掘现有和平引水工程、凉亭引水工程及补偿调节水库太山水库和充蓄水库长塘水库的供水能力,满足灌片内灌溉需水要求。

水晶灌片:在挖潜现有水晶引水工程供水潜力的基础上,充分发挥现有在线水库甫上水库和充蓄水库老虎尾水库的调节能力,满足灌片内灌溉需水要求。

落脉灌片:以落脉河水库为水源,通过对现有灌溉渠系节水改造,挖掘现有工程供水潜力,满足灌片内需水要求。

长村灌片:针对现状罗秀镇潘村及土办村委会供水保证率不高,供水安全问题易反复的问题,以长村水位为水源,并挖潜现有长村水库及两座小(1)型充蓄水库歪甲水库、云岩水库的基础上,不足水量由下六甲水库调节,经本次新/扩建江头干渠下放至丁贡引水坝前补充。

友谊灌片:通过挖潜灌片内的江头引水工程、友谊引水工程,不足部分通过下六甲水库调节后下泄补充。

罗秀河上灌片:通过挖潜灌片内的百丈一干引水工程、百丈二干引水工程、游龙引水工程及小(1)型跌马寨水库,满足灌片内需水要求。

总干直灌、北干渠、南干渠灌片:挖潜现有罗柳总干引水工程,优先利用引水工程水量,发挥灌片内4座小(1)型水库的反调节作用,不足水量通过下六甲水库调节后下泄补充。

马坪灌片:城乡供水方面针对马坪镇人饮供水保证率不高,供水安全易反复的问题,以龙旦水库为水源;农业灌溉方面由于现有大佃、龙塘二级站因年久失修均已报废,且泵站等机电设备运行寿命较短,后期维护管理难度较大,更新改造费用高,农民负担过重,为减少抽水量,降低抽水费用,本次规划通过新建南柳连接干渠、柳江西分干渠,利用罗柳总干渠、南干渠的空闲期进行输水,首先满足沿线及原废弃二级站控制灌面,不足部分由下六甲水库调节后下泄补充,其次将剩余水量自流补水进入龙旦水库、牡丹水库,发挥水库的反调节能力,满足控灌范围的需水,复建后的猛山电灌站主要担负无法自流灌溉部分及需水高峰的用水。

丰收灌片:为节约抽水电费,本次规划通过新建丰收南干渠,连通白屯沟干渠,通过自流与局部提水方案,满足丰收南干渠及白屯沟干渠部分灌溉需水,白屯沟一级站担负其丰收水库无法自流灌溉部分,及自流灌溉部分需水高峰的用水;为降低丰收水库断面的水资源开发利用率,通过龙旦干管向其补水。

石祥河灌片:城乡供水方面针对金鸡乡、二塘镇人饮供水保证率不高,供水安全易反复的问题,金鸡乡以石祥河水库作为供水水源,二塘镇福隆水库为供水水源,解决两个乡镇的城乡缺水问题;农业灌溉方面本次规划通过新建石祥河引水渠,利用罗柳干渠的空闲期进行输水,首先满足引水渠沿线直供灌面需水,将剩余水量引水充入石祥河水库,以备当前时段和下一时段所需,同时发挥干渠沿线规模较大的乐业水库和福隆水库的补偿调节作用,将多余水量补入石祥河干渠,最终满足整个灌片的灌溉需水。

2. 可供水量

规划水平年,本工程实施后,各水源断面按照水资源开发利用率不超过40%来控制,如表7-1-3所示,经计算,灌区多年平均供水量28 789万 m³,按水源划分,蓄水工程12 075万 m³,引水工程14 292万 m³,提水工程2 284万 m³,再生水138万 m³;按供水对象划分,其中城乡生活及工业944万 m³,农业灌溉27 707万 m³,城镇生态138万 m³;P=85%设计枯水年总可供水量34 135万 m³,按水源划分,其中蓄水工程14 512万 m³,引水工程16 094万 m³,提水工程3 391万 m³,再生水138万 m³;按供水对象划分,其中城乡生活及工业965万 m³,农业灌溉33 032万 m³,城镇生态138万 m³。

7.2　水资源供需分析

7.2.1　基准年水资源供需分析

本次分析现有水源工程主要考虑现有的4座中型水库和16座小(1)型水库、9处主要的引水工程、5处灌溉泵站,全灌区总有效灌溉面积29万亩。

基准年水资源供需首先确定下泄生态水量,剔除城乡供水中保证率较低等不达标水源,进而分析掌握灌区基准年缺水情况,包括缺水地区及分布、缺水程度、缺水性质及影响等,进一步认识现状水资源开发利用存在的主要问题,为设计水平年供需分析提供依据。

采用1965年4月至2018年3月逐旬长系列径流,根据需水过程,依据现状水源工程布局,按照先引水后蓄水最后提水的供水顺序,进行水资源供需分析计算,灌区多年平均需水量31 219万 m³(水源断面,下同),供水量26 922万 m³,多年平均总缺水量4 296万 m³,缺水率14%;设计枯水年(P=85%),需水量37 602万 m³,供水量337 33万 m³,缺水量3 866万 m³,缺水率10%。

从缺水范围来看,各灌片均有不同程度的缺水,其中,桐木灌片及水晶灌片由于上游和平电站将金秀河水跨流域调入水晶河,其缺水程度较低;落脉灌片中的落脉河水库由于和平电站跨流域调水,导致来水减少,灌片内渠系配套不完善,缺水率达20%;长村灌片由于长村水库本区径流较少,水源主要靠引蓄落脉河水为主,由于上游和平电站将水调入水晶河流域及落脉河水库用水,来水不足,导致缺水22%;友谊灌片、罗秀河上灌片、总干

表 7-1-3 规划年本工程实施后各工程可供水量汇总

单位:万 m³

一级灌片	二级灌片	工程名称	规模	多年平均						P=85%设计枯水年						说明
				城镇生活	农村生活	工业	农业灌溉	城镇生态	小计	城镇生活	农村生活	工业	农业灌溉	城镇生态	小计	
运江东灌片	桐木灌片	长塘水库	小(1)				80		80				204		204	
		大山水库	小(1)				137		137				273		273	
		和平引水工程	小(1)				343		343				450		450	
		凉亭坝引水工程					955		955				1 042		1 042	
		小计					1 515		1 515				1 969		1 969	
	水晶灌片	甫上水库	小(1)				50		50				56		56	
		老虎尾水库	小(1)				43		43				45		45	
		水晶河引水工程	小(1)				1 526		1 526				1 877		1 877	
		小计					1 619		1 619				1 978		1 978	
	落脉灌片	落脉河水库	小(1)				1 430		1 430				1 629		1 629	
	长村灌片	长村水库	中型		20		1 792		1 812		20		1 944		1 964	
		下六甲水库	中型				398		398				676		676	以灌溉为主
		歪甲水库	小(1)				94		94				108		108	
		云岩水库	小(1)				66		66				77		77	
		小计			20		2 350		2 370		20		2 805		2 825	
		小计			20		6 914		6 934		20		8 381		8 401	
罗柳灌片	友谊灌片	下六甲水库	中型				372		372				440		440	以灌溉为主
		友谊引水工程					168		168				185		185	
		江头引水工程					1 281		1 281				1 588		1 588	
		小计					1 821		1 821				2 213		2 213	

续表 7-1-3

一级灌片	二级灌片	工程名称	规模	多年平均						P=85%设计枯水年						说明
				城镇生活	农村生活	工业	农业灌溉	城镇生态	小计	城镇生活	农村生活	工业	农业灌溉	城镇生态	小计	
罗柳灌片	罗秀河上灌片	跌马寨水库	小(1)				115		115				175		175	
		游龙引水工程					585		585				761		761	
		百丈一干渠引水工程					522		522				719		719	
		百丈二干渠引水工程					410		410				552		552	
		小计					1 632		1 632				2 207		2 207	
	总干直灌灌片	下六甲水库	中型				171		171				244		244	以灌溉为主
		兰麓坑水库	小(1)				47		47				55		55	自流水
		罗柳总干引水工程					1 461		1 461				1 544		1 544	
		小计					1 679		1 679				1 843		1 843	
	北干渠灌片	下六甲水库	中型				204		204				211		211	以灌溉为主
		两旺水库	小(1)				74		74				69		69	自流水
		百万水库	小(1)				75		75				89		89	
		罗柳总干引水工程					2 104		2 104				2 799		2 799	
		鸡冠泵站					62		62				109		109	
		小计					2 519		2 519				3 277		3 277	
	南干渠灌片	下六甲水库	中型				457		457				846		846	以灌溉为主
		仕会水库	小(1)				43		43				50		50	自流水
		罗柳总干引水工程					1 958		1 958				1 972		1 972	
		小计					2 458		2 458				2 868		2 868	
		小计					10 109		10 109				12 408		12 408	

续表 7-1-3

一级灌片	二级灌片	工程名称	规模	多年平均 城镇生活	农村生活	工业	农业灌溉	城镇生态	小计	P=85%设计枯水年 城镇生活	农村生活	工业	农业灌溉	城镇生态	小计	说明
柳江西灌片	马坪灌片	下六甲水库	中型				195		195				186		186	以灌溉为主
		龙日水库	小(1)	138	79	15			232	140	80	15			235	
		牡丹水库	小(1)				188		188				206		206	
		罗柳总干引水工程				96	1 402		1 498			98	1 671		1 769	自流水
		猛山泵站					167		167				177		177	
		再生水						44	44					44	44	
		小计		138	79	111	1 952	44	2 324	140	80	113	2 240	44	2 617	
	丰收灌片	丰收水库	中型				645		645				866		866	
		罗柳总干引水工程					67		67				1 158		1 158	自流水
		白屯沟泵站					970		970				2 024		2 024	
		小计					1 682		1 682				4 048		4 048	
石祥河水库灌片		石祥河水库	中型	85	60	35	4 086		4 266	89	62	37	4 653		4 841	
		乐业水库	小(1)				333		333				388		388	
		福隆水库	小(1)	257	83	76	132		548	261	85	78	155		579	
		罗柳总干引水工程					1 414		1 414				1 169		1 169	自流水
		新龟岩泵站					124		124				836		836	
		樟村泵站					231		231				231		231	
		武农泵站					730		730				547		547	
		再生水						94	94					94	94	
		小计		342	143	111	7 050	94	7 740	350	147	115	7 979	94	8 685	
全灌区		合计		480	242	222	2 777	138	2 879	490	247	228	33 032	138	34 135	

直灌灌片、北干渠灌片及南干渠灌片水源均以引水工程为主,没有调节作用,枯水月份易出现缺水,无法满足设计灌溉保证率的要求;马坪灌片、丰收灌片内现状水源主要以复建后的猛山泵站及白屯沟泵站提水为主,其部分局部提水的二级泵站已废弃,无法满足灌片内需水要求,从而导致缺水。

从缺水对象来看,由于"薄浅湿晒"的水稻科学灌溉制度没有得到较大范围的推广,农民基本上还是按老习惯用水,甚至串灌漫灌,浪费水量较大,加之灌区范围内现状渠道尚没有完成防渗衬砌,田间工程配套不完善,现状灌溉水利用系数平均为 0.47,导致主要为农业灌溉缺水;其余落脉灌片的大乐镇、长村灌片涉及的罗秀镇潘村及土办村委会、马坪灌片的马坪镇及石祥河灌片的金鸡乡及二塘镇现状水源均为地下水,供水保证率较低,每逢干旱季节仍出现缺水。基准年灌区供需平衡成果见表 7-2-1。

7.2.2　规划水平年水资源供需分析

7.2.2.1　仅对现有渠系节水改造后水资源供需分析

在基准年平衡分析的基础上,需求方面按规划灌溉面积 59.5 万亩及相应规划的作物构成进行分析,严格定额管理,对水稻采用"薄、浅、湿、晒"技术,对玉米等旱作物,推广沟灌、畦灌技术,针对蔬菜、糖料蔗、果树等规模化种植的经济作物,大力发展高效节水灌溉,同时考虑灌区内城乡供水巩固提升的需要,经计算,规划年灌区多年平均总需水量 29 700万 m^3(水源断面,下同),其中城乡需水 966 万 m^3,农业灌溉需水 28 596 万 m^3,城镇生态需水 138 万 m^3。

供水方面,维持现状水源不变,有效灌溉面积仅 29 万亩,水源工程在各自现状控灌范围内并考虑城乡供水需要全力供水,同时各水源断面水资源开发利用率按不超过 40% 控制,经计算,灌区多年平均供水量 14 180 万 m^3,其中城乡生活及工业 847 万 m^3,农业灌溉13 195 万 m^3,城镇生态 138 万 m^3,由于调整种植结构及严格定额管理及对现状渠系进行了节水改造,农业灌溉比现状年总供水量 24 295 万 m^3,减少了 11 110 万 m^3。

经水资源平衡分析,灌区内多年平均缺水量达到 15 520 万 m^3,缺水率 52.1%,缺水较为严重。设计枯水年($P=85\%$),灌区需水量 34 135 万 m^3,供水量 17 182 万 m^3,缺水量16 953 万 m^3,缺水率 49.7%,如表 7-2-2 所示。

说明在维持现有工程不变的情况下,仅通过调整种植结构、严格定额管理和对现状渠系进行节水改造,无法满足灌区内灌溉需水要求。

7.2.2.2　当地现有水源挖潜后水资源供需分析

下六甲灌区在充分利用现有水利灌溉设施的基础上,严格定额管理,对现有土渠或损坏渠道进行续建配套和节水改造,并在新增灌溉面积上,新建部分配套渠/管系,提高灌溉水利用系数,从现状的 0.47 提高到 0.63,灌溉面积按规划灌溉面积 59.5 万亩考虑,测算灌区内现有水源挖潜后可供水量。综合以上措施,规划水平年 2035 年,灌区多年平均总需水量 29 700 万 m^3(水源断面,下同),其中城乡需水 966 万 m^3,农业灌溉需水 28 596 万m^3,城镇生态需水 138 万 m^3。

表 7-2-1 基准年下六甲灌区供需平衡分析（水源断面）

一级灌片	二级灌片	频率	需水量/万 m³					供水量/万 m³					缺水量/万 m³					缺水率/%
			总需水量	城镇生活	农村生活	工业	农业灌溉	总供水量	城镇生活	农村生活	工业	农业灌溉	总缺水量	城镇生活	农村生活	工业	农业灌溉	
	桐木灌片	多年平均	3 140				3 140	2 818				2 818	322				322	10
		P=50%	3 019				3 019	3 019				3 019						0
		P=85%	3 869				3 869	3 738				3 738	131				131	3
	水晶灌片	多年平均	1 622				1 622	1 606				1 606	16				16	1
		P=50%	1 500				1 500	1 500				1 500						0
		P=85%	1 999				1 999	1 999				1 999						0
运江东灌区	洛脉灌片	多年平均	3 561	32	90	81	3 358	2 858				2 858	703	32	90	81	500	20
		P=50%	3 539	32	90	81	3 336	3 336				3 336	203	32	90	81		6
		P=85%	4 238	32	90	81	4 035	3 497				3 497	741	32	90	81	538	17
	长村灌片	多年平均	2 678	19	11	18	2 630	2 091				2 091	587	19	11	18	539	22
		P=50%	2 490	19	11	18	2 442	2 442				2 442	48	19	11	18		2
		P=85%	3 117	19	11	18	3 069	2 600				2 600	517	19	11	18	469	17
	小计	多年平均	11 001	51	101	99	10 750	9 373				9 373	1 628	51	101	99	1 377	15
		P=50%	10 548	51	101	99	10 297	10 297				10 297	251	51	101	99		2
		P=85%	13 223	51	101	99	12 972	11 834				11 834	1 389	51	101	99	1 138	11
罗柳灌区	友谊灌片	多年平均	1 768				1 768	1 465				1 465	303				303	17
		P=50%	1 751				1 751	1 616				1 616	135				135	8
		P=85%	2 056				2 056	1 844				1 844	212				212	10

续表 7-2-1

一级灌片	二级灌片	频率	需水量/万 m³ 总需水量	城镇生活	农村生活	工业	农业灌溉	供水量/万 m³ 总供水量	城镇生活	农村生活	工业	农业灌溉	缺水量/万 m³ 总缺水量	城镇生活	农村生活	工业	农业灌溉	缺水率/%
罗柳灌片	罗秀河上灌片	多年平均	2 653				2 653	2 337				2 337	316				316	12
		P=50%	2 645				2 645	2 518				2 518	127				127	5
		P=85%	3 203				3 203	2 961				2 961	242				242	8
	总干直灌灌片	多年平均	3 480				3 480	3 200				3 200	280				280	8
		P=50%	3 594				3 594	3 594				3 594						0
		P=85%	4 061				4 061	3 918				3 918	143				143	3
	北干渠灌片	多年平均	2 424				2 424	2 187				2 187	237				237	10
		P=50%	2 391				2 391	2 391				2 391						0
		P=85%	2 927				2 927	2 708				2 708	219				219	7
	南干渠灌片	多年平均	1 871				1 871	1 553				1 553	318				318	17
		P=50%	1 846				1 846	1 846				1 846						0
		P=85%	2 260				2 260	1 969				1 969	291				291	13
	小计	多年平均	12 196				12 196	10 742				10 742	1 454				1 454	12
		P=50%	12 227				12 227	11 965				11 965	262				262	2
		P=85%	14 507				14 507	13 400				13 400	1 107				1 107	8
柳江西灌片	马坪灌片	多年平均	1 167	7	141	108	911	750				750	417	7	141	108	161	36
		P=50%	1 169	7	141	108	913	775				775	394	7	141	108	138	34
		P=85%	1 349	7	141	108	1 093	926				926	423	7	141	108	167	31

续表 7-2-1

一级灌片	二级灌片	频率	需水量/万 m³					供水量/万 m³					缺水量/万 m³					缺水率/%
			总需水量	城镇生活	农村生活	工业	农业灌溉	总供水量	城镇生活	农村生活	工业	农业灌溉	总缺水量	城镇生活	农村生活	工业	农业灌溉	
柳江西灌片	丰收灌片	多年平均	1 368				1 368	1 150				1 150	218				218	16
		P=50%	1 440				1 440	1 263				1 263	177				177	12
		P=85%	1 641				1 641	1 459				1 459	182				182	11
	小计	多年平均	2 535	7	141	108	2 279	1 900				1 900	635	7	141	108	379	25
		P=50%	2 609	7	141	108	2 353	2 038				2 038	571	7	141	108	315	22
		P=85%	2 990	7	141	108	2 734	2 385				2 385	605	7	141	108	349	20
石祥河灌片	石祥河灌片	多年平均	5 487	164	214	120	4 989	4 907				4 907	580	164	214	120	82	11
		P=50%	5 583	164	214	120	5 085	5 085				5 085	498	164	214	120		9
		P=85%	6 882	164	214	120	6 384	6 114				6 114	768	164	214	120	270	11
全灌区	合计	多年平均	31 219	222	456	327	30 214	26 922				26 922	4 297	222	456	327	3 292	14
		P=50%	30 967	222	456	327	29 962	29 385				29 385	1 582	222	456	327	577	5
		P=85%	37 602	222	456	327	36 597	33 733				33 733	3 866	222	456	327	2 861	10

表7-2-2 仅对现有渠系节水改造后水资源供需分析

一级灌片	二级灌片	频率	需水量/万 m³ 总需水量	城镇生活	农村生活	工业	农业灌溉	城镇生态	供水量/万 m³ 总供水量	城镇生活	农村生活	工业	农业灌溉	城镇生态	缺水量/万 m³ 总缺水量	城镇生活	农村生活	工业	农业灌溉	城镇生态	缺水率/%
运江东灌片	桐木灌片	多年平均	1 583				1 583		1 158				1 158		425				425		26.9
		P=50%	1 588				1 588		1 211				1 211		377				377		23.7
		P=85%	1 969				1 969		1 492				1 492		477				477		24.2
	水晶灌片	多年平均	1 628				1 628		684				684		944				944		58.0
		P=50%	1 614				1 614		683				683		931				931		57.7
		P=85%	1 978				1 978		837				837		1 141				1 141		57.7
	洛漋灌片	多年平均	1 474				1 474		1 194				1 194		280				280		19.0
		P=50%	1 452				1 452		1 190				1 190		262				262		18.0
		P=85%	1 629				1 629		1 335				1 335		294				294		18.0
	长村灌片	多年平均	2 412		20		2 392		1 046		20		1 026		1 366				1 366		56.6
		P=50%	2 271		20		2 251		994		20		974		1 277				1 277		56.3
		P=85%	2 825		20		2 805		1 127		20		1 107		1 698				1 698		60.1
	小计	多年平均	7 097		20		7 077		4 082		20		4 062		3 015				3 015		42.5
		P=50%	6 925		20		6 905		4 078		20		4 058		2 847				2 847		41.1
		P=85%	8 401		20		8 381		4 791		20		4 771		3 610				3 610		43.0
罗柳灌片	友谊灌片	多年平均	1 842				1 842		1 035				1 035		807				807		43.8
		P=50%	2 031				2 031		1 151				1 151		880				880		43.3
		P=85%	2 213				2 213		1 260				1 260		953				953		43.1

续表 7-2-2

一级灌片	二级灌片	频率	需水量/万 m³						供水量/万 m³						缺水量/万 m³						缺水率/%
			总需水量	城镇生活	农村生活	工业	农业灌溉	城镇生态	总供水量	城镇生活	农村生活	工业	农业灌溉	城镇生态	总缺水量	城镇生活	农村生活	工业	农业灌溉	城镇生态	
罗柳灌片	罗秀河上灌片	多年平均	1 784				1 784		1 359				1 359		425				425		23.8
		P=50%	1 700				1 700		1 395				1 395		305				305		17.9
		P=85%	2 207				2 207		1 846				1 846		361				361		16.4
	总干直灌灌片	多年平均	1 705				1 705		1 458				1 458		247				247		14.5
		P=50%	1 626				1 626		1 418				1 418		208				208		12.8
		P=85%	1 842				1 842		1 607				1 607		235				235		12.8
	北干渠灌片	多年平均	2 731				2 731		970				970		1 761				1 761		64.5
		P=50%	2 692				2 692		1 013				1 013		1 679				1 679		62.4
		P=85%	3 277				3 277		1 104				1 104		2 173				2 173		66.3
	南干渠灌片	多年平均	2 543				2 543		816				816		1 727				1 727		67.9
		P=50%	2 605				2 605		882				882		1 723				1 723		66.1
		P=85%	2 868				2 868		967				967		1 901				1 901		66.3
	小计	多年平均	10 605				10 605		5 638				5 638		4 967				4 967		46.8
		P=50%	10 654				10 654		5 859				5 859		4 795				4 795		45.0
		P=85%	12 407				12 407		6 784				6 784		5 623				5 623		45.3
柳江西灌片	马坪灌片	多年平均	2 432	140	80	114	2 054	44	563	138	79	15	287	44	1 869	2	1	99	1 767		75.8
		P=50%	2 366	140	80	114	1 988	44	855	140	79	110	482	44	1 511		1	4	1 506		63.8
		P=85%	2 617	140	80	114	2 239	44	805	126	57	67	511	44	1 812	14	23	47	1 728		69.2

续表 7-2-2

一级灌片	二级灌片	频率	需水量/万 m³						供水量/万 m³						缺水量/万 m³						缺水率/%
			总需水量	城镇生活	农村生活	工业	农业灌溉	城镇生态	总供水量	城镇生活	农村生活	工业	农业灌溉	城镇生态	总缺水量	城镇生活	农村生活	工业	农业灌溉	城镇生态	
柳江西灌片	丰收灌片	多年平均	1 712				1 712		708				708		1 004				1 004		58.7
		P=50%	1 782				1 782		739				739		1 043				1 043		58.5
		P=85%	2 024				2 024		842				842		1 182				1 182		58.4
	小计	多年平均	4 144	140	80	114	3 766	44	1 271	138	79	15	995	44	2 873	2	1	99	2 771		68.7
		P=50%	4 148	140	80	114	3 770	44	1 594	140	79	110	1 221	44	2 554		1	4	2 549		61.6
		P=85%	4 641	140	80	114	4 263	44	1 647	126	57	67	1 353	44	2 994	14	23	47	2 910		64.5
石祥河灌片	石祥河灌片	多年平均	7 854	350	147	115	7 148	94	3 189	342	142	111	2 500	94	4 665	8	5	4	4 648		59.2
		P=50%	7 917	350	147	115	7 211	94	3 245	350	147	115	2 539	94	4 672				4 672		59.0
		P=85%	8 686	350	147	115	7 980	94	3 960	350	147	115	3 254	94	4 726				4 726		54.4
全灌区	合计	多年平均	29 700	490	247	229	28 596	138	14 180	480	241	126	13 195	138	15 520	10	7	102	15 401	0	52.1
		P=50%	29 644	490	247	229	28 540	138	14 776	490	246	225	13 677	138	14 868		1	4	14 863		50.2
		P=85%	34 135	490	247	229	33 031	138	17 182	476	224	182	16 162	138	16 953	14	23	47	16 869		49.7

供水端,灌区内现有各类水源工程均可继续正常使用,现有灌区续建配套和节水改造等均考虑在 2035 年前完工,各类水源工程在挖潜后的控灌范围内全力供水。

按照前述平衡原则,对各灌片进行水资源供需平衡分析计算,灌区多年平均总需水量为 29 700 万 m³,其中城乡需水 966 万 m³,农业灌溉需水 28 596 万 m³,城镇生态需水 138 万 m³;灌区现有水源工程挖潜后多年平均供水量 24 660 万 m³,其中城乡供水 847 万 m³,农业灌溉供水 23 675 万 m³,城镇生态供水 138 万 m³,多年平均缺水量 5 040 万 m³,缺水率 17%;设计枯水年年份(P=85%),灌区总需水量 34 135 万 m³,其中城乡需水 966 万 m³,农业灌溉需水 33 031 万 m³,城镇生态需水 138 万 m³;灌区总供水量 30 187 万 m³,其中城乡供水 867 万 m³,农业灌溉供水 29 182 万 m³,城镇生态供水 138 万 m³,缺水量 3 948 万 m³,缺水率 11.6%,如表 7-2-3 所示。

从缺水原因来看,长村灌片由于长村水库上游和平电站将水调入水晶河流域,导致来水不足,从而缺水;总干直灌灌片、北干渠灌片、南干渠水源均以引水工程为主,由于下六甲水库现状以发电为主,没有对下游缺水进行调节补充,枯水月份易出现缺水,且南干渠灌片需新增部分面积,进一步导致缺水;马坪灌片主要由于新增部分灌溉面积,导致缺水;石祥河灌片由于新增灌溉面积、上游耗水较多,水库本区来水有限,按照断面开发利用率不超过 40% 控制,同时现状补水电灌站规模有限,导致缺水。

7.2.2.3　本工程实施后水资源供需分析

本工程实施后,将下六甲水库由原设计的以发电为主,兼顾灌溉、旅游等综合利用,调整为以灌溉为主,兼顾发电、旅游等综合利用,各灌片通过连通工程连通后,实现了多源互补格局。

经计算,规划水平年 2035 年,灌区多年平均总需水量为 29 700 万 m³,其中城乡需水 966 万 m³,农业灌溉需水 28 596 万 m³,城镇生态需水 138 万 m³;本工程建成后,多年平均总供水量为 28 786 万 m³,其中城乡供水 943 万 m³,农业灌溉供水 27 705 万 m³,城镇生态供水 138 万 m³,多年平均缺水量为 914 万 m³,缺水率为 3.1%;设计枯水年年份(P=85%),灌区总需水量 34 135 万 m³,其中城乡需水 966 万 m³,农业灌溉需水 33 031 万 m³,城镇生态需水 138 万 m³;灌区总供水量 34 136 万 m³,其中城乡供水 966 万 m³,农业灌溉供水 33 032 万 m³,城镇生态供水 138 万 m³,供需平衡,如表 7-2-4 所示。

表 7-2-3　当地现有水源挖潜后水资源供需分析

一级灌片	二级灌片	频率	需水量/万 m³						供水量/万 m³						缺水量/万 m³						缺水率/%
			总需水量	城镇生活	农村生活	工业	农业灌溉	城镇生态	总供水量	城镇生活	农村生活	工业	农业灌溉	城镇生态	总缺水量	城镇生活	农村生活	工业	农业灌溉	城镇生态	
运江东灌片	桐木灌片	多年平均	1 583				1 583		1 515				1 515		68				68		4.3
		P=50%	1 588				1 588		1 588				1 588								0
		P=85%	1 969				1 969		1 969				1 969								0
	水晶灌片	多年平均	1 628				1 628		1 619				1 619		9				9		0.6
		P=50%	1 614				1 614		1 614				1 614								0
		P=85%	1 978				1 978		1 978				1 978								0
	落脉灌片	多年平均	1 474				1 474		1 430				1 430		44				44		3.0
		P=50%	1 452				1 452		1 452				1 452								0
		P=85%	1 629				1 629		1 629				1 629								0
	长村灌片	多年平均	2 412		20		2 392		1 972		20		1 952		440				440		18.2
		P=50%	2 271		20		2 251		2 271		20		2 251								0
		P=85%	2 825		20		2 805		2 149		20		2 129		676				676		23.9
	小计	多年平均	7 097		20		7 077		6 536		20		6 516		561				561		7.9
		P=50%	6 925		20		6 905		6 925		20		6 905								0
		P=85%	8 401		20		8 381		7 725		20		7 705		676				676		8.0
罗柳灌片	友谊灌片	多年平均	1 842				1 842		1 796				1 796		46				46		2.5
		P=50%	2 031				2 031		2 031				2 031								0
		P=85%	2 213				2 213		2 178				2 178		35				35		1.6

续表 7-2-3

一级灌片	二级灌片	频率	需水量/万 m³ 总需水量	城镇生活	农村生活	工业	农业灌溉	城镇生态	供水量/万 m³ 总供水量	城镇生活	农村生活	工业	农业灌溉	城镇生态	缺水量/万 m³ 总缺水量	城镇生活	农村生活	工业	农业灌溉	城镇生态	缺水率/%
罗柳灌片	罗秀河上灌片	多年平均	1 784				1 784		1 632				1 632		152				152		8.5
		P=50%	1 700				1 700		1 700				1 700								0
		P=85%	2 207				2 207		2 207				2 207								0
	总干直灌灌片	多年平均	1 705				1 705		1 657				1 657		48				48		2.8
		P=50%	1 626				1 626		1 626				1 626								0
		P=85%	1 842				1 842		1 831				1 831		11				11		0.6
	北干渠灌片	多年平均	2 731				2 731		2 459				2 459		272				272		10.0
		P=50%	2 692				2 692		2 692				2 692								0
		P=85%	3 277				3 277		3 277				3 277								0
	南干渠灌片	多年平均	2 543				2 543		2 011				2 011		532				532		20.9
		P=50%	2 605				2 605		2 317				2 317		288				288		11.1
		P=85%	2 868				2 868		2 435				2 435		433				433		15.1
	小计	多年平均	10 605				10 605		9 555				9 555		1 050				1 050		9.9
		P=50%	10 654				10 654		10 366				10 366		288				288		2.7
		P=85%	12 407				12 407		11 928				11 928		479				479		3.9
柳江西灌片	马坪灌片	多年平均	2 432	140	80	114	2 054	44	630	138	79	15	354	44	1 802	2	1	98	1 699		74.1
		P=50%	2 366	140	80	114	1 988	44	504	140	80	15	225	44	1 862			99	1 763		78.7
		P=85%	2 617	140	80	114	2 239	44	661	140	80	15	382	44	1 956			98	1 856		74.7

续表 7-2-3

一级灌片	二级灌片	频率	需水量/万 m³ 总需水量	城镇生活	农村生活	工业	农业灌溉	城镇生态	供水量/万 m³ 总供水量	城镇生活	农村生活	工业	农业灌溉	城镇生态	缺水量/万 m³ 总缺水量	城镇生活	农村生活	工业	农业灌溉	城镇生态	缺水率/%
柳江西灌片	丰收灌片	多年平均	1 712				1 712		1 615				1 615		97				97		5.7
		P=50%	1 782				1 782		1 746				1 746		36				36		2.0
		P=85%	2 024				2 024		2 024				2 024								0
	小计	多年平均	4 144	140	80	114	3 766	44	2 245	138	79	15	1 969	44	1 899	2	1	99	1 797		45.8
		P=50%	4 148	140	80	114	3 770	44	2 250	140	80	15	1 971	44	1 898			99	1 799		45.7
		P=85%	4 641	140	80	114	4 263	44	2 685	140	80	15	2 406	44	1 956			99	1 857		42.1
石祥河灌片	石祥河灌片	多年平均	7 854	350	147	115	7 148	94	6 324	342	142	111	5 635	94	1 530	8	5	4	1 513		19.5
		P=50%	7 917	350	147	115	7 211	94	6 194	350	147	115	5 488	94	1 723				1 723		21.8
		P=85%	8 686	350	147	115	7 980	94	7 849	350	147	115	7 143	94	837				837		9.6
全灌区	合计	多年平均	29 700	490	247	229	28 596	138	24 660	480	241	126	23 675	138	5 040	11	7	102	4 920		17.0
		P=50%	29 644	490	247	229	28 540	138	25 735	490	247	130	24 730	138	3 909			99	3 810		13.2
		P=85%	34 135	490	247	229	33 031	138	30 187	490	247	130	29 182	138	3 948			98	3 849		11.6

表 7-2-4　规划水平年本工程实施后下六甲灌区供需平衡分析

一级灌片	二级灌片	频率	需水量/万 m³						供水量/万 m³						缺水量/万 m³						缺水率/%
			总需水量	城镇生活	农村生活	工业	农业灌溉	城镇生态	总供水量	城镇生活	农村生活	工业	农业灌溉	城镇生态	总缺水量	城镇生活	农村生活	工业	农业灌溉	城镇生态	
运江东灌片	桐木灌片	多年平均	1 583				1 583		1 515				1 515		68				68		4.3
		P=50%	1 588				1 588		1 588				1 588								0
		P=85%	1 969				1 969		1 969				1 969								0
	水晶灌片	多年平均	1 628				1 628		1 619				1 619		9				9		0.6
		P=50%	1 614				1 614		1 614				1 614								0
		P=85%	1 978				1 978		1 978				1 978								0
	洛脉灌片	多年平均	1 474				1 474		1 430				1 430		44				44		3.0
		P=50%	1 452				1 452		1 452				1 452								0
		P=85%	1 629				1 629		1 629				1 629								0
	长村灌片	多年平均	2 412		20		2 392		2 370		20		2 350		42				42		1.7
		P=50%	2 271		20		2 251		2 271		20		2 251								0
		P=85%	2 825		20		2 805		2 825		20		2 805								0
	小计	多年平均	7 097		20		7 077		6 934		20		6 914		163				163		2.3
		P=50%	6 925		20		6 905		6 925		20		6 905								0
		P=85%	8 401		20		8 381		8 401		20		8 381								0
罗柳灌片	友谊灌片	多年平均	1 842				1 842		1 821				1 821		21				21		1.1
		P=50%	2 031				2 031		2 031				2 031								0
		P=85%	2 213				2 213		2 213				2 213								0

续表 7-2-4

一级灌片	二级灌片	频率	需水量/万 m³						供水量/万 m³						缺水量/万 m³						缺水率/%
			总需水量	城镇生活	农村生活	工业	农业灌溉	城镇生态	总供水量	城镇生活	农村生活	工业	农业灌溉	城镇生态	总缺水量	城镇生活	农村生活	工业	农业灌溉	城镇生态	
罗柳灌片	罗秀河上灌片	多年平均	1 784				1 784		1 632				1 632		152				152		8.5
		P=50%	1 700				1 700		1 700				1 700								0
		P=85%	2 207				2 207		2 207				2 207								0
	总干直灌灌片	多年平均	1 705				1 705		1 679				1 679		26				26		1.5
		P=50%	1 626				1 626		1 626				1 626								0
		P=85%	1 842				1 842		1 842				1 842								0
	北干渠灌片	多年平均	2 731				2 731		2 518				2 518		213				213		7.8
		P=50%	2 692				2 692		2 692				2 692								0
		P=85%	3 277				3 277		3 277				3 277								0
	南干渠灌片	多年平均	2 543				2 543		2 458				2 458		85				85		3.3
		P=50%	2 605				2 605		2 605				2 605								0
		P=85%	2 868				2 868		2 868				2 868								0
	小计	多年平均	10 605				10 605	44	10 108				10 108	44	497				497		4.7
		P=50%	10 654				10 654	44	10 654				10 654	44							0
		P=85%	12 407				12 407	44	12 408				12 408	44							0
柳江西灌片	马坪灌片	多年平均	2 432	140	80	114	2 054	44	2 324	138	79	111	1 952	44	108	2	2	2	102		4.4
		P=50%	2 366	140	80	114	1 988	44	2 366	140	80	114	1 988	44							0
		P=85%	2 617	140	80	114	2 239	44	2 617	140	80	114	2 239	44							0

续表 7-2-4

一级灌片	二级灌片	频率	需水量/万 m³						供水量/万 m³						缺水量/万 m³						缺水率/%
			总需水量	城镇生活	农村生活	工业	农业灌溉	城镇生态	总供水量	城镇生活	农村生活	工业	农业灌溉	城镇生态	总缺水量	城镇生活	农村生活	工业	农业灌溉	城镇生态	
柳江西灌片	丰收灌片	多年平均	1 712				1 712		1 682				1 682		30				30		1.8
		P=50%	1 782				1 782		1 782				1 782								0
		P=85%	2 024				2 024		2 024				2 024								0
	小计	多年平均	4 144	140	80	114	3 766	44	4 006	138	79	111	3 634	44	138	2	2	2	132		3.3
		P=50%	4 148	140	80	114	3 770	44	4 148	140	80	114	3 770	44							0
		P=85%	4 641	140	80	114	4 263	44	4 641	140	80	114	4 263	44							0
石祥河灌片	石祥河灌片	多年平均	7 854	350	142	115	7 148	94	7 738	342	142	111	7 049	94	116	8	5	4	99		1.5
		P=50%	7 917	350	147	115	7 211	94	7 917	350	147	115	7 211	94							0
		P=85%	8 686	350	147	115	7 980	94	8 686	350	147	115	7 980	94							0
全灌区	合计	多年平均	29 700	490	247	229	28 596	138	28 786	480	241	222	27 705	138	914	10	7	6	891		3.1
		P=50%	29 644	490	247	229	28 540	138	29 644	490	247	229	28 540	138							0
		P=85%	34 135	490	247	229	33 031	138	34 136	490	247	229	33 032	138							0

第8章　水资源配置及取水总量协调性分析

8.1　水资源配置

8.1.1　水资源配置原则

下六甲灌区内主要供水对象为农业灌溉用水,在考虑灌区内生态环境保护的前提下,加大区域节水力度、优化区域管理制度等措施下,最大程度地利用现有水源工程进行供水。针对区域水资源开发利用存在的缺水问题,首先通过渠系节水改造及续建配套等措施进行节水,其次通过建设水网连通工程等措施,实现供需水量在时间和空间上的合理分布,以满足灌区的用水要求,促进经济社会发展。

下六甲灌区水资源配置原则如下:

(1)坚持"三先三后"的用水原则。

坚持"先节水后调水、先治污后通水、先环保后用水"的"三先三后"原则,加强节约用水,提高用水效率和效益,治理水污染,保护水资源,将节水、治污、生态环境保护与工程建设相协调,作为一个完整系统开展总体规划,进行水资源合理配置。

(2)严格执行"三条红线",坚持水资源高效利用和适当从紧的原则。

按照地区"三条红线"指标成果,坚持水资源高效利用的原则,对用水定额适当从紧,严格实行用水总量与定额管理,提高用水效率和效益,配置水量满足用水总量红线控制指标考核要求。强化水资源的节约与保护,以提高用水效率为核心,把节约用水放在首位。

(3)坚持"多源互补"的原则。

规划水平年应优先考虑现有工程的挖潜配套、优先利用当地水源,通过新建、扩建本地水源工程,增加本地水资源调控能力,增加当地水源可供水量,其次通过增加区域内连通工程,构建"多源保障、丰枯互济、调配自如"的供水体系,增加水资源空间调配能力。

(4)坚持"近水近用、高水高用、低水低用"的配置原则。

采用长藤结瓜式的灌溉系统,充分利用灌区范围内原有水利工程,优先使用自流水、当地水,尽量发挥当地现有中小型水库的反调节作用。

(5)统筹发展,考虑公平的原则。

考虑水资源开发利用、区域经济社会发展与生态环境保护之间的协调,统筹考虑各地区间的公平、协调发展,以水资源的可持续利用支持经济社会的可持续发展。

8.1.2　水资源配置总结

8.1.2.1　水资源配置结论

规划水平年2035年本工程实施后,下六甲灌区多年平均总配置水量28 785万 m³,按水源分,蓄水工程配置水量 12 072 万 m³,引水工程配置水量 14 292 万 m³,提水工程配置水量 2 283 万 m³,再生水配置水量 138 万 m³;按供水对象分,城乡及工业配置水量 943 万 m³,农业灌溉配置水量 27 704 万 m³,城镇生态配置水量 138 万 m³,如表 8-1-1 所示。

设计枯水年($P=85\%$),全灌区配置水量 34 135 万 m³,按水源分,蓄水工程配置水量 14 511 万 m³,引水工程配置水量 16 095 万 m³,提水工程配置水量 3 391 万 m³,再生水配置水量 138 万 m³;按供水对象分,城乡及工业配置水量 966 万 m³,农业灌溉配置水量 33 031 万 m³,城镇生态配置水量 138 万 m³,如表 8-1-1 所示。

表 8-1-1　规划年下六甲灌区水资源配置成果　　　　单位:万 m³

水源	多年平均						设计枯水年(P=85%)					
	城镇生活	农村生活	工业	农业灌溉	城镇生态	小计	城镇生活	农村生活	工业	农业灌溉	城镇生态	小计
蓄水工程	480	241	126	11 225	0	12 072	490	248	130	13 643	0	14 511
引水工程	0	0	96	14 196	0	14 292	0	0	98	15 997	0	16 095
提水工程	0	0	0	2 283	0	2 283	0	0	0	3 391	0	3 391
再生水					138	138					138	138
小计	480	241	222	27 704	138	28 785	490	248	228	33 031	138	34 135

8.1.2.2　本工程新增供水量与节水量分析

1. 规划年新增供水量分析

下六甲灌区恢复和新增灌溉面积 30.5 万亩,此外,利用灌区工程水源保证的优势,解决灌区村镇水源不达标、供水标准偏低的问题,实现灌区内乡镇供水进一步巩固提升。

经计算,工程实施前后可新增供水量 14 604 万 m³,其中新建江头干渠给运江东灌片新增供水 398 万 m³,新建石祥河引水渠给石祥河灌片新增供水 1 414 万 m³,新建罗柳连接干渠、柳江西干渠给柳江西灌片新增供水量 1 760 万 m³,各灌片内现有渠系进行延伸续建配套、现有工程挖潜新增供水量 11 032 万 m³,如表 8-1-2 所示。

表 8-1-2　规划年份水源配置成果(多年平均)　　　　单位:万 m³

灌片	灌片内当地水源供水量						跨灌片调水量			总配置水量
	中型水库	小型水库	引水工程	提水工程	再生水	小计	下六甲水库	罗柳总干引水工程	小计	
运江东灌片	1 812	1 900	2 824			6 536	398		398	6 934
罗柳灌片		354	8 489	62		8 905	1 203		1 203	10 108
柳江西灌片	645	420		1 136	44	2 245	195	1 565	1 760	4 006
石祥河灌片	4 265	880		1 085	94	6 324		1 414	1 414	7 738
合计	6 722	3 554	11 313	2 283	138	24 010	1 796	2 979	4 775	28 785

2. 节水量分析

本工程对现状有效灌溉面积 29 万亩的现有灌溉渠系进行节水改造,大幅提高灌溉水利用系数,从现状的 0.47 提高到 0.63,节约水量可用来恢复和发展灌溉面积,促进当地水土资源利用更加充分、配置更趋合理,经计算,规划水平年 2035 年,现状有效灌溉面积 29 万亩和乡镇总供水 14 181 万 m³,与现状年供水量 25 006 万 m³ 相比,节水量 10 825 万 m³。

综上,灌区至规划水平年 2035 年总供水量 28 785 万 m³(见表 8-1-2),与现状年供水量 25 006 万 m³ 相比,净新增供水量 3 779 万 m³,从新增供水量和节水量的效益来看,本工程实施后,多年平均可新增供水量 14 604 万 m³,节水量 10 825 万 m³。

8.2　区域取水总量协调性分析

8.2.1　用水总量控制指标

下六甲灌区涉及来宾市金秀县、象州县和武宣县,依据来宾市人民政府关于印发来宾市实行最严格水资源管理制度考核办法的通知(来政办发〔2014〕11 号文),到 2030 年,来宾市年总用水量控制在 20.85 亿 m³ 内,分解至金秀县、象州县、武宣县分别为 1.16 亿 m³、4.38 亿 m³、3.5 亿 m³。

2015 年,来宾市人民政府办公室以“来政办函〔2015〕1 号文”印发了《关于调整各县(市、区)2030 年用水总量控制指标的通知》,对来宾市范围内的各县用水总量控制指标进行了调整,根据该文件,到 2030 年,来宾市年总用水量控制在 20.85 亿 m³ 内,分解至金秀县、象州县、武宣县分别为 0.86 亿 m³、3.17 亿 m³、2.4 亿 m³。

本次规划根据灌区涉及的金秀县、象州县、武宣县区域经济社会发展预测情况,结合灌区工程设计成果,对区域 2035 年的需水量进行预测,以来宾市最新通知为依据,分析区域用水总量控制的协调性。

8.2.2　各县需水预测

8.2.2.1　城乡综合需水

根据 5.1.2 节成果,下六甲灌区涉及的金秀县、象州县、武宣县 2035 年城乡综合多年平均净需水总量为 1.45 亿 m³,其中城镇生活 0.58 亿 m³、农村生活 0.19 亿 m³、工业 0.57 亿 m³、生态 0.11 亿 m³。

随着三个县实施管网节水改造,预计到设计水平年 2035 年,灌区内城乡供水管网漏损率可降低至 8%。根据当地水厂规划建设情况,水厂处理水量损失率按 4% 计,水厂至水源的漏损率按 3% 计。

经分析预测,下六甲灌区涉及的金秀县、象州县、武宣县 2035 年多年平均毛需水量约为 1.71 亿 m³,其中城镇生活 0.41 亿 m³、农村生活 0.13 亿 m³、工业 0.67 亿 m³、生态 0.13 亿 m³。预测成果见表 8-2-1。

表 8-2-1　下六甲灌区所在县城乡综合需水量预测成果

县域	生活			牲畜			工业/ 万 m³	三产/ 万 m³	城镇 生态/ 万 m³	合计/ 万 m³
	城镇/ 万 m³	农村/ 万 m³	小计/ 万 m³	大牲畜/ 万 m³	小牲畜/ 万 m³	小计/ 万 m³				
金秀县	721	233	954	2	109	111	391	575	218	2 249
象州县	1 421	459	1 880	6	196	202	3 880	933	430	7 325
武宣县	2 007	648	2 655	25	532	557	2 471	1 197	607	7 487
合计	4 149	1 340	5 489	33	837	870	6 742	2 705	1 255	17 061

8.2.2.2　农业需水预测

根据来宾市水资源公报,金秀县、象州县、武宣县 2018 年农田及林果地实际灌溉面积为 58.5 万亩,三个县分别为 9.7 万亩、24.7 万亩、24.1 万亩,用水定额为 800～1 100 m³/亩,农业用水量分别为 1.01 亿 m³、2.85 亿 m³、2.65 亿 m³。

本次规划考虑优先发展水源条件较好的耕园地,灌区范围内采用本次设计灌溉面积,灌区范围外以现状为基础并参考当地水利和农业发展规划进行预测。预测至 2035 年,三个县设计灌溉面积可达到 94.5 万亩,金秀县灌溉面积约 12 万亩,其中下六甲灌区范围内 3 万亩,灌区范围外 9 万亩;象州县灌溉面积 44 万亩,其中下六甲灌区范围内 38 万亩,灌区范围外 6 万亩;武宣县灌溉面积 38.5 万亩,其中下六甲灌区范围内 18.5 万亩,灌区范围外 20 万亩。

根据来宾市最严格水资源管理控制指标的要求,至 2035 年,加大种植结构调整力度,严格定额管理,对水稻采用"薄、浅、湿、晒"技术,对玉米等旱作物,推广沟灌、畦灌技术,针对蔬菜、糖料蔗、果树等规模化种植的经济作物,大力发展高效节水灌溉;同时,对现有土渠或损坏渠道进行清淤衬砌,部分采用管道输水及滴灌微灌等节水灌溉方式,大幅提高灌溉水利用系数,三个县的灌溉水利用系数从现状的 0.45～0.52 提高到 0.60～0.65,结合 5.1.1 中灌溉需水预测成果,预估 2035 年三县灌溉毛定额分别为 522 m³/亩、523 m³/亩、386 m³/亩。

依据上述三县预测的灌溉面积及定额,估算 2035 年三县农业需水量分别为 0.63 亿 m³、2.3 亿 m³、1.49 亿 m³。预测成果见表 8-2-2。

表 8-2-2　下六甲灌区所在县农业灌溉需水量预测成果

县域	灌溉面积			毛灌溉定额/ (m³/亩)	农业毛需水量/万 m³
	灌区范围内/ 万亩	灌区范围外/ 万亩	合计/ 万亩		
金秀县	3.0	9.0	12.0	522	6 285
象州县	38.0	6.0	44.0	523	23 000
武宣县	18.5	20.0	38.5	386	14 876
合计	59.5	35.0	94.5		44 161

8.2.3　协调性分析

根据本次预测,2035 年金秀县、象州县、武宣县全域用水量分别为 0.83 亿 m³、2.99 亿 m³、2.18 亿 m³,合计 6.0 亿 m³,与"来政办函〔2015〕1 号文"调整后的三县用水总量控制指标 0.86 亿 m³、3.17 亿 m³、2.4 亿 m³ 相比,尚余 0.03 亿 m³、0.18 亿 m³、0.22 亿 m³,合计 0.43 亿 m³。因此,下六甲灌区实施后,三县的用水总量符合用水总量红线要求。

三县 2035 年需水预测成果及用水总量控制指标见表 8-2-3。

表 8-2-3　三县 2035 年需水预测成果及用水总量控制指标　　　　单位:亿 m³

县域	用水总量				控制指标	控制指标—用水总量
	农业	工业	生活	合计		
金秀县	0.63	0.04	0.16	0.83	0.86	0.03
象州县	2.30	0.39	0.30	2.99	3.17	0.18
武宣县	1.49	0.25	0.44	2.18	2.4	0.22
合计	4.42	0.68	0.90	6.00	6.43	0.43

第9章　工程总体布局

9.1　工程总体布局确定原则

下六甲灌区位于广西来宾市,属于桂中治旱区。根据地形条件、水系情况、现有水源布置、耕园地分布等情况,按以下原则,确定工程总体布局。

(1)针对灌区内地形为山区、丘陵区的特点,水库和渠系布局是典型的"长藤结瓜"式灌溉系统,以现有中型水库为主水源,现有渠道为输水骨干,充分发挥下游小水库、塘坝的调蓄和削峰作用进行灌溉。

①骨干水源以下六甲水库、长村水库、丰收水库和石祥河水库等4座中型水库为骨干龙头水源,结合灌区内小型水库、引水工程等其他水源工程进行联合调度。

②结合灌区水源特点、地形特点及灌区分布特点进行总体布置,控制灌溉面积大于3 000亩的干/支渠(管)道、水库引水补库渠(管)作为骨干工程,其他作为田间配套工程。

③对漏损严重的现有渠道进行防渗改造,提高灌溉水利用率;对水源条件好、配套工程性不完善造成工程性缺水的区域,新建输水渠(管),增大自流灌溉面积;对地势较高耕地,优先考虑自流灌溉,并利用现有提水泵站进行补水;对资源型缺水的灌区,通过建设连通型渠道将水资源丰富区水量调入。

(2)科学合理调配项目区水资源,遵循"优水优用"的原则,既顾及项目区城乡用水,又兼顾各灌片的灌溉效益。将水质较好的水优先用于城乡用水,将其他水用于发展灌溉。

(3)遵循"高水高用、低水低用"的原则,因地制宜,合理布设渠(管)系,尽量做到"顺、直、便",原则上渠(管)系按照灌区高线布设,尽可能避免逆向(从低向高)输水,利用地形高差产生水压,优先利用自流输水,灌区提水工程用于满足灌溉高峰期及工程检修期的灌溉用水,尽量保证自流灌溉的前提下,对工程进行总体布局。

(4)工程总体布局以经济合理、调度方便、节约用水为原则,按照"高产、优质、高效"的现代农业需求,建设高标准、高效率的节水型灌区,提高灌区信息化管理水平,建设智慧灌区,为灌区开发和建设及当地经济社会可持续发展创造条件。

(5)灌区地形多为坡地,排水主要利用天然河道和溪沟进行排水。

(6)充分利用现有水库、引水枢纽和沟渠道工程,以减少新增占地,节约项目投资。

工程总体布局包括水源工程、灌溉输水骨干工程、排水工程、田间工程等4部分,各部分情况如下。

9.2 水源分析

9.2.1 灌区水资源开发利用情况

灌区主要涉及河流为柳江、黔江的支流运江(包括罗秀河、落脉河、水晶河等)、马坪河、石祥河、阴江河等水系,研究范围内水资源量约 39.8 亿 m³,其中运江 23.2 亿 m³,马坪河 1.6 亿 m³,石祥河 2.2 亿 m³,阴江河 1.0 亿 m³。

灌区涉及的河流主要断面天然径流统计见表 9-2-1,灌区主要河流及水源断面开发利用率见表 9-2-2。

表 9-2-1 灌区河流河口断面径流量统计

序号	河道名称			断面位置	多年平均天然径流量/亿 m³
1	柳江	运江	水晶河	凉亭引水枢纽	0.80
2				太山水库	0.11
3				长塘水库	0.02
4				河口	1.55
5				和平引水枢纽	0.87
6			水晶河干流	水晶引水枢纽	3.36
7				水晶河河口	5.23
8			落脉河	落脉河水库	1.95
9				长村引水枢纽	2.07
10				长村水库(坝址)	0.13
11				河口	2.73
12			罗秀河	寺村河	河口	0.88
13				中平河	下六甲水库	3.72
14					河口	4.94
15				门头河	百丈一干引水枢纽	2.55
16					百丈二干引水枢纽	2.57
17					河口	2.63
18				大樟河	玲马水库	2.03
19					河口	2.75
20				罗秀河干流	罗柳总干枢纽	5.71
21					罗秀河河口	10.86

续表 9-2-1

序号	河道名称			断面位置	多年平均天然径流量/亿 m³
22	运江	运江干流		鸡冠电灌站	16.37
23				运江河口	23.16
24	柳江	下腊河		河口	1.25
25		北山河		河口	0.72
26		石祥河		石祥河水库	1.69
27				河口	2.24
28		龙富河		河口	0.36
29		马坪河		牡丹水库（支流）	0.06
30				龙旦水库（支流）	0.12
31				丰收水库（支流）	0.29
32				河口	1.62
33		柳江		跨柳江倒吸虹	492.6
34				猛山泵站	495.8
35				柳江河口	498.0
36	红水河	红水河干流		白屯沟一级站	699
37				河口	700
38	黔江干流	甘涧河		甘涧水库	0.05
39				河口	0.36
40		陈康河		陈康水库	0.1
41				河口	0.41
42		福隆河		福隆水库	0.15
43				河口	0.28
44		大平洞河		乐业水库	0.10
45				河口	0.19
46		新江河		河口	1.08
47		阴江河		乐梅水库	0.36
48				河口	0.99
49		黔江		樟村电灌站	1 253

表9-2-2　灌区涉及河流主要断面开发利用率统计

序号	河道名称	断面位置	多年平均天然径流/亿 m³	基准年多年平均开发利用量/亿 m³	规划年多年平均开发利用量		开发利用率/%		
					本工程实施前/亿 m³	本工程实施后/亿 m³	基准年	规划水平年	
								本工程实施前	本工程实施后
1	桐木河	凉亭引水枢纽	0.8	0.11	0.10	0.11	13.3	12.5	13.6
2		桐木河河口	1.55	0.15	0.14	0.16	9.7	9.0	10.3
3	水晶河干流	和平引水枢纽	0.87	0.07	0.07	0.07	8.3	8.4	8.4
4		水晶引水枢纽	3.36	0.30	0.24	0.34	8.9	7.1	10.1
5		水晶河河口	5.23	0.34	0.28	0.38	6.5	5.4	7.3
6	落脉河	落脉河水库	1.95	0.74	0.71	0.76	37.8	36.5	39.0
7		长村引水枢纽（引水入长村水库）	2.07	0.80	0.76	0.83	38.6	36.6	40.0
8		河口	2.73	0.80	0.76	0.83	29.3	27.8	30.5
9	中平河	下六甲水库	3.72	0.01	0.01	0.22	0.3	0.3	5.8
10		中平河河口	4.94	0.12	0.14	0.34	2.4	2.9	6.9
11	罗秀河	罗柳总干枢纽	5.71	0.57	0.56	0.97	10.0	9.8	17.1
12	干流	罗秀河河口	10.86	0.69	0.70	1.31	6.3	6.5	12.1
13	运江干流	运江河口	23.16	2.01	1.95	2.76	8.7	8.4	11.9

续表 9-2-2

序号	河道名称	断面位置	多年平均天然径流/亿 m³	基准年多年平均开发利用量/亿 m³	规划年多年平均开发利用量		开发利用率/%			
					本工程实施前/亿 m³	本工程实施后/亿 m³	基准年	规划水平年		
								本工程实施前	本工程实施后
14	石祥河	石祥河水库	1.69	0.77	0.61	0.67	45.6	36.1	39.9
15		石祥河河口	2.24	0.77	0.61	0.67	34.4	27.2	30.1
16		牡丹水库(支流)	0.06	0.01	0.01	0.02	12.0	10.1	38.3
17	马坪河	龙日水库(支流)	0.13	0.02	0.02	0.05	20.2	19.7	40.0
18		丰收水库(支流)	0.29	0.02	0.02	0.12	6.2	7.5	40.0
19		马坪河河口	1.62	0.07	0.09	0.21	4.5	5.3	12.8
20	阴江河	乐梅水库	0.36	0.14	0.07	0.11	37.5	20.6	30.5
21		阴江河河口	0.99	0.14	0.07	0.11	13.6	7.5	11.3

灌区内罗秀河、落脉河、水晶河、马坪河、石祥河和阴江河等 6 条主要河流水资源开发情况分析如下。

9.2.1.1 罗秀河

罗秀河为运江一级支流,多年平均径流量为 10.86 亿 m^3,水资源十分丰富,现状主要水源工程有罗柳总干渠引水枢纽、百丈一干渠引水枢纽、百丈二干渠引水枢纽、江头引水枢纽等引水工程。经径流调节计算,罗秀河河口断面基准年开发利用量 0.69 亿 m^3,开发利用率 6.3%,下六甲水库位于罗秀河支流滴水河上,现状水库以发电为主,罗柳总干渠引水枢纽断面基准年开发利用率 10.0%,罗秀河河口及主要断面水资源开发利用程度低,开发潜力较大。

9.2.1.2 落脉河

落脉河为运江一级支流,多年平均径流量为 2.73 亿 m^3,现状主要水源工程有长村水库和落脉河水库等水库工程,以及长村引水枢纽等引水工程。经径流调节计算,落脉河河口断面基准年开发利用量 0.80 亿 m^3,开发利用率 29.3%,落脉河水库以灌溉为主,水库坝址断面基准年开发利用率 37.8%,长村引水枢纽主要任务为从落脉河引水入长村水库,该引水枢纽断面基准年开发利用率 38.6%,由于上游和平电站跨流域发电,现状引水约 0.48 亿 m^3,导致落脉河河口及主要断面水资源开发利用程度较高,需分析上游电站对下游灌区用水的影响,详见"9.2.2 各灌片水源分析"有关内容。

9.2.1.3 水晶河

水晶河为运江一级支流,多年平均径流量为 5.23 亿 m^3,现状主要水源工程有和平引水枢纽、凉亭引水枢纽和水晶引水枢纽等引水工程。经径流调节计算,水晶河河口断面基准年开发利用量 0.34 亿 m^3,开发利用率 6.5%,主要引水工程凉亭引水枢纽、和平引水枢纽和水晶引水枢纽断面基准年开发利用率分别为 13.3%、8.3% 和 8.9%,水晶河河口及主要断面水资源开发利用程度较低,但由于水晶河中下游地形较为平坦,水晶河及其支流两岸基本均为耕园地和居民点,无合适位置建设调蓄水库,水晶河上游区基本均为金秀县国家级自然保护区范围,环境制约因素较多,很难进行水资源开发,因此水晶河水资源开发难度大,环境制约因素多,本次维持现状水利工程布局,不再新增水源。

9.2.1.4 马坪河

马坪河为柳江一级支流,多年平均径流量为 1.62 亿 m^3,所处地区为岩溶较为发育区域,水资源量相对匮乏,现状主要水源工程有丰收水库、龙旦水库、牡丹水库和北梦水库等 1 座中型、3 座小(1)型水库,均位于马坪河一级支流上。经径流调节计算,马坪河河口断面基准年开发利用量 0.07 亿 m^3,开发利用率 4.5%,主要水库丰收水库、龙旦水库、牡丹水库断面基准年开发利用率分别为 6.2%、20.2% 和 12.0%,现状开发利用程度不高。

由于现状丰收水库、龙旦水库等天然来水量不足,下游灌区配套不完善,有效灌溉面积小,不能达到原设计灌溉面积等原因,未能充分发挥水库的作用。

9.2.1.5 石祥河

石祥河为柳江一级支流,多年平均径流量为 2.24 亿 m^3,现状主要水源工程有石祥河水库(中型水库)。经径流调节计算,石祥河河口断面基准年开发利用量 0.77 亿 m^3,开发利用率 34.4%,石祥河水库以灌溉为主,水库坝址断面基准年开发利用率 45.6%,石祥河河口及主要断面水资源开发利用程度高,已基本无开发潜力。

9.2.1.6 阴江河

阴江河为黔江一级支流,多年平均径流量为 0.99 亿 m³,现状主要水源工程有乐梅水库(中型水库)。经径流调节计算,阴江河河口断面基准年开发利用量 0.14 亿 m³,开发利用率 13.6%,乐梅水库以灌溉为主,水库坝址断面基准年开发利用率 37.5%,水库断面水资源开发利用程度高,已基本无开发潜力。阴江河河口断面水资源开发利用程度中等,有一定开发潜力。

9.2.2　各灌片水源分析

根据灌溉分区,灌区共分为运江东灌片、罗柳灌片、柳江西灌片和石祥河灌片等 4 个一级灌片和 13 个二级灌片。各灌片现状主要水源工程见表 9-2-3。

表 9-2-3　各灌片现状主要水源工程汇总

序号	一级灌片	二级灌片	设计灌溉面积/万亩	现状各灌片涉及主要水源工程
1		落脉灌片	2.44	落脉河水库
2	运江东灌片	长村灌片	4.52	长村水库、云岩水库、歪甲水库、长村引水枢纽
3		桐木灌片	3.03	太山水库、长塘水库、和平引水枢纽、凉亭引水枢纽
4		水晶灌片	2.81	甫上水库、老虎尾水库、水晶引水枢纽
5		罗秀河上灌片	4.16	跌马寨水库,百丈一、二干渠引水枢纽
6		友谊灌片	2.77	江头引水枢纽、友谊干渠取水口
7	罗柳灌片	总干直灌片	1.29	蓝靛坑水库、罗柳总干渠引水枢纽
8		北干渠灌片	5.86	两旺水库、百万水库、鸡冠泵站、罗柳总干渠引水枢纽
9		南干渠灌片	4.92	仕会水库、罗柳总干渠引水枢纽
10	柳江西灌片	马坪灌片	4.78	龙旦水库、牡丹水库、猛山泵站
11		丰收灌片	4.42	丰收水库、白屯沟泵站
12	石祥河灌片	石祥河灌片	18.5	石祥河水库、福隆水库、乐业水库、新龟岩泵站、樟村泵站、武农泵站
13	合计		59.5	

9.2.2.1 运江东灌片

灌溉面积 12.80 万亩,现状主要水源为落脉河和水晶河,主要水库为长村水库(中型),落脉河水库、歪甲水库、云岩水库、太山水库、长塘水库、甫上水库和老虎尾水库等 7 座小(1)型水库,引水工程主要为长村引水枢纽、和平引水枢纽、凉亭引水枢纽和水晶引水枢纽等。

主要包括桐木灌片、水晶灌片、长村灌片和落脉灌片等二级灌片。

1. 桐木灌片

桐木灌片设计灌溉面积 3.03 万亩,主要通过挖掘现有和平引水工程、凉亭引水工程及补偿调节水库太山水库和充蓄水库长塘水库的供水能力,可以满足灌片内灌溉需水要求。

2. 水晶灌片

水晶灌片设计灌溉面积 2.81 万亩,主要靠引用水晶河河水,水晶干渠渠系沿线分布有甫上水库和老虎尾水库等 2 座小(1)型水库,上游支流有太山水库和长塘水库等 2 座小(1)型水库,水库调蓄能力均较小,水晶河地形平坦,无条件新建调蓄水库工程,在挖潜现有水晶引水工程供水潜力的基础上,充分发挥现有 4 座小型水库的调节能力后,灌溉保证率能达到 85% 左右,基本满足灌区发展需求。

水晶灌片用水涉及和平电站调度运行方式的调整,经分析和平电站的不同运行方式,在不降低水晶灌片灌溉保证率,同时尽量减少对和平电站发电影响的情况下,本次推荐和平电站汛期按原设计发电,非汛期一台小机组发电。

3. 落脉灌片和长村灌片

落脉灌片主水源为落脉河水库,设计灌溉面积 2.44 万亩,经供需分析,通过挖掘现有工程供水潜力,可满足灌片内需水要求。本次规划维持落脉河水库现状,仅对灌区渠系进行配套改造。

长村灌片主要水源为长村水库(中型水库,始建于 1958 年)和云岩水库、歪甲水库等 2 座小(1)型水库,通过本次分析可知,长村灌片主要缺少调蓄水源,本次重点论证下六甲水库作为调蓄水库,通过江头干渠补水,满足长村灌片用水需求。

1) 落脉河水库规划设计和建设情况

落脉河水库位于象州县大乐镇落脉村运江支流落脉河上,是一座以灌溉为主,结合发电的综合利用工程。根据《象州县落脉河水库初步设计说明书》(广西柳州水利电力设计院,1989 年 3 月),当时新建落脉河水库主要是为了解决由于金秀县在上游落脉河支流金秀河筑坝跨河引水建和平电站,致使下游落脉河基流减少,导致大乐镇灌溉受到严重影响,灌区旱情逐年加重。1989 年广西壮族自治区水电厅以"桂水电技字〔1989〕79 号文"批复该工程的初步设计,批复水库总库容 1 335 万 m^3,兴利库容 980 万 m^3,死库容 41 万 m^3。水库正常蓄水位 245 m,死水位 210 m,大坝顶高程 252.1 m,设计灌溉面积 4.85 万亩,批复概算总投资为 1 879 万元。

落脉河水库工程于 1991 年动工兴建,受物价上涨等因素影响,施工至 1994 年 9 月底已完成投资 1 925 万元,超过原批复概算 46 万元,如完成原批复规模,尚需投资 4 682 万元。考虑到国家对水利建设投入资金有限,近期按照最终规模投入资金比较困难,为使工程尽快发挥一定的灌溉、发电效益,从工程的具体情况及可能投入的资金出发,将工程分期建设。1995 年 2 月 10 日,广西壮族自治区水电厅以"桂水电技字〔1995〕7 号文"印发《关于象州县落脉河水库工程一期工程设计的批复》。批复一期工程水库总库容 831 万 m^3,兴利库容 535 万 m^3,死库容 41 万 m^3。水库正常蓄水位 235 m,死水位 210 m,大坝坝顶高程为 242.1 m,设计灌溉面积 3.88 万亩(其中直供 2.44 万亩,补灌面积 1.44 万亩),一期工程概算总投资为 3 811 万元。

目前,落脉河水库一期工程已基本完工,经计算一期工程可满足现状灌溉面积的灌溉要求。本次规划考虑到一期工程尚未竣工验收,二期工程扩建相关前期工作尚未最终完成,且审批流程尚未启动,二期工程扩建的不确定性较大,且根据来宾市水利"十三五"规划,落脉河扩建后主要以解决乡镇供水为主,扩建后新增灌溉面积有限,对下六甲灌区发展影响相对较小,因此本次规划维持落脉河水库现状。后期落脉河二期工程若批复实施,可将水库新增灌溉面积纳入灌区范围由灌区统一管理。

　　2)和平电站建设情况

　　和平电站是跨流域引水式电站,引金秀河水进入水晶河发电,电站始建于1969年,装机容量为4 800 kW(3×1 600 kW)。1997—2000年第一次增效扩容总装机容量为11 100 kW(1×6 300 kW+3×1 600 kW),2017年第二次增效扩容总装机容量为11 700 kW(1×6 300 kW+3×1 800 kW),目前设计引水发电流量5.35 m³/s,设计多年平均发电量约3 500万kW·h。和平电站是金秀县最大的水电站工程,承担了全县已建水电站装机容量约50%,是金秀县骨干电站工程,对满足金秀县用电起着重要作用。

　　和平二级电站位于金秀县桐木镇盘王河(水晶河)上,引蓄盘王河河水及利用现有和平电站的尾水引水发电。电站始建于2004年,装机容量为2 500 kW(2×1 250 kW)。目前设计引水发电流量4.6 m³/s,设计多年平均发电量约851万kW·h。

　　3)和平电站不同建设阶段对现状灌片影响分析

　　和平电站始建于1969年,总装机容量4 800 kW,于2000年第一次扩建,总装机容量扩大至11 100 kW,2017年进行了第二次扩建,总装机容量扩大至11 700 kW,2014年6月金秀县水利局以取水(桂金)字〔2014〕003号文下发取水许可证,取水量为6 880万m³。

　　落脉河水库一期工程建设时批复灌溉面积为3.88万亩,其中直供灌溉面积为2.44万亩,补充下游长村水库灌片面积1.44万亩;1999—2001年长村水库进行了除险加固,加固后经复核其设计灌溉面积增加至2.05万亩,根据工程建设时序阶段不同,分三种情况对灌片供水、用水条件进行了分析,和平电站不同建设阶段对现状灌片影响分析见表9-2-4。

　　经分析,当和平电站按装机容量4 800 kW"电调"方式运行时,跨流域从落脉河向水晶河泄水0.35亿m³,和平电站断面多年平均水资源开发利用量为0.43亿m³,天然来水量为0.78亿m³,电站引水断面水资源开发利用率为55.5%,落脉河水库正常蓄水位235 m时,原批复一期灌溉面积3.88万亩(落脉河灌片2.44万亩,长村灌片1.44万亩)可完全满足灌溉保证率要求。长村水库除险加固后,两个灌片面积增加至4.59万亩(落脉河灌片2.44万亩,长村灌片2.05万亩)时,也能基本满足灌溉保证率要求。

　　当和平电站总装机容量由4 800 kW扩建至11 700 kW后,跨流域从落脉河向水晶河泄水0.35亿m³增加到0.48亿m³,导致落脉河下游来水减少0.13亿m³。经计算,落脉河灌片用水基本能够满足,而长村水库灌片保证率降至65%左右,灌区用水与和平电站发电存在用水矛盾。由于和平电站于2000年以后扩建,晚于1989年落脉河水库一期已实施工程按正常蓄水位235 m、长村水库加固后设计灌溉面积4.59万亩批复和开工时间,因此需要协调上下游用水关系。

　　经分析和平电站的不同运行方式,若满足和平灌片、水晶灌片的用水要求,需要和平电站非汛期最小下泄流量0.85 m³/s,因此本次规划在确保非汛期条件下,在尽量减少对和平电站发电影响的情况下,分别拟定三种方案,从影响发电量较小的角度,找出和平电站满足下游灌溉需求的调度方式,三个方案见表9-2-5。

表 9-2-4　和平电站不同建设阶段对现状灌片影响分析

类型	和平电站装机容量/kW	落脉河水库				落脉河灌片						长村灌片					和平水晶灌片灌溉满足程度
		正常蓄水位/m	主要任务	总灌溉面积/万亩	设计灌溉面积/万亩	需水量/万m³	供水量/万m³	保证率/%	是否满足灌溉要求	断面开发利用率/%	补灌面积/万亩	需水量/万m³	供水量/万m³	保证率/%	是否满足灌溉要求	断面开发利用率/%	
原批复（落脉河水库一期已实施）	4 800	235	灌溉	3.88	2.44	1 474	1 430	85	满足	31	1.44	899	895	93	满足	32	满足
长村水库除险加固后	4 800	235	灌溉	4.59	2.44	1 474	1 430	85	满足	31	2.05	1 217	1 201	85	满足	33	满足
2000 年以后和平电站	11 700	235	灌溉	4.59	2.44	1 474	1 430	85	满足	38	2.05	1 217	1 128	65	不满足	40	满足

表 9-2-5　　和平电站不同运行方式方案比选汇总

项目				现状灌片情况分析(4.59 万亩)		
				方案一	方案二 (推荐方案)	方案三
对电站发电量影响	和平电站流量	汛期	m³/s	3.66	5.35	4.51
		非汛期	m³/s	2.55	0.85	1.7
	发电量	发电量	电站运行不调整	万 kW·h	3 739		
			电站运行调整	万 kW·h	3 316	3 500	3 477
		调整后减少电量	万 kW·h	423	239	262
	收入	调整后减少收入	万元	118	67	73
	水量情况	设计来水量	亿 m³	0.7	0.7	0.7
		调入水晶河水量	亿 m³	0.41	0.45	0.44
		下泄落脉河水量	亿 m³	0.3	0.2	0.3
落脉河灌片	供水对象			现状灌面 2.44 万亩		
	需水量		万 m³	1 474	1 474	1 474
	供水量(落脉河本区)		万 m³	1 430	1 430	1 430
长村水库灌片	供水对象			现状灌面 2.05 万亩		
	需水量		万 m³	1 217	1 217	1 217
	供水量(落脉河本区)		万 m³	1 185	1 185	1 185

说明:1. 本表计算电费所用上网电价采用现状电价 0.28 元/(kW·h);

2. 通过调整和平电站运行方式,只能满足现状长村水库灌片 2.05 万亩灌溉用水需求。

方案一非汛期按照扩容前 4 800 kW 发电,流量为 2.55 m³/s,汛期按照满足下游灌溉要求为 3.66 m³/s(大于扩容前发电流量 2.55 m³/s),经计算电量减少 423 万 kW·h,收入减少 118 万元,此方案的优点是不影响电站扩容前非汛期发电量,但由于电站汛期发电能力未充分发挥,导致全年减少的电量最多,因此不作为推荐方案。

方案二年发电收入减少 67 万元,方案三年发电收入减少 73 万元,两者相差很小。考虑到方案三运行方式未能充分利用汛期水量发电,现场调研,电站管理人员建议调度运行在汛期多发电更符合实际情况,且能合理解决长村灌片灌溉缺水问题。因此,本次推荐方案二作为和平电站引水调度运行方式,多年平均调入水晶河水量为 0.45 亿 m³,年发电量相比电站运行不调整情况减少 239 万 kW·h,推荐方案对和平电站发电量影响最小。

当长村水库灌溉面积由原设计的 2.05 万亩增加至 4.01 万亩后(新增 1.96 万亩,涉及竹山、友庆、马旦、罗秀等 4 个贫困村,人口 1.2 万,其中贫困人口 0.3 万),经试算,和平电站不发电,长村水库灌片灌溉保证率仅 63%,因此可判断,虽然落脉河流域水资源相对丰富,但还是缺少调蓄工程。和平电站运行方式调整只能满足长村灌片现状 2.05 万亩耕园地灌溉用水需求,本次规划长村灌片新增灌溉面积 1.96 万亩,需要寻找新的调蓄工程来满足灌区的灌溉用水需求。

4）长村灌片补充调蓄水源选择

通过上述分析，长村灌片缺少调蓄工程，经现场查勘和分析，长村水库由于周边地形受限和周边村庄居民较多，扩建难度较大，按扩建 500 万 m^3 库容计算，投资超过 1.5 亿元，且需要淹没搬迁人口约 100 人，实施难度和代价较大，因此不再考虑扩建长村水库。

本次规划结合和平电站调度运行方式调整、周边其他水库补充调蓄等条件，统筹解决。本次选择离长村灌片较近、水源条件较好、调蓄能力较好的下六甲水库作为长村灌片补充调蓄水源工程，通过新建江头干渠补水入长村水库，满足长村灌片用水需求。在满足水晶灌片、和平灌片农业灌溉前提下，经供需分析，下六甲水库调蓄后通过江头干渠多年平均补水约 398 万 m^3 入长村水库，对下六甲电站发电量基本无影响。灌区基本情况及经济指标计算成果见表 9-2-6。

表 9-2-6　长村灌片补充调蓄水源主要指标

项目			单位	主要指标
长村水库灌片	设计灌溉面积	合计	万亩	4.01
		原设计	万亩	2.05
		本次新增	万亩	1.96
	供水对象			罗秀镇,0.4 万人
	贫困村及人口			竹山、友庆、马旦、罗秀等 4 个贫困村,人口 1.2 万人,其中贫困人口 0.3 万人
	需水量		万 m^3	2 259
	供水量	小计	万 m^3	2 210
		落脉河本区	万 m^3	1 812
		下六甲水库补水	万 m^3	398
江头干渠	长度		km	19.3
	规模	总设计流量	m^3/s	3.5
		向长村水库补水流量	m^3/s	1.7
新增灌溉面积分摊总投资	骨干工程	长村灌片(新增 1.96 万亩)渠系配套及改造分摊投资	万元	5 868
		江头干渠分摊投资	万元	1 401
		小计	万元	7 269
	田间工程(1.96 万亩)		万元	2 754
	合计		万元	10 023
亩均投资	骨干工程		元/亩	3 708
	骨干+田间		元/亩	5 113

说明:1. 亩均投资对应新增 1.96 万亩灌溉面积;

　　2. 本阶段田间工程投资按照亩均投资 1 405 元匡算。

该灌片新增灌溉范围内分布有竹山、友庆、马旦、罗秀等 4 个贫困村,人口 1.2 万,其中贫困人口 0.3 万。从表 9-2-6 可以看出,长村灌片新增 1.96 万亩分摊投资 10 023 万元,其中骨干工程投资 7 269 万元,骨干工程亩均投资 3 708 元/亩,计入田间工程后亩均投资 5 113 元,亩均投资在合理范围内。新增灌溉面积 1.96 万亩,涉及人口 1.2 万,人均1.7 亩,灌溉条件改善后,通过种植结构调整,作物稳产高产后,按亩均新增 2 000 元计算,则人均收入增加 3 400 元,对巩固脱贫攻坚成效显著。

综上所述,规划阶段推荐采用新建江头干渠 18 km,在满足江头灌片自身 0.7 万亩灌溉面积灌溉前提下,将下六甲水库调蓄水引水入长村水库,满足运江东灌片用水需求。

9.2.2.2 罗柳灌片

灌溉面积 19.00 万亩,现状主要水源为罗秀河,主要有罗柳总干渠引水枢纽、江头引水枢纽、百丈一干渠和二干渠引水枢纽等引水工程,蓝靛坑水库、仕会水库、两旺水库、百万水库和跌马寨水库等 5 座小(1)型水库。主要包括罗秀河上灌片、友谊灌片、总干直灌灌片、北干渠灌片和南干渠灌片等二级灌片。

该灌片以引水工程为主,枯水期水量不足,缺少骨干调蓄工程。经供需分析,罗秀河上灌片通过挖潜,灌片内的百丈一干引水工程、百丈二干引水工程及小(1)型跌马寨水库,满足灌片内需水要求。在下六甲水库电调情况下,优先利用引水工程水量,发挥灌片内 4 座小(1)型水库的补偿调节作用后,友谊灌片、罗柳总干直灌灌片、北干渠灌片和南干渠灌片,灌溉保证率在 60%~75%,仍需补水量 1 100 万 m^3,规划水平年,下六甲水库"电调调整为水调",按照灌溉需求下泄水量,经水库调蓄后,可满足罗柳灌片用水需求。

鸡冠泵站始建于 1990 年,当时主要是作为北干渠的抗旱补充水源。装机容量为 225 kW(3×75 kW),设计流量为 0.3 m^3/s,净扬程约 25 m,工程于 1991 年 9 月开始投入使用,从投入使用至 2005 年的十多年期间,根据旱情的需要分时段进行抽水抗旱,其中最长的抽水时间为连续 2 个月,为鸡冠泵站以下约 0.6 万亩农田抗旱保收起到关键作用,是北干渠灌片内重要的抗旱补充水源。

2005 年 8 月由于象州县境内遭受百年不遇的洪涝灾害,造成厂房、设备及变压器被淹,设备损坏,围墙倒塌,无法正常使用。当地政府没有资金对鸡冠泵站进行水毁复建,造成泵站至今未能使用。

经复核分析,北干渠来水主要为罗秀河,北干渠灌片本区没有可靠的水源,只能利用提水和引用罗秀河河水。经供需分析,在下六甲水库补水后,多年平均需鸡冠泵站补水入北干渠约 60 万 m^3,作为北干渠下游灌排抗旱的重要补充水源,在干旱时刻可以保证 0.6 万亩农田的灌溉用水,确保粮食有收成,对提高农民收入,维护社会稳定起到重要作用。因此,本次对鸡冠泵站进行复建,恢复其原有功能。

北干渠灌片新增灌溉面积 1.2 万亩,本次初步拟定了 2 个提水方案进行比选。

(1)方案一:鸡冠泵站方案。

采用运江水源,在象州县运江镇鸡冠村复建鸡冠泵站,从运江提水至 160 m 高程,入高位水池,并在与北干渠相交处补水入北干渠,泵站提水净扬程为 70 m,设计流量分别为1.2 m^3/s。

新建提水管道和输水渠道总长约 8.0 km,控制新增灌溉面积 1.2 万亩,并补水入北干渠。本方案投资匡算为 9 566 万元。

（2）方案二：鸡冠+屯抱泵站方案。

在象州县运江镇鸡冠村复建鸡冠泵站，从运江提水入北干渠补水，泵站提水净扬程为 30 m，设计流量为 0.3 m³/s；在屯抱村处北干渠上新建屯抱泵站，以减少提水扬程，控制新增灌溉面积 1.2 万亩，泵站提水净扬程为 40 m，设计流量分别为 0.9 m³/s。

新建提水管道和输水渠道总长约 6.1 km，控制新增灌溉面积 1.2 万亩，并利用鸡冠泵站补水入北干渠。本方案投资匡算为 8 624 万元。

方案比选图见图 9-2-1。方案比选表见表 9-2-7。

从总投资来看，方案一投资为 9 566 万元，方案二投资为 8 624 万元，方案二较优；从工程年运行费用来看，方案一年运行费 233 万元，方案二年运行费 188 万元，方案二较优；从费用现值来看，方案一费用现值为 8 319 万元，方案二费用现值为 7 514 万元，方案二较优。经综合分析，方案二投资小，降低了抽水成本，有助于减轻农民负担和运行管理费用，因此推荐方案二，通过新建鸡冠泵站和屯抱泵站灌溉新增灌溉面积并改善北干渠下游灌片用水条件。

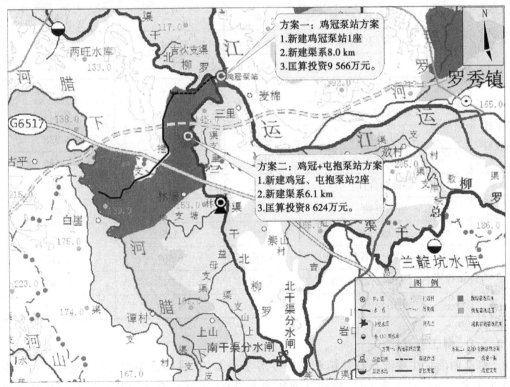

图 9-2-1　北干渠新增灌面水源方案比选图

表 9-2-7　北干渠灌片新增灌面水源方案比选表

项目名称			单位	方案一 鸡冠泵站 提水方案	方案二(推荐方案) 鸡冠泵站+屯抱泵站 提水方案
灌溉面积			万亩	1.2	1.2
工程规模	鸡冠泵站及输水渠道	设计流量	m³/s	1.2	0.3
		泵站净扬程	m	70	30
		泵站装机容量	kW	1 680	330
		年均供水量	万 m³	569	60
		年用电量	万 kW·h	199	9
		新建渠/管道长度	km	8	0.2
	屯抱泵站及输水渠道	设计流量	m³/s	—	0.9
		泵站净扬程	m	—	40
		泵站装机容量	kW	—	1 350
		年均供水量	万 m³	—	569
		年用电量	万 kW·h	—	114
		新建渠/管道长度	km		6.1
工程投资		总投资合计	万元	9 566	8 624
		骨干工程投资	万元	7 880	6 938
		田间工程投资	万元	1 686	1 686
年运行费用		运行费合计	万元	233	188
		抽水电费	万元	78	48
		其他运行费	万元	155	140
经济指标	单位亩投资	按骨干工程投资计算	元/亩	6 567	5 782
		按总投资计算	元/亩	7 972	7 187
	费用现值		万元	8 319	7 514

9.2.2.3　柳江西灌片

柳江西灌片主要涉及石龙镇和马坪乡等 2 个乡镇,耕园地集中连片,地形平坦。据2018 年来宾市统计年鉴统计,象州县糖料蔗产量 97.4 万 t,石龙镇和马坪乡两个乡镇糖料蔗产量分别为 23.0 万 t 和 20.3 万 t,占象州县总产量的比例为 44.5%,分别位居象州县糖料蔗产量第一和第二,是象州县糖蔗种植面积最大,最为集中的区域。马坪乡涉及三个贫困村,1 157 户贫困户,贫困人口 4 661 人,占象州县贫困人口的 11%,其中丰收村和回龙村是极度贫困村,贫困户 330 户,虽然 2019 年已脱贫摘帽,但巩固扶贫成果任务仍然十分艰巨,马坪乡存在供水保障程度不高,集中供水工程分散等问题。区域内岩溶较为发育,水资源量较为缺乏,水源条件相对较差,但耕园地资源较好,通过工程的建设,可自流灌溉柳江西灌片大部分耕园地,可有效地减轻农民负担,增加农民收入,为巩固脱贫攻坚成果和实现乡村振兴战略创造条件。

本次设计灌溉面积 9.20 万亩,现状主要水源为马坪河和柳江,水库为丰收水库等 1 座中型水库,龙旦水库和牡丹水库等 2 座小(1)型水库,提水工程主要为白屯沟泵站和猛山泵站等 2 座提水工程,提水扬程均在 50 m 以下。该灌片修订后原设计灌溉面积 7.8 万亩,现有水利工程有效灌溉面积仅 3.0 万亩,其中自流灌溉面积仅 0.7 万亩,该片大部分灌片均为提水灌溉,主要包括马坪灌片和丰收灌片等二级灌片。

该地区岩溶发育,耕园地分布高程较高,且本区水资源量不足,高程约 80 m 以下的大部分耕园地主要依靠从柳江和红水河提水灌溉。至规划水平年工程建设后,为减少抽水量,降低抽水费用,减轻农民负担,白屯沟泵站及猛山泵站主要用于满足灌溉高峰期及工程检修期灌溉用水。本灌片现有 1 座中型水库和 2 座小(1)型水库,总调节库容 3 360 万 m³,水库断面天然径流量仅 4 350 万 m³,径流量少导致现有水库库容未能充分发挥作用,这 4 座水库与白屯沟、猛山泵站补水后联合控制灌溉面积 7.35 万亩,灌溉保证率不到50%,缺水量 380 万 m³。

龙富河与猛山干渠之间耕园地集中连片,地形平坦,高程 80~120 m,主要河流为龙富河,龙富河河口断面多年平均径流量 3 600 万 m³,水低田高,河短流急,岩溶发育,不具备建设调蓄工程条件。该区域设计灌溉面积 1.4 万亩,需水量约 600 万 m³,基本没有相应工程灌溉,大部分为旱地,需补水。

1. 柳江西灌片设计灌溉面积确定

本次根据柳江西灌片不同面积的发展情况,初步拟定了三个面积进行了投资分摊对比分析,工况一主要考虑利用本地水源进行现有灌区改造,复核面积为 4.6 万亩;工况二主要考虑在工况一基础上主要以恢复现有二、三级泵站灌溉范围面积 3.2 万亩为主,灌区面积恢复至原设计面积 7.8 万亩;工况三主要考虑在工况二基础上新增 1.4 万亩灌溉面积,并增加马坪镇乡镇供水 3.4 万人,设计灌溉面积达到 9.2 万亩。具体分析成果见表 9-2-8。

由表 9-2-8 分析可以看出,工况二在工况一的基础上,通过新建柳江西干渠主要恢复了二级和三级泵站灌溉的 3.2 万亩,设计灌溉面积达到 7.8 万亩,亩均投资 8 190 元(骨干+田间)。工况三在工况的基础上,利用柳江西干渠顺带解决马坪镇乡镇的用水问题,新增沿线 1.4 万亩集中连片耕园地灌溉问题,柳江西灌片总面积达到 9.2 万亩,乡镇供水分摊投资约 3 200 万元(本阶段暂按乡镇供水量占总引水量进行分摊),亩均投资降至7 994 元(骨干+田间),新增灌溉面积 1.4 万亩,亩均投资 6 898 元,基本与工况一 4.6 万亩亩均投资 7 006 元相当,因此,新增灌面亩均投资较低,从经济指标来看是合理和可行的。因此,本阶段推荐工况三,柳江西灌溉面积确定为 9.2 万亩。

表 9-2-8　柳江西灌片不同面积投资分摊对比分析

分类	项目	单位	工况一	工况二	工况三
灌溉面积明细	设计灌溉面积	万亩	4.6	7.8	9.2
	灌区改造灌溉面积 （主要为三个水库、白屯沟泵站控制范围）	万亩	4.6	4.6	4.6
	恢复灌溉面积 （基本为原二、三级泵站覆盖面积）	万亩		3.2	3.2
	新增灌溉面积(龙富、下桥支渠)	万亩			1.4
	供水对象		无	无	马坪镇, 3.4 万人
总投资分摊明细	灌溉分摊投资	柳江西分干渠分摊投资	亿元		0.81	0.93
		罗柳总干渠、南干渠分摊投资	亿元		0.10	0.11
		南柳连接干渠分摊投资	亿元		0.22	0.25
		灌片内部骨干工程分摊投资	亿元	1.94	2.80	3.22
		征地投资	亿元	0.75	1.44	1.59
		环境、水保投资	亿元	0.19	0.21	0.25
		骨干投资小计	亿元	2.87	5.58	6.35
		田间工程分摊	亿元	0.35	0.81	1.00
		灌溉投资合计	亿元	3.22	6.39	7.35
	投资差值		亿元		3.17	0.97
	人饮供水分摊投资		亿元			0.32
	合计		亿元	3.22	6.39	7.67
亩均投资	骨干工程		元/亩	6 243	7 156	6 903
	骨干+田间工程		元/亩	7 006	8 190	7 994
	投资差值/面积差值		元/亩		9 892	6 898

说明:1. 罗柳连接干渠、柳江西干渠等工程乡镇供水分摊投资本阶段暂按照乡镇供水量占总引水量比例进行确定,比例系数暂取 0.2;

2. 若恢复至原设计 7.8 万亩,并增加人饮供水,则对应面积差额/投资差额 = 8 906 元/亩,相比上表数据 9 892 元/亩减少 986 元/亩。

2. 柳江西灌片水源分析

为统筹解决当地水源不足,减少提水、减轻当地农民负担以及马坪乡用水困难,新增灌面缺水等问题,本阶段提出分散提水、利用罗秀河水自流引水和柳江集中提水三种方案,不减少工程投资,规划充分利用现有水源和骨干渠系布局,各方案均利用现有已建工程,且按等效益面积(设计灌溉面积 9.20 万亩)进行经济合理性比较。

（1）方案一：分散提水方案。

本方案以柳江和红水河为主要水源,利用灌区已建泵站工程,本次恢复古德、屯田二级站和龙塘三级站,并在柳江新建下桥泵站和龙富泵站,使柳江西灌片设计灌溉面积达到9.2 万亩,如表 9-2-9 所示。

表 9-2-9　泵站统计（方案一）

名称	设计流量/ (m³/s)	总装机 容量/kW	设计扬程/ m	年提水量/ 万 m³	年用电量/ (万 kW·h)	说明
猛山泵站	2.79	1 650	32.9	1 312	216	维持现状
白屯沟泵站	1.08	600	36.6	1 160	212	维持现状
古德二级泵站	1.8	250	14.2	364	26	拆建
屯田二级泵站	1.1	150	17.2	323	28	拆建
龙塘三级泵站	0.64	100	7	174	6	拆建
下桥二级泵站	0.42	300	45	270	61	新建
龙富泵站	0.48	600	80	325	130	新建

本方案充分利用已建泵站,结合灌区内现有丰收水库、龙旦水库和牡丹水库等主要水源,已建泵站维持原有工程规模不变,利用猛山干渠在现有干渠狮子山支渠分水口下游新建下桥二级泵站控制灌溉面积 0.66 万亩,设计流量 0.42 m³/s,在三北高速跨柳江上游约 500 m 处新建龙富泵站控制灌溉面积 0.71 万亩,设计流量 0.48 m³/s,设计扬程分别为 45 m 和 80 m,并配套新建下桥支渠（管）和龙富支渠（管）总长 15.3 km,本方案投资匡算 6.89 亿元。

（2）方案二：自流引水方案。

根据灌区高程分析,灌区范围是东南高西北低,且东南部水资源相对丰富,且下六甲水库及罗柳总干渠引水枢纽均在灌区东部。通过下六甲水库进行调蓄后,利用现有罗柳总干渠和南干渠等渠系,新建南柳连接干渠、柳江西分干渠等渠道,全程采用自流输水,充分利用当地丰收水库、龙旦水库和牡丹水库的调蓄能力,以减小引水渠道规模,在骨干输水布局中尽量利用现有柳江西灌片渠系布置,基本不改变现有工程布置,新建渠系沿线可新增灌溉面积 1.4 万亩,节约投资,将罗秀河水量"东水西调"至柳江西灌片。

罗柳总干渠渠首高程为 132 m,南干渠末端高程约 123 m,柳江西灌面最高高程约 120 m,柳江西干渠沿 110~120 m 等高线自流输水入龙旦水库（正常蓄水位 113.7 m）和牡丹水库（正常蓄水位 111.5 m）进行调蓄,满足柳江西灌片灌溉需求。该方案利用罗秀河水头高、水量丰的条件,自流补水入柳江西灌片,利用龙旦水库、牡丹水库等现有水库进行调蓄,本方案最大特点是利用现有渠道,干渠均为全程自流输水,为灌区提供经济可靠水源,方便灌区管理,是地方群众较为期盼的水源方案。

方案二罗柳总干渠长 23.5 km,设计流量 8.0~10.5 m³/s,南干渠长 24.0 km,设计流量 2.5~5.0 m³/s,南柳连接干渠 8.3 km,设计流量 1.2~1.5 m³/s,新建柳江西分干渠总长约 22 km,设计流量 0.3~1.2 m³/s。

方案二与方案三相比,罗柳总干渠流量从 9.7 m³/s 增加至 10.5 m³/s;南干渠流量从 4.2 m³/s 增加至 5.0 m³/s。经复核,现状罗柳总干渠过流能力达到 14.0 m³/s,南干渠过流能力为 5.0 m³/s,由于现状罗柳总干渠和南干渠渠道断面较大,渠道断面不需要扩大,仅对渠道进行改造,投资约 1 400 万元,投资较少,本方案投资匡算 7.68 亿元。

(3)方案三:柳江集中提水方案。

柳江西灌片采用柳江水源,在象州二桥北 500 m 处新建柳江西泵站从柳江提水至 123 m 高程,提水入柳江西分干渠,根据《大藤峡水利枢纽初步设计报告》关于水库淹没影响处理标准及范围中回水计算成果,泵站位于大藤峡坝址上游 142 km 象州二桥处,此处柳江多年平均流量回水高程为 61.4 m,因此柳江西泵站提水净扬程约 61.6 m,设计流量为 1.2 m³/s。

通过新建柳江西泵站,设计流量 1.2 m³/s,提水净扬程 61.6 m,提水至高位水池,并新建柳江西分干渠总长约 22 km,沿线布置龙富支渠和下桥支渠,支渠总长 14.5 km,分干渠沿等高线输水入龙旦水库(正常蓄水位 113.7 m)和牡丹水库(正常蓄水位 111.5 m)进行调蓄,满足柳江西灌片灌溉需求。该方案罗柳总干渠设计流量为 9.7 m³/s,南干渠设计流量为 4.2 m³/s,本方案投资匡算 7.49 亿元。

方案比选图见图 9-2-2~图 9-2-4。方案比选表见表 9-2-10、表 9-2-11。

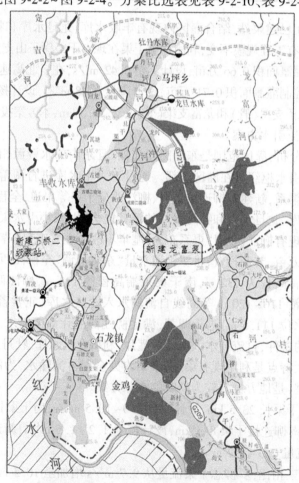

图 9-2-2　方案一:分散提水方案(柳江西灌片)

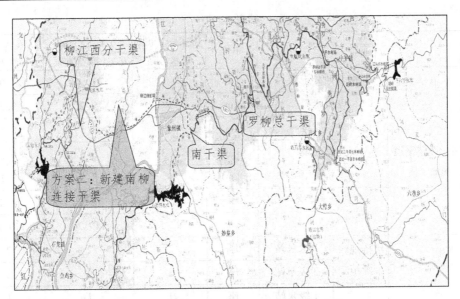

图 9-2-3　方案二:自流引水方案(柳江西灌片)

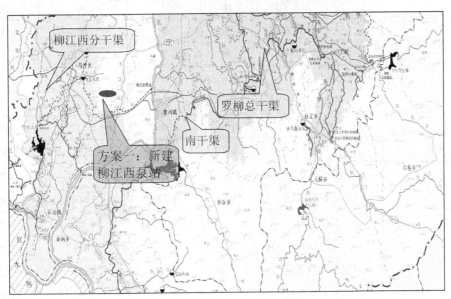

图 9-2-4　方案三:集中提水方案(柳江西灌片)

表 9-2-10　柳江西灌片水源方案比选

序号	项目		单位	方案一:分散提水方案	方案二:自流方案(推荐方案)	方案三:集中提水方案
1	设计灌溉面积	合计	万亩	9.2	9.2	9.2
		其中:有效灌溉面积	万亩	3.0	3.0	3.0
		恢复灌溉面积	万亩	4.8	4.8	4.8
		新增灌溉面积	万亩	1.4	1.4	1.4

续表 9-2-10

序号	项目			单位	方案一:分散提水方案	方案二:自流方案(推荐方案)	方案三:集中提水方案
2	新/改建渠道		柳江西分干渠	km		21.96	21.96
			龙旦干渠	km	5	9.2	9.2
			龙兴支渠	km		8.5	8.5
			龙富支渠	km	6.3	6.3	6.3
			下桥支渠	km	9	8.1	8.1
			其他干支渠	km	72.2	65.2	65.2
			总长度	km	92.5	119.26	119.26
3	泵站	维持现状泵站	1 级泵站	座	2	2	2
			2 级泵站	座	无	2	2
		拆/新建泵站	1 级泵站	座	1	无	1
			2 级泵站	座	3	无	无
			3 级泵站	座	1	无	无
		泵站数量合计		座	7	4	5
		总装机容量		kW	3 650	2 500	3 700
		设计扬程		m	7~80	33~37	33~61
		年提水量		万 m³	3 066	1 137	3 066
		年用电量		万 kW·h	678	205	799
4	占地	新增永久占地		亩	1 242	1 298	1 298
		新增临时占地		亩	3 276	3 408	3 408
5	投资	工程投资		亿元	4.22	4.84	4.69
		征地投资			1.48	1.59	1.59
		环境、水保投资			0.19	0.25	0.21
		田间工程投资			1.00	1.00	1.00
		合计			6.89	7.68	7.49
		其中:灌溉分摊投资		亿元	6.62	7.35	7.20
		人饮分摊投资		亿元	0.27	0.33	0.29

续表 9-2-10

序号	项目		单位	方案一:分散提水方案	方案二:自流方案(推荐方案)	方案三:集中提水方案
6	年运行费	管理费 管/渠线工程	万元	106	145	138
		管理费 泵站工程	万元	91	36	86
		提水电费	万元	265	80	312
		工程维护费	万元	182.5	33.8	83.7
		合计	万元	644.5	294.8	619.7
7	更新改造费		万元	6 388	1 173	5 223
8	亩均投资		元/亩	7 195	7 994	7 823
9	费用现值		亿元	7.03	7.01	7.36

表 9-2-11 各方案工程投资明细

序号	工程名称	单位	方案一:分散提水方案	方案二:自流方案(推荐方案)	方案三:集中提水方案
1	南柳连接干渠分摊(改造)	亿元		0.31	
2	总干渠、南干渠分摊(改造)	亿元		0.14	
3	柳江西分干渠(新建,方案三含泵站)	亿元		1.16	1.46
4	龙旦干渠(改造)	亿元	0.22	0.32	0.32
5	龙兴支渠(新建)	亿元		0.22	0.22
6	屯田支渠(改造)	亿元	0.16	0.00	0.00
7	下桥支渠(新建)	亿元	0.37	0.26	0.26
8	狮子山支渠(改造)	亿元	0.15		
9	龙富支渠(新建)	亿元	0.21	0.16	0.16
10	其他干、支渠(改造)	亿元	2.42	2.27	2.27
11	古德、屯田、龙塘泵站及配套	亿元	0.31		
12	下桥泵站(新建)	亿元	0.12		
13	龙富泵站(新建)	亿元	0.25		
14	小计	亿元	4.21	4.84	4.69

方案一总投资 6.89 亿元,方案二总投资 7.68 亿元,方案三总投资 7.49 亿元,扣除人饮供水分摊投资后,亩均投资依次为 7 195 元、7 994 元和 7 823 元,亩均投资相差不大,方案一较优。

从工程年运行费用来看,方案一年运行费 644.5 万元,方案二年运行费 294.8 万元,方案三年运行费 619.7 万元,其中年抽水电费依次为 265 万元、80 万元和 312 万元,方案二年运行费和抽水电费均为最低,方案二较优;从费用现值来看,方案一费用现值为7.03亿元,方案二费用现值为7.01亿元,方案三费用现值为7.36亿元,方案二费用现值最低。

经综合分析,由于当地作物以水稻和甘蔗为主,当地农民亩均产值较低,收入十分有限,不愿承受较高的电费,经广泛征求地方意见,鉴于自流灌溉方式运行费用相对更低,当地农民更愿意接受,为减少抽水量,降低抽水费用,减轻农民负担,考虑到人饮需求和当地农业发展需求,本次推荐方案二自流引水方案,即利用罗秀河水自流引水至柳江西灌片,通过新建南柳连接干渠,柳江西分干渠,将罗秀河水自流引入至龙旦水库、牡丹水库和丰收水库,满足柳江西灌片用水。

9.2.2.4　石祥河灌片

本次设计灌溉面积18.5万亩,现状主要水源为石祥河、福隆河等黔江支流,现状主要有石祥河水库1座中型水库、福隆水库和乐业水库等2座小(1)型水库,提水工程主要为新龟岩泵站、樟村泵站和武农泵站等3座提水工程。

目前本灌片水源布局较完善,为减少抽水量,降低抽水费用,减轻农民负担,本工程建成后,优先利用自流输水,新龟岩泵站、樟村泵站及武农泵站主要用于满足灌溉高峰期及工程检修期灌溉用水。由于水库上游来水量小,缺少补水连通工程,水源之间不能互通互联。

石祥河水库与现有提水泵站、福隆和乐业水库联合控制灌溉面积18.5万亩,石祥河水库上游石祥河沿线二调图水田面积为3.2万亩,经实地调研,妙皇乡现有小(1)型水库两座,共计规划灌溉面积0.6万亩,石祥河沿线有8处引水工程共计规划灌溉面积约1.5万亩,本次按上述工程规划灌溉面积2.1万亩考虑上游用水,上游还有妙皇乡约2万多人的生活用水,经计算,本次扣除上游妙皇乡发展用水需求量约1 990万 m^3 (其中农业用水1 770万 m^3 ,城乡生活用水220万 m^3)。石祥河水库为中型水库,坝址天然径流量1.69亿 m^3 ,基准年水资源开发利用率达到了45.6%,开发利用率已很高,水库控制灌片的灌溉保证率不到80%,不能满足灌区用水要求。设计水平年石祥河设计灌溉面积18.5万亩,经供需分析,在挖掘现有工程的供水能力后,石祥河灌片仍需补水1 414万 m^3 ,设计枯水年($P=85\%$)补水量1 767万 m^3 ,在连续枯水年2008—2014年补水量1 548万~1 988万 m^3 /年,连续枯水年平均补水量1 709万 m^3 /年。

乐梅灌片灌溉面积4.63万亩,乐梅水库为中型水库,渠系沿线有横岭水库1座小(1)型水库,有一定调蓄能力,与三江引水枢纽联合控制武宣镇三里镇耕园地,经供需分析,通过挖掘现有工程的供水能力,优先利用三江引水工程自流水,发挥灌片内横岭水库的充蓄调节能力及乐梅水库骨干水库作用,在满足灌片内灌溉需水的前提下,基本无多余水量补充给石祥河干渠。根据上文灌溉范围分析内容,本次暂未将乐梅灌片工程纳入工程总体布局。

为解决石祥河水库来水不足问题,本阶段提出从柳江提水和从罗秀河水自流引水两种方案,通过给石祥河水库补充来水,调蓄后满足下游灌区用水需求,各方案均考虑利用现有已建工程,且按等效益面积(设计灌溉面积18.5万亩)进行经济合理性比较。

(1)方案一:柳江提水方案。

石祥河灌片采用柳江水源,在柳江扶满村处新建石祥河泵站从柳江提水至97 m高程,并新建渠道,输水入石祥河水库,经水库调蓄后满足石祥河灌片用水需求。根据《大藤峡水利枢纽初步设计报告》关于水库淹没影响处理标准及范围中回水计算成果,泵站位于大藤峡坝址上游 136 km 扶满村处,此处柳江多年平均流量回水高程为 61.3 m,提水净扬程约 35.7 m,设计流量为 0.5 m³/s。

方案一通过新建石祥河泵站,设计流量 0.5 m³/s,提水净扬程 35.7 m,提水至高位水池,并新建输水渠道约 3.0 km,沿等高线输水入石祥河水库(正常蓄水位 90.4 m)进行调蓄,满足柳江西灌片灌溉需求,罗柳总干渠设计流量为 9.7 m³/s,南干渠设计流量 4.2 m³/s。

(2)方案二:自流引水方案。

本方案与"③柳江西灌片"方案二自流引水方案思路基本一致,在南干渠尾端新建石祥河引水渠 8.9 km,利用罗柳总干渠、南干渠输水至石祥河水库。罗柳总干渠设计流量为 10.5 m³/s,南干渠设计流量 5.0 m³/s,石祥河引水渠设计流量为 1.0 m³/s,同时可控制灌溉沿线 0.6 万亩耕园地,渠道沿大致 90~120 m 布置自流入石祥河水库,满足石祥河灌片灌溉需求。

方案二与方案一相比,罗柳总干渠流量从 9.7 m³/s 增加至 10.5 m³/s;南干渠流量从 4.2 m³/s 增加至 5.0 m³/s。经复核,现状罗柳总干渠过流能力达到 14.0 m³/s,南干渠过流能力为 5.0 m³/s,由于现状罗柳总干渠和南干渠渠道断面较大,渠道断面不需要扩大,仅对渠道进行改造,投资约 1 500 万元,投资较少。

方案比选图见图 9-2-5、图 9-2-6。方案比选表见表 9-2-12。

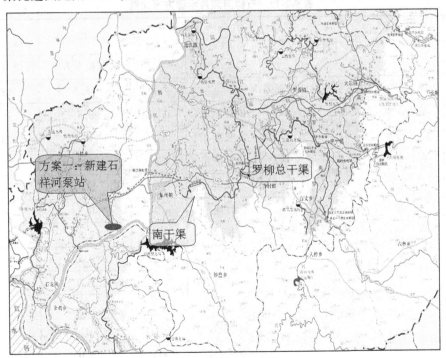

图 9-2-5　方案一:柳江提水方案(石祥河灌片)

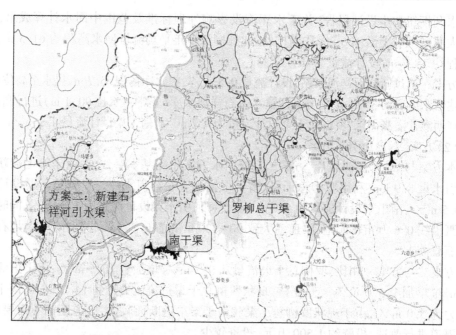

图 9-2-6　方案二：自流引水方案（石祥河灌片）

表 9-2-12　石祥河灌片水源方案比选

序号	项目名称		单位	方案一 柳江提水方案	方案二 （推荐方案） 自流引水方案
一	石祥河灌片设计灌溉面积		万亩	18.5	18.5
二	工程规模	罗柳总干渠 设计流量	m³/s	9.7	10.5
		罗柳总干渠 长度	km	23.5	23.5
		罗柳南干渠 设计流量	m³/s	4.2	5.0
		罗柳南干渠 长度	km	24.0	24.0
		石祥河水库引水渠 （方案一为直供灌溉规模） 设计流量	m³/s	0.2	1.0
		石祥河水库引水渠 （方案一为直供灌溉规模） 长度	km	7.0	8.9
		石祥河水库泵站 及输水渠道 设计流量	m³/s	0.5	—
		石祥河水库泵站 及输水渠道 泵站净扬程	m	35.7	—
		石祥河水库泵站 及输水渠道 泵站装机	kW	600	—
		石祥河水库泵站 及输水渠道 年均供水量	万 m³	1 414	—
		石祥河水库泵站 及输水渠道 渠道长度	km	3.0	—
		其他骨干工程规模		各方案均一致	各方案均一致

续表 9-2-12

序号	项目名称		单位	方案一	方案二 （推荐方案）
				柳江提水方案	自流引水方案
三	工程投资	总投资合计	亿元	7.43	7.56
		其中:(二)中所列骨干工程投资分摊	亿元	0.5	0.56
		其他骨干工程规模	亿元	4.88	4.95
		田间工程投资	亿元	2.05	2.05
四	年运行费用	运行费合计	万元	582	288
		抽水电费	万元	120	0
		其他运行费	万元	462	288
五	经济指标	单位亩投资 按骨干工程投资计算	元	2 908	2 978
		单位亩投资 按总投资计算	元	4 016	4 086
		费用现值	亿元	7.19	6.94

方案一总投资 7.43 亿元,比方案二总投资少 0.13 亿元,方案一和方案二亩均投资分别为 4 016 元和 4 086 元,亩均投资相差很小。

从工程年运行费用来看,方案一年运行费 582 万元,比方案二年运行费多 174 万元,其中年抽水电费方案一为 120 万元,方案二无抽水电费。从费用现值来看,方案二投资费用现值为 7.19 亿元,费用比方案一减少 0.25 亿元。

经综合分析,与方案一柳江提水方案相比,方案二利用罗秀河水方案自流引水至石祥河灌片,费用现值最小,降低了抽水成本,有助于减轻农民负担和运行管理费用,因此本阶段推荐方案二。石祥河灌片通过新建石祥河引水渠,将罗秀河水自流引至石祥河水库,满足石祥河灌片用水。

由于石祥河灌片新增灌溉面积距离柳江和黔江干流较近,本次按照新增灌片位置、水源情况,分四个片源进行了分析比选。

1. 新增灌面 1 片水源分析

新增灌面 1 片主要指石祥河水库至鱼步村之间灌溉区域,规划新增灌溉面积 1.5 万亩,本次初步拟定了两个方案进行比选。

(1)方案一:柳江提水方案。

采用柳江水源,在金鸡乡马良村上游新建金鸡泵站从柳江提水至 80 m 高程,提水入高位水池,根据《大藤峡水利枢纽初步设计报告》关于水库淹没影响处理标准及范围中回水计算成果,泵站位于大藤峡坝址上游约 117 km 处,此处柳江多年平均流量回水高程为61.3 m,因此金鸡泵站提水净扬程约 18.7 m,设计流量为 0.8 m³/s。

通过新建金鸡泵站,新建提水管道和输水渠道总长约 9.2 km,控制新增灌溉面积 1.5万亩。本方案投资匡算为 5 780 万元。

（2）方案二：自流方案。

利用已建石祥河干渠，通过改造马良支渠及分支渠，合计总长约 11.3 km，控制新增灌溉面积 1.5 万亩。本方案投资匡算为 5 248 万元。

方案比选图见图 9-2-7。方案比选表见表 9-2-13。

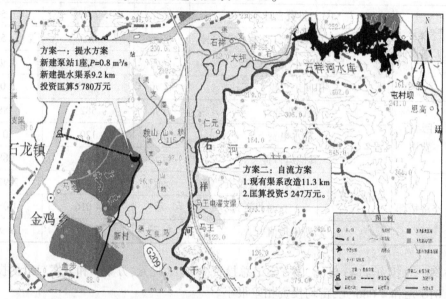

图 9-2-7　新增灌面 1 片水源方案比选

表 9-2-13　新增灌面 1 片水源方案比选

序号	项目名称			单位	方案一	方案二（推荐方案）
					提水方案	自流方案
一	灌溉面积			万亩	1.5	1.5
二	工程规模	石祥河干渠	首部设计流量	m³/s	8.0	8.0
			长度	km	55.1	55.1
		马良支渠及分支渠改造	设计流量	m³/s		1.5~0.3
			长度	km		11.3
		提水泵站及输水渠道	设计流量	m³/s	0.8	—
			泵站净扬程	m	18.7	—
			泵站装机	kW	365	—
			年均供水量	万 m³	694	—
			新建渠/管道长度	km	9.2	

续表 9-2-13

序号	项目名称		单位	方案一 提水方案	方案二 （推荐方案） 自流方案
三	工程投资	总投资合计	万元	5 781	5 248
		骨干工程投资	万元	3 673	3 140
		田间工程投资	万元	2 108	2 108
四	年运行费用	运行费合计	万元	119	85
		抽水电费	万元	26	0
		其他运行费	万元	94	85
五	经济指标	单位亩投资　按骨干工程投资计算	元/亩	2 448	2 093
		单位亩投资　按总投资计算	元/亩	3 853	3 498
		费用现值	万元	4 994	4 572

从总投资来看,方案一投资为 5 781 万元,方案二投资为 5 248 万元,方案二较优;从工程年运行费用来看,方案一年运行费 119 万元,方案二年运行费 85 万元,方案二较优;从费用现值来看,方案一费用现值为 4 994 万元,方案二费用现值为 4 572 万元,方案二较优。经综合分析,自流方案投资小,降低了抽水成本,有助于减轻农民负担和运行管理费用,因此推荐方案二,通过利用石祥河干渠,改造现有渠系自流灌溉新增灌溉面积。

2. 新增灌面 2 片水源分析

新增灌面 2 片主要指鱼步村至新龟岩泵站之间的灌溉区域,规划新增灌溉面积 0.3 万亩,本次初步拟定了两个方案进行比选。

(1)方案一:黔江提水方案。

采用黔江水源,在黄茆镇尚文村附近新建蔗木泵站从黔江提水至 80 m 高程,提水入高位水池,根据《大藤峡水利枢纽初步设计报告》关于水库淹没影响处理标准及范围中回水计算成果,泵站位于大藤峡坝址上游约 117 km 处,此处黔江多年平均流量回水高程为 61.3 m,因此蔗木泵站提水净扬程约 18.7 m,设计流量为 0.15 m³/s。

通过新建蔗木泵站,新建提水管道和输水渠道总长约 2.5 km,控制新增灌溉面积 0.3 万亩。本方案投资匡算为 1 027 万元。

(2)方案二:自流方案。

利用已建石祥河干渠,通过改造蔗木支渠等渠道,合计总长约 3.1 km,控制新增灌溉面积 0.3 万亩。本方案投资匡算为 999 万元。

方案比选图见图 9-2-8。方案比选表见表 9-2-14。

从总投资来看,方案一投资为 1 027 万元,方案二投资为 999 万元,方案二较优;从工程年运行费用来看,方案一年运行费 22 万元,方案二年运行费 16 万元,方案二较优;从费用现值来看,方案一费用现值为 902 万元,方案二费用现值为 868 万元,方案二较优。经综合分析,自流方案投资小,降低了抽水成本,有助于减轻农民负担和运行管理费用,因此推荐方案二,通过利用石祥河干渠,改造现有渠系自流灌溉新增灌溉面积。

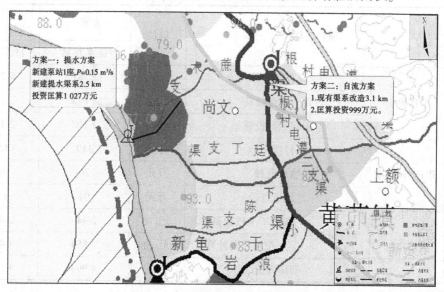

图 9-2-8　新增灌面 2 片水源方案比选

表 9-2-14　新增灌面 2 片水源方案比选

序号	项目名称			单位	方案一 柳江提水方案	方案二 （推荐方案） 自流方案
一	灌溉面积			万亩	0.3	0.3
二	工程规模	石祥河干渠	首部设计流量	m³/s	8.0	8.0
			长度	km	55.1	55.1
		蔗木支渠 改造	设计流量	m³/s		0.3
			长度	km		3.1
		提水泵站及 输水渠道	设计流量	m³/s	0.15	—
			泵站净扬程	m	18.7	—
			泵站装机	kW	75	—
			年均供水量	万 m³	139	—
			新建渠/管道长度	km	2.5	—
三	工程投资	总投资合计		万元	1 027	999
		骨干工程投资		万元	605	577
		田间工程投资		万元	422	422
四	年运行 费用	运行费合计		万元	22	16
		抽水电费		万元	5	0
		其他运行费		万元	17	16

续表 9-2-14

序号	项目名称		单位	方案一 柳江提水方案	方案二 （推荐方案） 自流方案
五	经济指标	单位亩投资　按骨干工程投资计算	元/亩	2 017	1 924
		按总投资计算	元/亩	3 422	3 329
		费用现值	万元	902	868

3. 新增灌面 3 片水源分析

新增灌面 3 片主要指新龟岩泵站至樟村泵站之间灌溉区域，规划新增灌溉面积 1.15 万亩，本次初步拟定了两个方案进行比选。

（1）方案一：提水方案。

采用黔江水源，在陈康河汇入黔江下游新建黄茆泵站从黔江提水至 80 m 高程，提水入高位水池，根据《大藤峡水利枢纽初步设计报告》关于水库淹没影响处理标准及范围中回水计算成果，泵站位于大藤峡坝址上游约 80 km 处，此处黔江多年平均流量回水高程为 61.2 m，因此金鸡泵站提水净扬程约 18.8 m，设计流量为 0.7 m³/s。

通过新建黄茆泵站，新建提水管道和输水渠道总长约 9.0 km，控制新增灌溉面积 1.15 万亩。本方案投资匡算为 4 491 万元。

（2）方案二：自流方案。

利用已建石祥河干渠，通过改造小浪支渠、陇村支渠等渠道，合计总长约 13.5 km，控制新增灌溉面积 1.15 万亩。本方案投资匡算为 3 850 万元。

方案比选图见图 9-2-9。方案比选表见表 9-2-15。

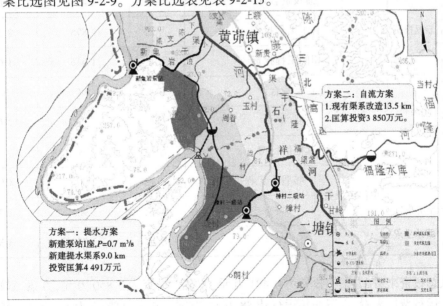

图 9-2-9　新增灌面 3 片水源方案比选

表 9-2-15　新增灌面 3 片水源方案比选

序号	项目名称		单位	方案一 提水方案	方案二（推荐方案） 自流方案
一	灌溉面积		万亩	1.15	1.15
二	工程规模	石祥河干渠 首部设计流量	m³/s	8.0	8.0
		石祥河干渠 长度	km	55.1	55.1
		小浪支渠改造 设计流量	m³/s		0.3
		小浪支渠改造 长度	km		5.5
		陇村支渠改造 设计流量	m³/s		0.5
		陇村支渠改造 长度	km		8
		提水泵站及输水渠道 设计流量	m³/s	0.7	—
		提水泵站及输水渠道 泵站净扬程	m	18.8	—
		提水泵站及输水渠道 泵站装机	kW	70	—
		提水泵站及输水渠道 年均供水量	万 m³	530	—
		提水泵站及输水渠道 新建渠/管道长度	km	9	—
三	工程投资	总投资合计	万元	4 491	3 850
		骨干工程投资	万元	2 875	2 234
		田间工程投资	万元	1 616	1 616
四	年运行费用	运行费合计	万元	88	62
		抽水电费	万元	15	0
		其他运行费	万元	73	62
五	经济指标	单位亩投资 按骨干工程投资计算	元/亩	2 500	1 942
		单位亩投资 按总投资计算	元/亩	3 905	3 347
		费用现值	万元	3 884	3 316

从总投资来看,方案一投资为 4 491 万元,方案二投资为 3 850 万元,方案二较优;从工程年运行费用来看,方案一年运行费 88 万元,方案二年运行费 62 万元,方案二较优;从费用现值来看,方案一费用现值为 3 884 万元,方案二费用现值为 3 316 万元,方案二较

优。经综合分析,自流方案投资小,降低了抽水成本,有助于减轻农民负担和运行管理费用,因此推荐方案二,通过利用石祥河干渠,改造现有渠系自流灌溉新增灌溉面积。

4.新增灌面 4 片水源分析

新增灌面 4 片主要指樟村泵站至石祥河干渠末端之间的灌溉区域,规划新增灌溉面积 1.85 万亩,本次初步拟定了两个方案进行比选。

(1)方案一:提水方案。

采用黔江水源,在武宣镇上游和长寿村分别新建武宣泵站和长寿泵站从黔江提水至 70～75 m 高程,提水入高位水池,根据《大藤峡水利枢纽初步设计报告》关于水库淹没影响处理标准及范围中回水计算成果,泵站位于大藤峡坝址上游 50～60 km 处,此处黔江多年平均流量回水高程为 61.1～61.2 m,因此武宣泵站和长寿泵站提水净扬程分别为 8.9～13.8 m,设计流量分别为 0.7 m³/s 和 0.3 m³/s。

通过新建武宣泵站和金鸡泵站,新建提水管道和输水渠道总长约 12.0 km,控制新增灌溉面积 1.8 万亩。本方案投资匡算为 7 479 万元。

(2)方案二:自流方案。

利用已建石祥河干渠,通过改造武宣支渠、七星支渠、大岭支渠和盘龙支渠等渠道,合计总长约 22.5 km,控制新增灌溉面积 1.85 万亩。本方案投资匡算为 5 335 万元。

方案比选图见图 9-2-10。方案比选表见表 9-2-16。

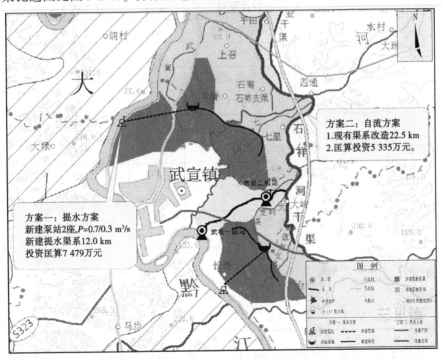

图 9-2-10　新增灌面 4 片水源方案比选

表 9-2-16　新增灌面 4 片水源方案比选

序号	项目名称			单位	方案一 提水方案	方案二 （推荐方案） 自流方案
一	灌溉面积			万亩	1.85	1.85
二	工程规模	石祥河干渠	首部设计流量	m³/s	8.0	8.0
			长度	km	55.1	55.1
		武宣支渠改造	设计流量	m³/s		1
			长度	km		12
		七星支渠改造	设计流量	m³/s		0.2
			长度	km		4.5
		大岭支渠改造	设计流量	m³/s		0.6
			长度	km		3.5
		盘龙支渠改造	设计流量	m³/s		0.4
			长度	km		2.5
		提水泵站及输水渠道	设计流量	m³/s	0.7/0.3	—
			泵站净扬程	m	13.8/8.9	—
			泵站装机	kW	110	—
			年均供水量	万 m³	856	—
			新建渠/管道	km	12	—
三	工程投资	总投资合计		万元	7 479	5 335
		骨干工程投资		万元	4 880	2 736
		田间工程投资		万元	2 599	2 599
四	年运行费用	运行费合计		万元	137	86
		抽水电费		万元	16	0
		其他运行费		万元	121	86
五	经济指标	单位亩投资	按骨干工程投资计算	元/亩	2 638	1 479
			按总投资计算	元/亩	4 043	2 884
		费用现值		万元	6 518	4 671

从总投资来看,方案一投资为 7 479 万元,方案二投资为 5 335 万元,方案二较优;从工程年运行费用来看,方案一年运行费 137 万元,方案二年运行费 86 万元,方案二较优;从费用现值来看,方案一费用现值为 6 518 万元,方案二费用现值为 4 671 万元,方案二较优。经综合分析,自流方案投资小,降低了抽水成本,有助于减轻农民负担和运行管理费

用,因此推荐方案二,通过利用石祥河干渠,改造现有渠系自流灌溉新增灌溉面积。

综上所述,本次推荐自流引水方案,石祥河灌片新增灌面面积均利用现有石祥河干渠及配套渠系进行灌溉。

9.2.3　罗秀河调蓄工程分析

罗秀河水资源条件好,水量丰富,高程高,现状水资源利用率较低,通过以上罗柳灌片、运江东灌片、柳江西灌片和石祥河灌片水源分析,各灌片均需要罗秀河或其支流中平河补水,需要下六甲调蓄补水 1 797 万 m³。

本阶段参考已有规划,经初步分析,在罗秀河选择了 4 处位置,对罗秀河调蓄工程进行分析,提出了以下四种方案。

(1)方案一:利用下六甲水库方案。

罗秀河支流滴水河现状有 1 座下六甲水库,该水库主要功能为发电,兼顾下六甲灌区灌溉。坝址处多年平均径流量 3.72 亿 m³,水库正常蓄水位 295 m,死水位为 275 m,总库容 3 202 万 m³,调节库容 1 680 万 m³,水电站 2 台机组,总装机容量 2×9 800 kW,电站最大发电水头 105.85 m,最小发电水头 81.64 m,水轮机额定水头 92.0 m,单机额定过水流量 12.08 m³/s,多年平均发电量 7 392 万 kW·h,初步设计概算批复总投资为 1.51 亿元。

按照广西水利厅《关于来宾市滴水河下六甲水利枢纽工程下六甲水电站初步设计的批复》(桂水技〔2005〕141 号文),下六甲调度"枯水期水电站的运行调度要服从下游灌溉需水要求,同时对坝下约 750 m 的脱水河段要维持生态环境用水基流 0.44 m³/s"。

下六甲水库现状以发电为主,经计算,按照电调计算,下泄过程基本无法保证灌区用水要求,灌区需下六甲水库补水 1 797 万 m³,需要将下六甲水库主要任务调整为以灌溉为主,兼顾发电,即"电调服从水调",灌区用水可满足保证率要求。经分析,下六甲水库电调改为水调后,电站下泄水量未减少,由于灌区灌溉期供水要求下六甲水库下泄流量过程不均匀,对电站出力均匀性有一定影响,但发电量未减少。

(2)方案二:罗柳总干引水枢纽原坝址扩建方案。

罗柳总干渠引水枢纽处多年平均径流量 5.71 亿 m³,水资源丰富,现状壅水坝高程为 133.5 m,基本没有调蓄能力,通过扩建现有壅水坝,当水位抬高至 145 m 时,调节库容达到 1 500 万 m³,可对上游来水和下六甲发电尾水进行调蓄满足灌区用水要求,由于坝址上游地形平缓,淹没较多,移民投资达到 8 亿元,匡算工程总投资约 11.7 亿元。

(3)方案三:罗柳总干引水枢纽下坝址方案。

考虑到罗柳总干原坝址不能充分利用中平河水,本方案将坝址下移 2.3 km 至中平河河口下游,坝址拦蓄罗秀河和其支流中平河,多年平均径流量 10.7 亿 m³,通过新建挡水坝,抬高水位进行调蓄,当水位达到 138 m 时,调节库容约 1 500 万 m³,通过调蓄可满足灌区用水要求,该坝址与其他方案相比,坝线最长,回水区域地形平缓,淹没较多,移民投资达到 10 亿元,匡算总投资 15.9 亿元。

(4)方案四:新建玲马水库方案。

玲马水库坝址位于罗秀河上游金秀县大樟河上,坝址处多年平均径流量 2.03 亿 m³,

当正常蓄水位达到 235 m 时,调节库容为 2 000 万 m³,可满足灌区用水要求,需要搬迁人口 180 人,移民投资 4.3 亿元,匡算工程总投资约 6.0 亿元。

水源方案分析比选见图 9-2-11 和方案比选见表 9-2-17。

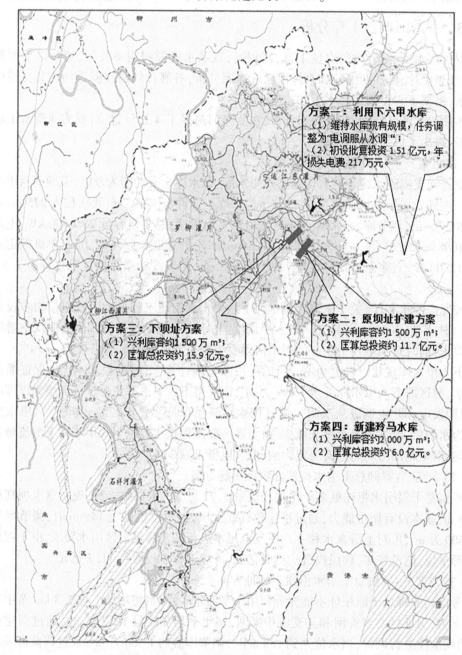

方案一：利用下六甲水库
（1）维持水库现有规模,任务调整为"电调服从水调"；
（2）初设批复投资 1.51 亿元,年损失电费 217 万元。

方案三：下坝址方案
（1）兴利库容约 1 500 万 m³；
（2）匡算总投资约 15.9 亿元。

方案二：原坝址扩建方案
（1）兴利库容约 1 500 万 m³；
（2）匡算总投资约 11.7 亿元。

方案四：新建玲马水库
（1）兴利库容约 2 000 万 m³；
（2）匡算总投资约 6.0 亿元。

图 9-2-11 水源分析方案示意

表 9-2-17 罗秀河调蓄工程方案比选

项目	方案一(推荐)	方案二	方案三	方案四
	利用下六甲水库方案	罗柳引水枢纽扩建方案	罗柳引水枢纽坝址下移方案	新建玲马水库方案
多年平均径流量/亿 m³	3.72	5.71	10.7	2.03
正常蓄水位/m	295	145	138	235
调节库容/万 m³	1 680	1 500	1 500	2 000
坝顶高程/m	298.2	148	141	238
坝高/m	84.2	25	17	35
坝长/m	199	1 400	1 500	730
工程部分投资/亿元	1.4	2.7	4.5	1.8
环境移民投资/亿元	0.11	9.1	11.4	4.2
总投资/亿元	1.51(已完成)	11.7	15.9	6.0

根据灌区供需分析和总体布局,与方案一(利用下六甲水库)相比,方案二和方案三淹没范围大,且基本均为人口居住区和灌区内耕园地,淹没投资较大,本次不推荐方案二和方案三。

方案四新建玲马水库投资相对方案二和方案三节省较多,但仍比方案一投资大,利用已建下六甲水库,将其任务调整为“电调服从水调”投资大,因此从灌区用水需求角度考虑,新建玲马水库经济性较差,本次推荐方案一,即利用下六甲水库进行调蓄,满足灌区灌溉用水。玲马水库作为远期展望年建设水源工程考虑,不再深入论证。

目前下六甲水库下游现状可补充灌溉面积主要为罗柳总干渠和友谊干渠控制灌面,现状灌溉面积 6.1 万亩;《广西桂中治旱下六甲灌区节水配套改造工程规划报告》提出下六甲灌区规划灌溉面积为 33.4 万亩,本次设计灌溉面积为 59.5 万亩,按照三种不同的灌溉面积,在下六甲水库电调和水调运行方式下,初步分析对灌区灌溉保证率和下六甲发电的影响。

由表 9-2-18 可以看出,下六甲水库在电调情况下,由于发电期与灌溉需求期用水矛盾,导致现状灌溉面积 6.1 万亩、下六甲电站设计灌溉面积 33.4 万亩不能满足灌溉需求。下六甲水库在服从灌溉调度情况下,各方案灌溉保证率均能保证,对下六甲水库发电量基本无影响,从各方案灌溉效益来看,灌溉面积越大灌溉效益越好,本次推荐灌溉面积为 59.5 万亩,下六甲水库按照灌溉需求过程下泄是合适的。

表9-2-18　灌区不同灌溉面积下六甲水库对灌区及自身发电的影响分析

序号	项目	方案一			方案二						方案三					
					方案二-1			方案二-2			方案三-1			方案三-2		
		下六甲库补水量/万m³	总供水量/万m³	灌溉保证率/%	下六甲库补水量/万m³	总供水量/万m³	灌溉保证率/%	下六甲库补水量/万m³	总供水量/万m³	灌溉保证率/%	下六甲库补水量/万m³	总供水量/万m³	灌溉保证率/%	下六甲库补水量/万m³	总供水量/万m³	灌溉保证率/%
1	设计灌溉面积/万亩	6.1(现状有效面积)			33.4(珠江流域规划灌溉面积，下六甲电站原设计灌溉面积)						59.5(本次设计灌溉面积)					
2	下六甲水库调度方式	电调			水调			电调			水调			电调		
3	对相关灌片的影响															
3.1	长村灌片	103	1 210	38.9	86	909	87.0	77	900	87.0	398	2 350	87.0	398	2 350	77.8
3.2	友谊灌片	304	2 252	75.9	169	1 603	85.2	148	1 583	75.9	372	1 821	85.2	357	1 806	81.5
3.3	总干直灌片	273	1 803	64.8	147	2 186	85.2	123	2 167	44.4	171	1 679	85.2	85	1 593	55.6
3.4	北干渠灌片	194	1 306	48.1	451	2 327	85.2	308	2 184	51.9	204	2 518	85.2	111	2 429	38.9
3.5	南干渠灌片				254	2 120	85.2	194	2 060	61.1	457	2 458	85.2	206	2 207	37.0
3.6	马坪灌片										195	1 952	85.2	125	1 881	50.0
3.7	小计	874	6 571	55.6	1 107	9 145	85.2	850	8 894	53.7	1 797	12 778	85.2	1 282	12 266	46.3
4	设计发电量		6 771			6 823			6 771			6 809			6 771	
5	灌溉效益/亿元		0.58			2.35			1.51			4.93			2.90	

9.3 水源工程布局

9.3.1 蓄水工程

经过前文水源分析,下六甲灌区以下六甲水库、长村水库、丰收水库和石祥河水库等 4 座中型水库为骨干龙头水源,并结合灌区内已建小(1)型水库 16 座,按照自流补水的原则,利用下六甲水库,通过下游引水枢纽和干渠输水至灌区,并与灌区内现有中小型水库连通,灌区内蓄水工程布局见表 9-3-1。

表 9-3-1 蓄水工程布局

序号	工程名称	所属灌片	水库规模	原开发任务	坝址多年平均径流量/万m³	校核洪水位/m	正常蓄水位/m	死水位/m	总库容/万m³	兴利库容/万m³	死库容/万m³	说明
1	下六甲水库	罗柳灌片	中型	发电为主,兼顾灌溉	36 206	297.51	295	275	3 202	1 680	1 270	骨干水源
2	长村水库	运江东灌片	中型	灌溉为主,兼有发电	1 324	146.05	144.12	138.72	1 384	684	276	骨干水源
3	石祥河水库	石乐灌片	中型	灌溉为主,兼有发电	16 931	94.33	90.4	82	7 399	3 500	1 200	骨干水源
4	丰收水库	柳江西灌片	中型	灌溉	2 888	78.46	77	69.9	3 335	2 309	86	骨干水源
5	落脉河水库	运江东灌片	小(1)型	灌溉为主,兼有发电	19 507	240.47	235	209.3	794	542	34	骨干水源
6	太山水库	运江东灌片	小(1)型	灌溉	1 165	187.99	187	177	516	295	10	补偿
7	长塘水库	运江东灌片	小(1)型	灌溉	241	176.68	176	163	573	494	6.6	充蓄/补偿
8	甫上水库	运江东灌片	小(1)型	灌溉	137	114.15	113.25	108.22	315	206	62.1	充蓄/补偿
9	老虎尾水库	运江东灌片	小(1)型	灌溉	77	100.59	100	93.8	179	134	25.5	充蓄
10	兰靛坑水库	罗柳灌片	小(1)型	灌溉	89.0	131.4	130.8	119.1	231	205	0.42	充蓄
11	仕会水库	罗柳灌片	小(1)型	灌溉	398	138.81	137.65	130	160	124	2	补偿
12	两旺水库	罗柳灌片	小(1)型	灌溉	314	111.19	110.51	103	912	654	165	充蓄
13	百万水库	罗柳灌片	小(1)型	灌溉	183	81.32	80	71.44	101	73	1.7	充蓄
14	歪甲水库	罗柳灌片	小(2)型	灌溉	195	124.19	123.08	118.67	143	84	3	补偿

序号	工程名称	所属灌片	水库规模	原开发任务	坝址多年平均径流量/万 m³	校核洪水位/m	正常蓄水位/m	死水位/m	总库容/万 m³	兴利库容/万 m³	死库容/万 m³	说明
15	云岩水库	罗柳灌片	小(1)型	灌溉	92	114.37	113	98	133	105	9.5	充蓄
16	跌马寨水库	罗柳灌片	小(1)型	灌溉	157	225.67	224.5	217	142	110	2	补偿
17	龙旦水库	柳江西灌片	小(1)型	灌溉	888	114.95	113.74	100	949	757	15.3	充蓄
18	牡丹水库	柳江西灌片	小(1)型	灌溉	579	113.18	111.5	98.6	386	297	4	充蓄
19	福隆水库	石乐灌片	小(1)型	灌溉	1 504	110.43	107.8	92.74	673	493	8	补偿
20	乐业水库	石乐灌片	小(1)型	灌溉	908	103.7	90.2	86.5	730	495	11.2	补偿
21	中型水库小计		中型	4 座	57 349				15 320	8 173	2 832	
22	小(1)型水库小计		小(1)型	16 座	26 434				6 937	5 067	360	
23	合计		20 座	83 783					22 257	13 240	3 192	

9.3.2 引水工程

下六甲灌区内主要灌溉引水枢纽有 9 处，分别为罗柳总干引水枢纽、江头引水枢纽、廷岭引水枢纽、水晶引水枢纽、和平引水枢纽、凉亭引水枢纽、百丈一干渠引水枢纽、百丈二干渠引水枢纽和长村引水枢纽。引水工程均为利用已有工程，不再新增引水枢纽。引水工程布局见表 9-3-2。

表 9-3-2 引水工程布局

序号	工程名称	水源	所在二级灌片	补水主要水源	灌溉设计流量/（m³/s）	控制灌溉高程/m
1	罗柳总干引水枢纽	罗秀河	罗柳总干直灌灌片	下六甲水库	14.0	130
2	江头引水枢纽	中平河	友谊灌片	下六甲水库	1.9	175
3	廷岭引水枢纽	中平河	友谊灌片	下六甲水库	7.5	185
4	水晶引水枢纽	水晶河	水晶灌片	长塘水库	1.5	129
5	和平引水枢纽	水晶河	桐木灌片		0.6	230
6	凉亭引水枢纽	桐木河	桐木灌片		3	185

续表 9-3-2

序号	工程名称	水源	所在二级灌片	补水主要水源	灌溉设计流量/（m³/s）	控制灌溉高程/m
7	百丈一干渠引水枢纽	门头河	罗秀河上灌片		0.4	180
8	百丈二干渠引水枢纽	门头河	罗秀河上灌片		0.8	170
9	长村引水枢纽	落脉河	长村灌片		1.5	165

9.3.3　提水工程

灌区内提水工程主要分为两类，一是泵站取水口位于河道，作为水源泵站，在枯水期和灌溉高峰期上游水库或引水工程水量不够时，提水灌溉补水，水源主要为河道；二是泵站取水口位于渠道中，从渠道提水，水源为渠道水，这类泵站作为非水源泵站。本次规划将根据供需分析和水资源配置，尽量利用已建水源泵站，不再新增水源泵站。非水源泵站根据灌溉面积和现有渠系分布，在罗柳灌片的北干渠左岸新建屯抱泵站 1 座。

9.3.3.1　水源泵站

灌区内现有规模较大的泵站中，仅有白屯沟、猛山、新龟岩、武农和樟村等 5 座一级提水泵站目前由大藤峡项目进行了复建，主体已基本完成，经分析，本次对这 5 座泵站灌溉范围仍维持提灌方式，与现有樟村二级和武农二级泵站一起在灌溉高峰期发挥其补水灌溉作用，适当减少提灌水量和运行成本，减少提水电费。

鸡冠泵站已废弃多年，目前不能发挥其抗旱和灌溉高峰期补水作用。泵站位于象州县运江镇三里村北侧，取水水源为运江，提水入罗柳北干渠桩号 16+200 处，承担北干渠高峰期补水作用，原设计流量 0.3 m³/s，本次计划原址、原规模拆建鸡冠泵站 1 座，年补水量 60 万 m³。下六甲灌区主要水源泵站分布情况见表 9-3-3。

表 9-3-3　水源提水泵站工程分布情况

序号	提水泵站名称	水源	所在二级灌片	装机台数	总装机容量/kW	设计流量/（m³/s）	设计扬程/m	说明
1	白屯沟电灌站	红水河	丰收灌片	3	600	0.68	36.57	维持现状
2	猛山一级电灌站	柳江	马坪灌片	3	1 650	2.79	32.85	维持现状
3	新龟岩泵站	黔江	石祥河灌片	6	1 005	1.2	49~69	维持现状
4	武农一级电灌站	黔江	石祥河灌片	4	1 520	2.6	21.8	维持现状
5	樟村一级电灌站	黔江	石祥河灌片	4	1 520	2.65	19.7	维持现状
6	武农二级电灌站	黔江	石祥河灌片	3	600	1.6	13	维持现状
7	樟村二级电灌站	黔江	石祥河灌片	4	1 260	2.65	20	维持现状
8	鸡冠泵站	运江	北干渠灌片	3	330	0.3	39.0	本次拆建

9.3.3.2　非水源泵站

灌区内现有林塘、马王、赖村、根村等非水源泵站，均从渠道取水，目前这 4 座泵站均能正常运行,本次规划维持现状,非水源提水泵站工程分布情况如表9-3-4所示。

表 9-3-4　非水源提水泵站工程分布情况

序号	工程名称	所在二级灌片	装机台数/台	泵站装机容量/kW	设计流量/(m³/s)	提水净扬程/m	设计灌溉面积/万亩	说明
1	林塘泵站	北干渠灌片	6	450	0.4	43	0.6	维持现状
2	马王泵站	石祥河灌片	3	810	0.8	30	1.2	维持现状
3	赖村泵站	石祥河灌片	3	270	0.3	25	0.5	维持现状
4	根村泵站	石祥河灌片	3	400	0.4	30	0.6	维持现状
5	屯抱泵站	北干渠灌片	3	1 680	0.9	40	1.2	本次新建

在灌区北干渠控制范围内,林塘村与屯抱村之间耕园地集中连片,约有耕园地2.3万亩,地形坡度平缓,耕园地高程大部分在120~160 m,水低田高,现状均为旱地。该区域主要的河流为下腊河,河口处多年平均径流量为1.25亿 m³,在林塘村处断面多年平均径流量约0.4亿 m³,地形相对平坦,基本无条件新建水源调蓄工程,水资源较少,且下腊河高程比北干渠还低,扬程高,不经济,因此通过利用现有北干渠,新建屯抱泵站提水灌溉,净扬程为40 m。结合国土二调图成果,经供需分析,确定屯抱泵站设计灌溉面积1.2万亩。

9.4　灌溉输水骨干工程布局

9.4.1　骨干工程与田间工程划定

按照渠道级别来分,灌区工程原则上将支渠及以上工程作为骨干工程,支渠以下工程作为田间工程;按照渠道工作方式来分,灌区原则上将续灌渠道作为骨干工程,轮灌渠道作为田间工程。按照上述原则,结合本工程的实际情况,确定本工程骨干工程如下:

(1)灌区渠系较多,确定总干渠、干渠及沿线的分干渠、支渠,分干渠沿线的支渠,这些渠道全部为支渠及以上渠道,渠道灌溉方式为续灌,作为骨干工程。

(2)向当地水库的补水渠道,补水方式为续灌,补水渠道对于扩大供水区灌溉面积、提高保证率作用较大,作为骨干工程。

(3)按照面积来分,根据《灌区规划规范》(GB/T 50509—2009),山丘区支渠灌溉面积一般不小于3 000亩。按此规定,本项目根据田间工程典型设计和渠系布置情况,将灌溉面积大于等于3 000亩地的渠道列为骨干渠道。

9.4.2　布局原则

(1)合理规划各控制点的供水对象和设计灌溉面积。渠道布局需满足水资源配置的要求,满足农业用水需求。

(2)针对项目区山区、丘陵区的地形特点,因地制宜,合理布设渠道。充分利用项目区的有利地形条件,骨干渠道尽量沿等高线或布置于分水岭上,自流控灌分水岭两侧的坡地。

（3）充分利用现有渠道，以减少新增占地，节约项目投资。

9.4.3　控制点高程

灌区内控制点选择主要根据现有渠道布置高程、当地调蓄水库的自流补水需求，自流灌溉范围内耕园地的高程，并考虑渠道纵坡综合确定。规划阶段主要对灌区内现有和新建骨干干渠初步确定控制高程，见表 9-4-1。

表 9-4-1　灌区主要骨干干渠控制高程汇总

序号	工程名称	一级灌片	二级灌片	起止点位置及水位高程			
				起点	水位高程/m	终点	水位高程/m
1.1	运江东灌片						
1.1.1	落脉干渠	运江东灌片	落脉灌片	干渠进水闸	200	大乐分干渠分水闸	180
		运江东灌片	落脉灌片	大乐分干渠分水闸	180	新杯支渠分水闸	178
（1）	大乐分干渠	运江东灌片	落脉灌片	大乐分干渠分水闸	180	渠道末端	177
1.1.2	长村水库引水渠	运江东灌片	长村灌片	丁贡坝进水闸	162	长村水库	148
1.1.3	长村干渠	运江东灌片	长村灌片	干渠分水闸	138	竹山分干分水闸	130
		运江东灌片	长村灌片	竹山分干分水闸	130	新寨支渠分水闸	120
1.1.4	云岩干渠	运江东灌片	长村灌片	云岩水库	120	渠道末端	115
1.1.5	和平干渠	运江东灌片	桐木灌片	干渠进水闸	230	渠道末端	220
1.1.6	凉亭干渠	运江东灌片	桐木灌片	干渠进水闸	185	渠道末端	175
1.1.7	长塘干渠	运江东灌片	桐木灌片	长塘水库	165	水晶干渠	128
1.1.8	太山干渠	运江东灌片	桐木灌片	太山水库	185	凉亭干渠	180
1.1.9	水晶干渠	运江东灌片	水晶灌片	干渠进水闸	129	甫上水库	115
		运江东灌片	水晶灌片	甫上水库	108	长塘支渠分水闸	110
1.2	罗柳灌片						
1.2.1	百丈一干渠	罗柳灌片	罗秀河上灌片	干渠进水闸	180	渠道末端	165
1.2.2	百丈二干渠	罗柳灌片	罗秀河上灌片	干渠进水闸	170	渠道末端	140
1.2.3	江头干渠	罗柳灌片	友谊灌片	干渠进水闸	175	河村支渠分水闸	172
		罗柳灌片	友谊灌片	河村支渠分水闸	172	落脉河	165
1.2.4	友谊干渠	罗柳灌片	友谊灌片	干渠进水闸	190	渠道末端	185
1.2.5	罗柳总干渠	罗柳灌片	总干直灌灌片	总干渠进水闸	132	冲天桥电站	129
		罗柳灌片	总干直灌灌片	冲天桥电站	129	南、北干分水闸	126

续表 9-4-1

序号	工程名称	一级灌片	二级灌片	起止点位置及水位高程			
				起点	水位高程/m	终点	水位高程/m
1.2.6	罗柳北干渠	罗柳灌片	北干渠灌片	北干分水闸	126	屯抱支渠分水闸	120
		罗柳灌片	北干渠灌片	屯抱支渠分水闸	120	两旺水库	112
1.2.7	两旺干渠	罗柳灌片	北干渠灌片	两旺水库	103	百万水库	85
1.2.8	百万干渠	罗柳灌片	北干渠灌片	百万水库	70	渠道末端	65
1.2.9	罗柳南干渠	罗柳灌片	南干渠灌片	南干分水闸	126	热水支渠分水闸	124
		罗柳灌片	南干渠灌片	热水支渠分水闸	124	花山电站	123
1.2.10	南柳连接干渠	罗柳灌片	南干渠灌片	干渠进水闸	122	柳江倒虹吸	121
1.2.11	石祥河引水渠	罗柳灌片	南干渠灌片	石祥河水库引水渠进水闸	122	石祥河水库	100
1.3	柳江西灌片						
1.3.1	柳江西分干渠	柳江西灌片	马坪灌片	柳江倒虹吸出口	120	下桥支渠分水口	117
		柳江西灌片	马坪灌片	下桥支渠分水口	117	龙旦水库	115
		柳江西灌片	马坪灌片	龙旦水库	115	牡丹水库	113
1.3.2	龙旦干渠	柳江西灌片	马坪灌片	龙旦水库	100	丰收水库	80
1.3.3	牡丹干渠	柳江西灌片	马坪灌片	牡丹水库	98	渠道末端	95
1.3.4	猛山干渠	柳江西灌片	马坪灌片	猛山提水站	75	渠道末端	72
1.3.5	丰收西干渠	柳江西灌片	丰收灌片	丰收水库	75	大塘片	74
1.3.6	丰收南干渠	柳江西灌片	丰收灌片	丰收水库	75	石龙分水闸	74
(1)	石龙分干渠	柳江西灌片	丰收灌片	石龙分水闸	74	渠道末端	70
1.3.7	白屯沟干渠	柳江西灌片	丰收灌片	白屯沟提水站	74	渠道末端	72
1.4	石祥河灌片						
1.4.1	石祥河干渠	石祥河灌片	石祥河灌片	干渠进水闸	83	马良支渠分水闸	81
		石祥河灌片	石祥河灌片	马良支渠分水闸	81	陇村支渠分水闸	78
		石祥河灌片	石祥河灌片	陇村支渠分水闸	78	武宣支渠分水闸	76
		石祥河灌片	石祥河灌片	武宣支渠分水闸	76	渠道末端	72
1.4.2	福隆干渠	石祥河灌片	石祥河灌片	福隆水库	92	石祥河干渠	75
1.4.3	乐业干渠	石祥河灌片	石祥河灌片	乐业水库	87	石祥河干渠	75

9.4.4　灌区输水骨干工程布局

下六甲灌区现有输水骨干主要有罗柳总干渠、罗柳北干渠、罗柳南干渠、长村干渠、落脉干渠、凉亭干渠、和平干渠、水晶干渠、石祥河干渠等 32 条干(分干)渠,总长 378.4 km;支(分支)渠 77 条,总长 335.1 km,经调查分析,列入本次规划改扩建长度为 561.2 km。

下六甲灌区新建输水骨干渠道主要为新建热水支渠、古才支渠、龙富支渠、下桥支渠、龙兴支渠、湾田支渠和福堂支渠等支渠 7 条,总长 44.4 km。

9.4.4.1　罗柳总干渠

罗柳总干渠是下六甲灌区已建最大的灌溉输水骨干工程,起点为罗柳总干引水枢纽进水闸,终点为南、北干分水闸,总长 23.5 km,自流灌溉,主要受益范围包括中平、寺村、运江、罗秀、象州镇等 5 个乡镇。

总干渠始建于 1958 年,原设计灌溉面积约 11.2 万亩,原设计流量为 8.3 m³/s,1976年在总干渠 15 km 处增建了冲天桥水电站,需从总干渠引水 3.44 m³/s,后总干渠进行了扩建,扩建后设计流量为 9.5 m³/s,加大流量 11.86 m³/s。扩建时期用石灰砂浆衬砌块石进行了衬砌,最近一次干渠改造为 1991 年,主要对干渠损坏严重、渗漏损失较大的段落进行了防渗衬砌,分别为 2+284~3+060 段、3+680~4+040 段、5+140~6+240 段、6+894~11+840 段、12+160~15+420 段、15+560~16+980 段和 17+280~19+175 段等 7 段,总长度为 13.8 km,渠道断面多为矩形,改造后断面底宽 5.5~7.8 m,渠深 1.8~2.5 m,渠道纵坡1/2 000~1/1 000,经水工专业复核,现状断面最大过流能力达到 14 m³/s。

目前干渠最近一次改造距今已有 30 年时间,有效灌溉面积约 6.0 万亩,占总灌溉面积的 54%,由于水源和渠系不配套等原因,一直未能充分发挥灌溉效益,亟需对干渠进行改造。经调查,罗柳总干渠存在的主要问题是渠系多位于砂卵石和沙土层上,渠系渗漏严重,渠坡护砌年久失修,损坏严重、部分段落淤积严重,渠道多处受雨水冲刷,滑坡坍塌时有发生,致使渠道淤堵,局部渠段存在过流"卡脖子"问题,现状沿线支渠、斗渠多数缺少永久性分水闸,无闸控制灌溉用水无法调节,造成下游灌片无水可用,水量浪费严重,渠道渠堤窄甚至无巡堤路,管理不便等。

根据工程总体布局,罗柳总干渠规划主要任务是灌溉总干渠沿线、南干渠和北干渠,石祥河引水渠、南柳连接干渠、柳江西干渠,直接灌溉面积 13.3 万亩,同时还承担着向石祥河水库、龙旦水库、牡丹水库的补水任务。由于灌溉范围扩大,根据供需分析成果,本次需要扩建罗柳总干渠,设计流量由原设计的 6.5~9.5 m³/s 扩大到 8.0~10.5 m³/s,利用罗柳总干渠及配套渠系,并新建南柳连接干渠、柳江西分干渠,向柳江西灌片引水约 1 700万 m³,新建石祥河引水渠向石祥河灌片引水约 1 400 万 m³,可满足下游灌区用水要求。

根据渠道现状情况,规划阶段对罗柳总干渠全线进行扩建(渠道断面基本不扩大),总长 23.5 km。本次扩建工程维持现有渠道布置,起于罗柳总干引水枢纽进水闸,沿地形等高线向北至敖村支渠分水闸,随后总干渠向西,经过兰靛坑水库并补水入水库,总干渠沿等高线继续向西,跨过寺村河、穿过梧柳高速,至南北干分水闸结束。

9.4.4.2 罗柳北干渠

罗柳北干渠起点为北干分水闸,终点为两旺水库,总长 28.6 km,自流灌溉,局部提水灌溉,主要受益范围包括寺村、运江等 2 个乡镇。罗柳总干引水枢纽水坝及分水闸情况见图 9-4-1、图 9-4-2。

图 9-4-1 罗柳总干引水枢纽挡水坝情况

图 9-4-2 罗柳南、北干分水闸情况(罗柳总干结束点)

罗柳北干渠始建于 1958 年,自罗柳总干渠取水,原灌溉受益面积约 4.8 万亩,现状有效灌溉面积仅 2.2 万亩,原设计流量为 2.8 m³/s,现状仅部分段落进行了衬砌,渠道断面底宽 2.2~3.5 m,渠深 1.5~2.0 m,渠道纵坡 1/6 500~1/4 000,经复核,现过流能力为1.5~3.5 m³/s。罗柳北干渠现状情况见图 9-4-3。

目前北干渠有效灌溉面积约 2.2 万亩,占北干渠控制灌溉面积的 46%,由于水源和渠系不配套等原因,一直未能充分发挥灌溉效益,亟需对干渠进行改造。经调查,罗柳北干渠存在的主要问题是渠道坍塌阻水,渠系建筑物输水能力不足,渠系多位于砂卵石和沙土层上,渠系渗漏严重,渠坡护砌年久失修,损坏严重、部分段落淤积严重,渠道渠堤窄甚至无巡堤路,管理不便等。

图 9-4-3　罗柳北干渠现状情况

根据工程总体布局推荐方案,恢复罗柳北干渠原控制面积,并在屯抱村处设屯抱泵站,新增提水灌溉 1.2 万亩旱地,本次设计流量为 3 m³/s,满足下游灌区用水要求。

本次维持现有渠道布置,起于北干分水闸,在鸡冠泵站以上段落,地形东高西低,北干渠主要控制灌溉干渠西侧集中连片耕园地,沿地形等高线向北穿过梧柳高速至鸡冠泵站;在鸡冠泵站以下段落,地形为西高东低,北干渠主要控制灌溉干渠东侧至运江干流之间耕园地,干渠末端接两旺水库库尾,至两旺水库结束。

9.4.4.3　罗柳南干渠

罗柳南干渠起点为南干分水闸,终点为南柳连接干渠和石祥河引水渠分水闸,总长24 km,自流灌溉,主要受益范围包括寺村、象州等 2 个乡镇。

罗柳南干渠始建于 1958 年,自罗柳总干渠取水,原灌溉受益面积约 6.4 万亩,由于象州县城建设占地、渠道阻水不畅通等原因,现状有效灌溉面积仅 1.6 万亩,原设计流量为3.16 m³/s,2008 年对南干渠改造衬砌总长 8.71 km,桩号范围为 8+900～17+610,现状渠道断面底宽 2.5～3.5 m,渠深 1.8～2.5 m,渠道纵坡 1/6 500～1/500,经复核,现过流能力为 2.5～5.0 m³/s。罗柳南干渠现状见图 9-4-4。

目前南干渠有效灌溉面积约 1.6 万亩,占南干渠控制灌溉面积的 33%,由于水源和渠系不配套等原因,一直未能充分发挥灌溉效益,亟需对干渠进行改造。经调查,罗柳南干渠存在的主要问题是渠道坍塌阻水,渠系建筑物输水能力不足,渠系多位于砂卵石和沙土层上,渠系渗漏严重,渠坡护砌年久失修,损坏严重、部分段落淤积严重,渠道、渠堤窄甚至无巡堤路,管理不便等。

罗柳南干渠主要任务是灌溉渠道沿线 4.9 万亩,同时承担着向柳江西灌片、石祥河灌片补水的任务。由于南干渠增加了向柳江西灌片和石祥河灌片补水的功能,根据供需分析成果,需要扩建罗柳南干渠,设计流量由原设计 3.16 m³/s 扩大至 5.0 m³/s,满足下游灌区用水要求。

　　本阶段计划对渠道全线进行扩建并护砌防渗,长 24 km,渠道维持现有渠道布置,起于南干分水闸,在仕会水库处接收水库补水入渠,渠道向西沿地形等高线布置,先后跨过下腊河、北山河至高岭隧洞,经隧洞后至南柳连接干渠和石祥河引水渠分水闸结束。

渠道淤积

图 9-4-4　罗柳南干渠现状渠道情况

9.4.4.4　长村干渠

　　长村干渠起点为长村水库放水闸出口,终点为新寨、料故支渠分水闸,总长 30.5 km,自流灌溉,主要受益范围包括罗秀、水晶等 2 个乡镇。

　　长村干渠始建于 1958 年,自长村水库取水,原设计灌溉面积 2.05 万亩,现状有效灌溉面积仅 1.64 万亩,原设计流量为 2.2 m³/s,1991 年对长村干渠改造衬砌总长 6.56 km,桩号范围为 2+440～9+000,现状渠道断面底宽 2.0～4.0 m,渠深 1.2～2.5 m,渠道纵坡 1/5 000～1/4 000,经复核,现过流能力为 1.5～4.0 m³/s。长村干渠现状如图 9-4-5 所示。

渠道边坡垮塌

图 9-4-5　长村干渠现状渠道情况

由于水源和渠系不配套等，一直未能充分发挥灌溉效益，亟需对干渠进行改造。经调查，长村干渠存在的主要问题是渠道坍塌阻水，渠系建筑物输水能力不足，渠系多位于砂卵石和沙土层上，渠系渗漏严重，渠坡护砌年久失修，损坏严重，部分段落淤积严重，渠道渠堤窄甚至无巡堤路，管理不便等。

根据工程总体布局，长村干渠主要任务是灌溉渠道沿线4.4万亩。根据供需分析成果，长村干渠大部分段落可以满足过流要求，经改造后可以满足下游灌区用水要求。

本阶段计划对渠道全线进行扩建并护砌防渗，长30.5 km，维持现有渠道布置，起于长村水库放水闸出口，渠道沿地形等高线向北至歪甲水库处接收水库补水入渠，随后渠道向西沿地形等高线布置，先后经过中便支渠、竹山分干渠、马凤支渠等主要分水闸，至新寨、料故支渠分水闸结束。

9.4.4.5　水晶干渠

水晶干渠起点为水晶引水枢纽放水闸出口，终点为新定、长塘支渠分水闸，总长31 km，自流灌溉，主要受益范围为水晶乡。

水晶干渠始建于1956年，自水晶河取水，原灌溉受益面积约1.78万亩，现状有效灌溉面积仅1.2万亩，原设计流量为2.5 m³/s，1991年对水晶干渠改造衬砌，主要对干渠损坏严重、渗漏损失较大的段落进行了防渗衬砌，分别为3+560~5+788段、10+640~12+500段、13+000~13+300段和15+300~16+260段等4段，总长度为5.35 km，现状渠道断面底宽2.0~2.8 m，渠深1.1~1.8 m，渠道纵坡1/2 000~1/1 000，经复核，现过流能力为2.0~3.0 m³/s。

由于渠系不配套等，一直未能充分发挥灌溉效益，亟需对干渠进行改造。经调查，水晶干渠存在的主要问题是渠道坍塌阻水，渠系建筑物输水能力不足，渠系多位于砂卵石和沙土层上，渠系渗漏严重，渠坡护砌年久失修，损坏严重，部分段落淤积严重，渠道渠堤窄甚至无巡堤路，管理不便等。

根据工程总体布局，水晶干渠主要任务是灌溉渠道沿线1.8万亩，根据供需分析成果，不需要扩建，设计流量1.5 m³/s，渠道现有断面过流能力完全满足要求，通过改造可以满足下游灌区用水要求。

本阶段计划对渠道全线进行护砌防渗，长31 km，维持现有渠道布置，起于水晶引水枢纽放水闸出口，渠道沿地形等高线向东在古院村附近汇入长塘水库补水，在竹山村附近汇入长村干渠补水，随后在水晶乡附近穿过乡村公路，干渠入甫上水库，经过甫上水库调蓄后，水晶干渠向南至雷安村，最后至新定、长塘支渠分水闸结束。

9.4.4.6　石祥河干渠

石祥河干渠起点为石祥河水库放水闸出口，终点为三里镇灵湖村附近，总长55.1 km，自流灌溉，局部提水灌溉，主要受益范围包括金鸡、黄茆、二塘、武宣、三里和东乡等6个乡镇。

石祥河干渠始建于1958年，自石祥河水库取水，原设计灌溉面积约11.15万亩，现状有效灌溉面积5.8万亩，原设计流量7.3 m³/s，2000年以前对石祥河干渠改造衬砌，主要对干渠损坏严重、渗漏损失较大的段落进行了防渗衬砌，分别为10+000~13+880段、17+040~52+500等2段，总长度为39.34 km；根据《武宣县农业综合开发石祥河灌区节水配套项目初步设计报告》,2010年对石祥河干渠0+000～4+500段、13+880～15+900段、17+020～23+270段、32+500～37+940段和42+300～44+090段等5段干渠,总长20 km进行了改造,现状干渠已基本为衬砌渠道,渠道断面底宽4.0～5.0 m,渠深2.0～2.6 m,渠道纵坡1/6 000,经复核,现过流能力为5.0～10.0 m³/s。

目前石祥河干渠有效灌溉面积约5.8万亩,占干渠控制灌溉面积的52%,由于水源和渠系不配套等,一直未能充分发挥灌溉效益,亟需对干渠进行改造。经调查,石祥河干渠存在的主要问题是渠道坍塌阻水,渠系建筑物输水能力不足,渠系渗漏严重,渠坡护砌年久失修,损坏严重,部分段落淤积严重,渠道渠堤窄甚至无巡堤路,管理不便等。

根据工程总体布局,石祥河干渠主要任务是灌溉渠道沿线16.4万亩,根据供需分析成果,由于石祥河干渠可控制灌溉面积增加较多,需要扩建石祥河干渠,设计流量由原设计7.3 m³/s扩大至8.0 m³/s,满足下游灌区用水要求。

本阶段计划对渠道部分段落进行扩建改造(渠道断面基本不扩大),长35.1 km,维持现有渠道布置,起于石祥河水库放水闸出口,渠道沿地形等高线向南在马王村附近穿过三北高速,穿过G209后,在樟村汇入樟村电灌和福隆水库补水,随后渠道经过二塘镇东侧,跨过新江河后汇入武农电灌站补水,至三里镇灵湖村附近结束。

9.4.5 灌片连通工程布局

根据水资源配置和工程总体布局,下六甲灌区需要扩建/新建江头干渠将水补入长村水库、新建南柳连接干渠、柳江西分干渠、龙旦干渠将水补入龙旦水库和丰收水库、新建石祥河引水渠将水补入石祥河水库,通过5处连通工程,将罗秀河丰富的水量以自流方式调入运江东灌片、柳江西灌片和石祥河灌片。

连通工程渠道共计5条,总长为67.7 km,其中新建61.7 km,改造6.0 km,配套建筑物125座。渠道设计流量1.0～1.8 m³/s。具体内容见表9-4-2。

表9-4-2 连通工程统计

序号	渠道名称	渠道长度/km			设计流量/(m³/s)	建筑物数量/座							
		小计	新建	改造		小计	渡槽	隧洞	倒虹吸	桥涵	水闸	阀门	暗涵
1	江头干渠	19.3	18.3	1.0	3.5	31	2		2	20	5		2
2	南柳连接干渠	8.3	8.3		1.5	9	1	1	1	3	3		
3	柳江西分干渠	22.0	22.0		1.2	56	23	8		12	9	4	
4	龙旦干渠	9.2	4.2	5.0	1.5	18		3		6	8		1
5	石祥河引水渠	8.9	8.9		1.0	11	1	2		5	3		
合计		67.7	61.7	6.0		125	27	14	3	46	28	4	3

9.4.5.1 南柳连接干渠和柳江西分干渠

柳江西灌片规划灌溉面积9.2万亩,本区水资源量少,水低田高,现状主要靠提水工程解决灌区用水,农民负担重用不起,泵站分散,管理难度很大,现状多处泵站处于废弃或停用状态,由于缺少来水,现有丰收、龙旦和牡丹等3座水库未能充分发挥其调蓄功能,在枯水年或连续枯水段,水库基本处于无水可用状态,造成农作物减产甚至绝收,已严重制约当地农业发展。

根据供需分析及工程总体布局,柳江西灌片缺水量较大,本次通过新建南柳连接干渠和柳江西分干渠将罗秀河的水量自流引水输送至柳江西灌片,将水调至龙旦水库、牡丹水库和丰收水库进行调蓄,从而形成"丰枯调剂、多源互补、可调可控"的水网体系,优化了水资源配置,解决柳江西灌片灌溉缺水问题,经计算,需渠道补水量为 1 760 万 m^3。

1. 南柳连接干渠

起于罗柳南干渠末端,终于柳江倒虹吸进口,总长 8.3 km,设计流量为 1.2~1.5 m^3/s。根据地形地貌,为了避让象州县城,渠道向北沿等高线输水至古才支渠分水闸后向西输水至柳江倒虹吸进口结束,倒虹吸位置选在象州县二桥北侧约 500 m 处穿越柳江。

2. 柳江西分干渠及其支渠

柳江西干渠主要有 3 个任务:①自流控制灌溉面积 1.4 万亩;②向北补水入龙旦水库和牡丹水库;③向南补水至丰收水库。柳西干渠布局示意见图 9-4-6。

图 9-4-6　柳江西干渠布局示意

干渠起于柳江倒虹吸出口,终于牡丹水库,总长 22 km,设计流量为 0.8~1.2 m^3/s。根据地形地貌,渠道向西沿等高线输水至龙富村,并跨过龙富河,至下桥支管分水闸后向北输水至龙旦水库,给龙旦水库设置分水口补水,为保证足够的水位,渠道从龙旦水库库盘底部穿过库区向北输水至牡丹水库结束。

柳江西干渠向北补水结束点选择:北梦水库位于柳江西灌片最北端,水库为小(1)型水库,总库容 139 万 m^3,正常蓄水位 103.6 m,设计灌溉面积仅 0.14 万亩,水库下游地形平坦,耕地比较集中连片,耕园地面积约 0.5 万亩。由于现在北梦水库天然径流量仅 260 万 m³,来水不足,不能满足下游灌溉,柳江西分干渠具备向牡丹水库补水条件,补水后可新增灌溉面积 0.3 万亩。经分析,牡丹水库至北梦水库管线长约 7 km,北梦干管长约 2.5 km,匡算工程投资 3 000 万元,田间工程投资 330 万元,则总投资约 3 300 万元,亩均灌溉投资已超过 1.1 万元,亩均投资较高,本次未将牡丹水库与北梦水库连通。龙旦水库距离牡丹水库近 3 km,实施难度和代价均较小,且通过牡丹水库可以自流覆盖原龙塘三级泵站灌溉面积 0.5 万亩,经济性较好,因此本次将西干渠向北补水结束点选择为牡丹水库。

柳江西干渠向南补水入丰收水库布局。经现场查勘结合柳江西地形图,现状猛山干渠已与丰收水库连通,可补水入丰收水库。柳江西干渠南侧新建了下桥支渠,设计灌溉面积 0.66 万亩,将下桥支渠向南延伸连通至猛山干渠后,柳江西干渠水可通过下桥支渠、猛山干渠将水补入丰收干渠,此线路同时利用了计划新建的下桥支渠和现有猛山干渠,基本不需要额外增加专用连通工程和费用,因此本阶段柳江西干渠向南补水入丰收水库的线路为:柳江西干渠→下桥支渠→猛山干渠→丰收水库。

9.4.5.2　石祥河引水渠

石祥河灌片规划灌溉面积 18.5 万亩,其中石祥河水库控制灌溉面积 16.4 万亩,石祥河水库的供水对能否保证下游灌区用水至关重要。现状本区水资源可利用量十分有限,水库兴利库容 3 500 万 m³,未能充分发挥其调蓄功能,在枯水年或连续枯水段,石祥河水库仅能保灌约 10 万亩地,造成农作物减产甚至绝收,已严重制约当地农业发展。

根据供需分析及工程总体布局,石祥河水库灌片缺水量较大,新建引水渠线路短,代价小。通过新建石祥河引水渠将罗秀河自流引水输送至石祥河水库灌片,为减少新建渠道输水规模,将水调至石祥河水库进行调蓄,从而形成“丰枯调剂、多源互补、可调可控”的水网体系,优化了水资源配置,解决了石祥河水库灌片灌溉缺水问题,经计算,需渠道补水量为 1 414 万 m³。

石祥河引水渠起于罗柳南干渠末端,终于石祥河水库,总长 8.9 km,设计流量为 1.0 m³/s。根据地形地貌,渠道向南沿等高线输水,沿线灌溉耕园地 0.6 万亩,至石祥河水库结束。

9.4.5.3　江头干渠

根据供需分析及工程总体布局,运江东灌片缺水量较大,通过北延江头干渠,利用下六甲水库补水,由江头引水枢纽引水入江头干渠,通过干渠自流输送至长村引水枢纽上游落脉河内,再经过长村引水枢纽和长村引水渠将水调至长村水库进行调蓄,以解决运江东灌片灌溉缺水问题,渠道补水量为 398 万 m³。

江头干渠起于江头引水枢纽进水闸,现状干渠长 1 km,通过续扩建,干渠终于长村引水枢纽上游落脉河内,总长 19.3 km,设计流量为 1.8~3.5 m³/s。根据地形地貌,渠道向北沿 170 m 等高线布置,沿线新增灌溉架村、岭南等村耕园地 0.7 万亩,至长村引水枢纽上游投入落脉河结束。

综上,下六甲灌区输水骨干工程总计 836 km,其中维持现状 152.3 km,新/扩建、改造 683.7 km。

9.5 乡镇供水工程布局

规划以乡镇为单元,结合来宾市、象州县和武宣县"十四五"供水保障规划对各乡镇的水源安排,对各乡镇水源进行逐一梳理,将乡镇水源与灌区水源工程一致的乡镇纳入灌区乡镇供水范围,不采用灌区水源工程的乡镇不列入灌区供水范围。

乡镇供水涉及象州县马坪镇、武宣县金鸡乡和二塘镇等 3 个集镇、38 个农村,设计水平年 2 035 年供水人口 11.3 万。灌区水源预留水量,并利用灌区渠系满足人饮供水要求。具体为:马坪镇利用龙旦水库作为供水水源;罗秀镇潘村及土办村利用长村水库作为供水水源。武宣县金鸡乡利用石祥河水库作为供水水源;二塘镇利用福隆水库作为供水水源。各乡镇的水厂均规划建于水库放水洞出口附近,因此本工程不再单独设乡镇供水管等设施。另外,下六甲灌区渠系沿线经过水晶、百丈乡、象州镇、运江镇等均可以利用灌区水源作为应急备用生活水源。

9.6 排水工程布局

经调查,现状灌区均为丘陵地貌,骨干排水系统工程主要为天然河道和溪沟,基本不存在内涝问题。本次排水布局基本维持现有布局,现分片说明如下:

(1)运江东灌片。

从地形上来看,运江东灌片东南高西北低,主要的排水河道为运江及其支流水晶河、那罗河等,灌区地形以山丘为主,地形坡度较大,排水较为顺畅,灌片范围内基本无涝灾发生,本次维持现有排水布局。

(2)罗柳灌片。

从地形上来看,罗柳灌片东高西低,南高北低,主要的排水河道为运江及其支流罗秀河、落脉河、中平河、寺村河、下腊河和北山河等,灌区地形以山丘为主,地形坡度较大,排水较为顺畅,灌片范围内基本无涝灾发生,本次维持现有排水布局。

(3)柳江西灌片。

从地形上来看,柳江西灌片北高南低,主要的排水河道为马坪河和龙富河等,灌区地形以山丘为主,且岩溶较为发育,地形坡度较大,排水较为顺畅,灌片范围内基本无涝灾发生,本次维持现有排水布局。

(4)石祥河灌片。

从地形上来看,石祥河灌片东高西低,北高南低,主要的排水河道为黔江及其支流新村河、甘涧河、陈康河、福隆河、新江河和阴江河等,灌区地形以山丘为主,地形坡度较大,排水较为顺畅,灌片范围内基本无涝灾发生,本次维持现有排水布局。

9.7 田间工程布局

按照骨干工程与田间工程划定原则,田间工程为支渠(管)以下的工程,主要包括沟、渠、路及配套建筑物等工程。本工程田间工程的主要目的是将水从骨干工程顺利送达至田间,提高现有灌区灌溉水利用系数。

工程供水范围内,现有灌区有效灌溉面积 29 万亩,灌溉水利用系数 0.47,通过实施本工程后,设计灌溉面积达到 59.5 万亩,其中保灌面积 20 万亩,改善灌溉面积 9 万亩,新增和恢复灌溉面积 30.5 万亩。综合灌溉水利用系数达到 0.63。田间工程主要包括两部分内容:一是在本工程新增和恢复灌溉耕园地内实施田间工程,面积 30.5 万亩;二是在现有灌区有效灌区范围内进行田间工程节水改造,以提高水利用系数。经现场调查、查勘、了解、统计,现有田间工程已配套 21 万亩,尚需实施 9 万亩斗农渠及喷、滴灌等田间工程节水改造。

综上,本工程田间工程共实施 39.5 万亩。

9.8 灌区总体布局

下六甲灌区工程以下六甲水库、长村水库、丰收水库和石祥河水库等 4 座中型水库作为骨干水源,通过拆/改建 9 座引水枢纽,改/扩/新建 113 条骨干渠/管道,其中通过新建江头干渠连通段将水补入长村水库、新建南柳连接干渠、柳江西分干渠、龙旦干渠将水补入龙旦水库和丰收水库、新建石祥河引水渠将水补入石祥河水库等 5 处连通工程,将罗秀河丰富的水量以自流方式调入运江东灌片、柳江西灌片和石祥河灌片,并使灌片内水源互联互通,实现"南水北调""东水西调"格局,整个灌区形成"多源互补""网络型"灌溉工程布局。

各灌片工程布局如下:

(1)运江东灌片。

利用现有的长村水库、落脉河水库、云岩水库、歪甲水库、太山水库、长塘水库、甫上水库和老虎尾水库等水库工程,凉亭、和平、水晶和长村等引水枢纽,本次通过改造引水枢纽 4 座,改造灌区现有骨干渠系 34 条,并延长竹山支渠等 1 条,合计总长 198.7 km;运江东灌片设计灌溉面积达到 12.8 万亩。

(2)罗柳灌片。

利用现有的下六甲水库、兰靛坑水库、仕会水库、两旺水库、百万水库和跌马寨水库等水库工程,罗柳总干、百丈一干、百丈二干、江头、延岭等引水枢纽,本次通过改造引水枢纽 5 座,改造灌区现有骨干渠系 27 条,并新建南柳连接干渠、石祥河水库引水渠、续建江头干渠、新建热水和古才支渠等 5 条,合计总长 250.5 km;罗柳灌片设计灌溉面积达到 19.0 万亩。

(3)柳江西灌片。

利用现有的丰收水库、龙旦水库和牡丹水库等水库工程,猛山、白屯沟等电灌站,本次通过改造灌区现有骨干渠系 16 条,并新建柳江西分干渠、龙旦干渠、丰收西干渠以及龙富支渠、下桥支渠、龙兴支渠、湾田支渠和福堂支渠等 8 条,合计总长 126.4 km;柳江西灌片设计灌溉面积达到 9.2 万亩。

(4)石祥河灌片。

利用现有的石祥河水库、福隆水库、乐业水库等水库工程,本次通过改造灌区现有骨干渠系 21 条,合计总长 108.2 km;石祥河灌片设计灌溉面积达到 18.5 万亩。

下六甲灌区主要骨干工程节点概化图见图 9-8-1。

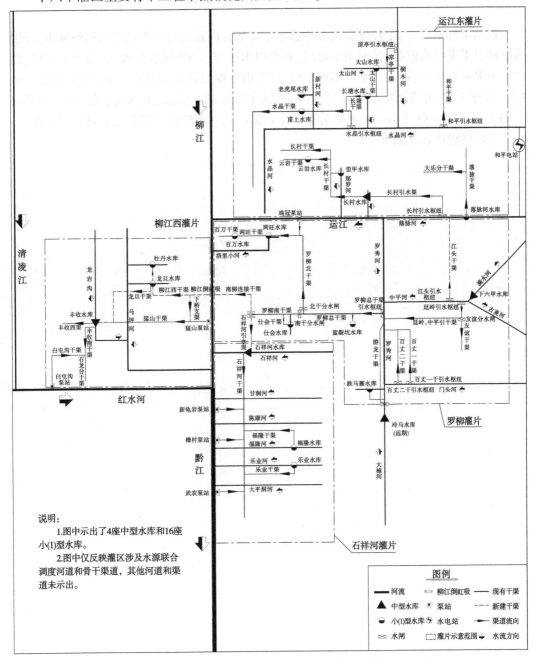

图 9-8-1　下六甲灌区主要骨干工程节点概化图

9.9　主要建设内容

　　根据工程布局,本工程建设内容包括以下4部分内容:①拆/改建引水枢纽9座,分别为罗柳总干渠引水枢纽、长村引水枢纽、和平引水枢纽、凉亭引水枢纽、水晶引水枢纽、百丈一干渠引水枢纽、百丈二干渠引水枢纽、江头引水枢纽和廷岭引水枢纽;②拆/新建泵站2座,拆建1座,为鸡冠泵站;新建泵站1座,为屯抱泵站;③建设灌溉输水骨干渠道/管道共113条,总长683.7 km,配套渠系建筑物1 268座;④新建灌区信息化管理工程1项。

　　具体建设内容见表9-9-1。

表 9-9-1　工程建设内容汇总

序号	工程名称	二级灌片	水源工程/座					渠/管道长度/km（具体内容·线路工程）				渡槽/(座)(km)	隧洞/(座)(km)	倒虹吸管/座	称/涵/座	跌水/陡坡/座	水闸/座	阀门/座	泵站/座	暗涵/(座)(km)
			小计	新建	拆建	扩建	改造	小计	新建	扩建	改造									
	合计		10	9			1	7683.7	7122.5	123.3	437.9	76	15	17	792	2	348	9	1	8
1	水源工程																			
1.1	引水枢纽工程		9																	
1.1.1	长村引水枢纽	长村灌片	1	1																
1.1.2	和平引水枢纽	桐木灌片	1	1																
1.1.3	凉亭引水枢纽	桐木灌片	1	1																
1.1.4	水晶引水枢纽	水晶灌片	1	1																
1.1.5	百丈一干渠引水枢纽	罗秀河上片	1	1																
1.1.6	百丈二干渠引水枢纽	罗秀河上片	1	1																
1.1.7	廷岭引水枢纽	友谊灌片	1				1													
1.1.8	江头引水枢纽	友谊灌片	1	1																
1.1.9	罗柳总干渠引水枢纽	总干直灌片	1	1																
1.2	提水泵站工程																			
1.2.1	鸡冠泵站	北干渠灌片	1	1																

续表 9-9-1

序号	工程名称	二级灌片	水源工程/座					渠/管道长度/km				线路工程								
			小计	新建	拆建	扩建	改造	小计	新建	扩建	改造	渡槽/(座/km)	隧洞/(座/km)	倒虹吸管/座	桥/涵/座	跌水/陡坡/座	水闸/座	阀门/座	泵站/座	暗涵/(座/km)
2	输水骨干工程																			
2.1	运江东灌片																			
2.1.1	落脉干渠	落脉灌片																		
(1)	大乐分干渠	落脉灌片					3.07	3.07							2	1	2			
2.1.2	长村水库引水渠	落脉灌片					5.56	5.56							3		2			
2.1.3	长村干渠	长村灌片				30.53		30.53				3/0.22			32		11			
2.1.4	云岩干渠	长村灌片					9.63	9.63				1/0.07			11		4			
2.1.5	和平干渠	桐木灌片					15.87	15.87				2/0.34			15		7			
2.1.6	凉亭干渠	桐木灌片					15.6	15.6				4/0.55			13		6			
2.1.7	长塘干渠	桐木灌片				5.53		5.53							5		2			
2.1.8	大山干渠	桐木灌片					5.33	5.33							7		2			
2.1.9	水晶干渠	水晶灌片					30.96	30.96				3/0.20			32		11			
2.1.10	落脉河干渠沿线支渠	落脉灌片																		
(1)	古邑支渠							5	5						4		2			

续表 9-9-1

序号	工程名称	二级灌片	水源工程/座					渠/管道长度/km				线路工程								
			小计	新建	拆建	扩建	改造	小计	新建	扩建	改造	渡槽/(座/km)	隧洞/(座/km)	倒虹吸管/座	桥/涵/座	跌水/陡坡/座	水闸/座	阀门/座	泵站/座	暗涵/(座/km)
(2)	巴际支渠							2.11			2.11				4		2			
(3)	侣塘支渠							2.95			2.95				10		2			
2.1.11	长村干渠沿线支渠	长村灌片																		
(1)	南岸支渠							1.13			1.13				2		2			
(2)	龙平支渠														2		2			
(3)	三岔支渠							5			5	2/0.22			7		3			
(4)	暂村支渠							1.2			1.2	2/0.2			6		2			
(5)	土办支渠														3		2			
(6)	中便支渠							6.17			6.17				3		3			
(7)	竹山支渠							6.21	2.56	3.65		1/0.2			9		2			
(8)	龙团支渠														2		2			
(9)	回龙支渠							1.9			1.9				4		2			
(10)	西巴支渠							1.67			1.67				4		2			
(11)	马凤支渠							5.75			5.75				3		3			

续表 9-9-1

序号	工程名称	二级灌片	水源工程/座					渠/管道长度/km				线路工程								
			小计	新建	拆建	扩建	改造	小计	新建	扩建	改造	渡槽/(座/km)	隧洞/(座/km)	倒虹吸管/座	桥涵/座	跌水陡坡/座	水闸/座	阀门/座	泵站/座	暗涵/(座/km)
(12)	新寨支渠						3.24	3.24								1	2			
(13)	料敢支渠													8		4			
2.1.12	凉亭干渠沿线支渠	桐木灌片																		
(1)	石马支渠	桐木灌片					7.45	7.45						11		3			
2.1.13	长塘干渠沿线支渠	桐木灌片																		
(1)	长学支渠						2.95	2.95						5		2			
(2)	那马支渠						1.86	1.86						1		2			
2.1.14	水晶干渠沿线支渠	水晶灌片																		
(1)	营田支渠						1.5	1.5				1/0.09		4		2			
(2)	福幸支渠						2.67	2.67						5		2			
(3)	雷安支渠						5.7	5.7				3/0.18		11		4			
(4)	保应支渠						3.39	3.39						9		2			
(5)	新定支渠						2.62	2.62						6		2			
(6)	长塘支渠						6.03	6.03				1/0.08		10		3			

续表 9-9-1

具体内容

序号	工程名称	二级灌片	水源工程/座					渠/管道长度/km				线路工程								
			小计	新建	拆建	扩建	改造	小计	新建	扩建	改造	渡槽/(座/km)	隧洞/(座/km)	倒虹吸管/座	桥/涵/座	跌水/陡坡/座	水闸/座	阀门/座	泵站/座	暗涵/(座/km)
2.2	罗柳灌片																			
2.2.1	百丈一干渠	罗秀河上片						12			12				23		4			
2.2.2	百丈二干渠	罗秀河上片						8.5			8.5				17		2			
2.2.3	江头干渠	友谊灌片						19.3	18.3	1		2/0.15		2	20		5			2/0.2
2.2.4	友谊干渠	友谊灌片						7.3			7.3	1/1.3		1	7		2			
2.2.5	罗柳总干渠	总干渠首灌片						23.5		23.5		4/0.5			18		18			1/0.5
2.2.6	罗柳北干渠	北干渠灌片						28.6			28.6	1/0.08			21		15			
2.2.7	两旺干渠	北干渠灌片						10			10				11		4			
2.2.8	百万干渠	北干渠灌片						1.1			1.1				2		1			
2.2.9	罗柳南干渠	南干渠灌片						24		24		1/0.3	1/1.6	7	20		10			
2.2.10	南柳连接干渠	南干渠灌片						8.3	8.3			1/0.33	1/0.18 1/1.87	7	3		3			
2.2.11	石祥河引水渠	南干渠灌片						8.9	8.9			1/0.24 2/0.58			5		3			
2.1.12	江头干渠沿线支渠	友谊灌片																		
(1)	河村支渠							1.4			1.4				1		1			

续表 9-9-1

具体内容

序号	工程名称	二级灌片	水源工程/座					渠/管道长度/km				线路工程								
			小计	新建	拆建	扩建	改造	小计	新建	扩建	改造	渡槽/(座/km)	隧洞/(座/km)	倒虹吸管/座	桥/涵/座	跌水/陡坡/座	水闸/座	阀门/座	泵站/座	暗涵/(座/km)
(2)	梁村支渠							6.3			6.3				5		2			
2.2.13	罗柳总干沿线支渠	总干直灌片																		
(1)	大周支渠							1.8			1.8				3		1			
(2)	敖村支渠							4.3			4.3				7		2			
(3)	秧岸支渠							1.6			1.6				10		2			
(4)	易平支渠							5			5				8		2			
(5)	弯龙支渠							4.3			4.3				3		2			
(6)	红岭支渠							3.1			3.1				2		1			
(7)	吉村支渠							6.4			6.4				2		2			
(8)	芙蓉支渠							2.6			2.6				10		1			
2.2.14	罗柳北干沿线支渠	北干渠灌片						0												
(1)	益母支渠							2.5			2.5				7		2			
(2)	林塘支渠							6			6				12		3			
(3)	三里支渠							1.7			1.7				2		1			

续表 9-9-1

序号	工程名称	二级灌片	具体内容																
			水源工程/座					线路工程											
			小计	新建	拆建	扩建	改造	渠/管道长度/km				渡槽/(座/km)	隧洞/(座/km)	倒虹吸管/座	桥/涵/座	跌水/陡坡/座	水闸/座	阀门/座	泵站/座	暗涵/(座/km)
								小计	新建	扩建	改造									
(4)	屯抱支渠							6.1	6.1						12		2		1	
(5)	吉次支渠							1.25			1.25				2		1			
(6)	古音支渠							2.8			2.8				10		1			
2.2.15	罗柳南干沿线支渠	南干渠灌片																		
(1)	上山支渠							2.5			2.5				1		1			
(2)	麻皮支渠							4.4			4.4				4		2			
(3)	谭村支渠							17.7			17.7				16		5			
(4)	热水支渠							8.9	8.9			1/0.4			3		3			
2.2.16	南柳连接干渠沿线支渠	南干渠灌片																		
(1)	古才支渠							8.3	8.3					1	6		3			
2.3	柳江西灌片																			
2.3.1	柳江西分干渠	马坪灌片						21.96	21.96			23/3.6	8/1.2		12		9	1		
2.3.2	龙旦干渠	马坪灌片						9.17	4.22		4.95		3/1.27		6		8			
2.3.3	牡丹干渠	马坪灌片						9.69	1.07		8.62				14		2			

续表 9-9-1

序号	工程名称	二级灌片	水源工程/座						线路工程											
									渠/管道长度/km				渡槽/(座/km)	隧洞/(座/km)	倒虹吸管/座	桥涵/座	跌水/陡坡/座	水闸/座	阀门/座	泵站/座	暗涵/(座/km)
			小计	新建	新建	拆建	扩建	改造	小计	新建	扩建	改造									
2.3.4	猛山干渠	马坪灌片							11.2			11.2	2/0.14		1	15		10			
2.3.5	丰收西干渠	丰收灌片							1.85	1.85						4		1			
2.3.6	丰收南干渠	丰收灌片							3.11			3.11	1/0.27			4		5			
2.3.7	石龙分干渠	丰收灌片							7.72			7.72	1/0.22			11		12			
2.3.8	白屯沟干渠	丰收灌片							4.25			4.25				5		2			
2.3.9	柳江西分干渠沿线支渠	马坪灌片																			
(1)	龙富支渠								6.34	6.34			2/2.24			5		2			
(2)	下桥支渠								8.14	6.11		2.03	2/0.32			13		2			
2.3.10	龙旦干管沿线支管	丰收灌片																			
(1)	龙兴支渠								8.54	3.63		4.91	2/0.66			15		2			
2.3.11	猛山干渠沿线支渠	马坪灌片																			
(1)	大山支渠								2.91			2.91			1	6		5			
(2)	龙塘支渠								8.36			8.36	1/0.06			14		3			
(3)	大曹支渠								2.31			2.31				5		2			

续表 9-9-1

序号	工程名称	二级灌片	具体内容																		
			水源工程/座					渠/管道长度/km				线路工程									
			小计	新建	拆建	扩建	改造	小计	新建	扩建	改造	渡槽/(座/km)	隧洞/(座/km)	倒虹吸管/座	桥/涵/座	跌水陡坡/座	水闸/座	阀门/座	泵站/座	暗涵/(座/km)
2.3.12	丰收南干渠沿线支渠/管	丰收灌片																		
(1)	湾田支渠							2.59	2.59			1/0.17					1			
(2)	福堂支渠							2.27	2.27								1			
(3)	高龙支渠							1.55			1.55						1			
2.3.13	石龙分干渠沿线支渠	丰收灌片																		
(1)	左村一支渠							1.08			1.08				2		1			
(2)	左村二支渠							1.86			1.86				4		1			
(3)	石塘支渠							1.66			1.66				2		1			
(4)	白崖支渠							1.06			1.06				3		1			
(5)	秤砣湾支渠							2.63			2.63				4		1			
(6)	花山支渠							2.52			2.52				7		1			
2.3.14	白屯沟干渠沿线支渠	丰收灌片																		
(1)	白屯支渠							3.62	3.62					1	5		1			
2.4	石祥河灌片																			

续表 9-9-1

序号	工程名称	二级灌片	具体内容															
			水源工程/座				线路工程											
			小计	新建	拆建扩建	改造	渠/管道长度/km				渡槽/(座/km)	隧洞/(座/km)	倒虹吸管/座	桥/涵/座	跌水/陡坡/座	水闸/座	阀门/座	泵站/座	暗涵/(座/km)
							小计	新建	扩建	改造									
2.4.1	石祥河干渠	石祥河灌片					35.1	35.1					0	18		10			2
2.4.2	福隆干渠	石祥河灌片					12	10		2				5		6			
2.4.3	乐业干渠	石祥河灌片					1	1						1		1			
2.4.4	石祥河干渠沿线支渠	石祥河灌片																	
(1)	石祥支渠						6.5			6.5			0	4		3			
(2)	赖山电灌支渠						3.5			3.5				8		2			
(3)	马王电灌支渠						3			3	1			3		1			
(4)	马良支渠													3		3			1
①	赖山分支渠						4.82			4.82				6		6			
②	鱼步分支渠						3.1			3.1				4		3			
③	马良分支渠						3.4			3.4				4		3			
(5)	麻爪支渠						3.1			3.1				3		1			
(6)	根村电灌一支渠						5.2			5.2				5		2			
(7)	根村电灌二支渠						3.5			3.5				3		3			

续表 9-9-1

序号	工程名称	具体内容															
		二级灌片	水源工程/座				渠/管道长度/km			线路工程							
			小计	新建	拆建扩建改造		小计	新建	扩建	改造	渡槽/(座/km)	隧洞/(座/km)	倒虹吸管/座	桥/涵/座	跌水/陡坡/座	水闸/座	阀门/座	泵站/座	暗涵/(座/km)
(8)	廷丁支渠													3		1		
(9)	下陈支渠													3		1		
(10)	小浪支渠						5.5	5.5						3		2		
(11)	陇村支渠						8	8						9		2		
(12)	武宣支渠													10		4		1
(13)	石笋支渠													1		1		
(14)	七星支渠						4.5	4.5						3		2		
(15)	大岭支渠						3.5	3.5						3		2		
(16)	盘龙支渠						2.5	2.5						1		1		

第 10 章　工程规模

10.1　引水工程规模

根据供需分析及工程总体布局,本次可行性研究均利用已建引水工程,但由于现在引水枢纽大部分已不能满足引水要求,需要进行改造和拆建,列入建设内容的引水枢纽有罗柳总干渠引水枢纽、长村引水枢纽、和平引水枢纽、凉亭引水枢纽、水晶引水枢纽、百丈一干渠引水枢纽、百丈二干渠引水枢纽、游龙引水枢纽和江头引水枢纽等 9 处,引水工程规模见表 10-1-1。

表 10-1-1　引水工程规模

序号	工程名称	原设计/(m³/s)	本次设计灌溉流量/(m³/s)		闸前水位/m	说明
			设计流量	加大流量		
1	长村引水枢纽	2.5	2.5	3.25	168.3	直供灌溉面积 0.38 万亩,引水入长村水库
2	和平引水枢纽	1.0	1	1.3	230.0	灌溉面积 0.7 万亩
3	凉亭引水枢纽	2.0	2	2.6	181.7	灌溉面积 1.2 万亩
4	水晶引水枢纽	2.5	2.5	3.25	129.4	灌溉面积 1.9 万亩
5	百丈一干渠引水枢纽	—	1	1.3	176.3	灌溉面积 1.0 万亩
6	百丈二干渠引水枢纽	—	0.7	0.91	172.3	灌溉面积 0.7 万亩
7	游龙引水枢纽	1.0	1.0	1.3	204.5	灌溉面积 1.0 万亩
8	江头引水枢纽	—	3.5	4.55	182.0	直供灌溉面积 2.3 万亩,引水入落脉河后通过长村引水枢纽补水入长村水库
9	罗柳总干渠引水枢纽	9.5	10.5	14.0	133.5	考虑冲天桥电站引水流量 3.44 m³/s,确定加大流量取 14.0 m³/s

引水枢纽根据需水和来水情况,设计流量先采用“逐旬长系列法”计算,若计算成果小于原设计流量,则采用原设计流量;若计算成果大于原设计流量,则采用本次计算成果;引水规模不变的引水工程闸前水位按照原设计拦水坝确定,其他引水工程结合下游渠道水位引水要求确定。

10.2　提水工程规模

鸡冠泵站主要任务是向罗柳北干渠补水,原设计流量为 0.6 m^3/s;经计算,流量采用 0.45 m^3/s 时,可满足北干渠相应灌溉范围的灌溉要求,加大流量的加大百分数为 30%,则泵站计算流量为 0.6 m^3/s,因此鸡冠泵站设计流量采用 0.6 m^3/s。

屯抱泵站建于罗柳北干渠,工程任务为灌溉,设计灌溉面积 1.2 万亩,按照灌水率并考虑泵站运行小时数 22 h,经计算泵站流量为 0.7 m^3/s,加大流的加大百分数 30%,则泵站设计流量为 0.9 m^3/s。两泵站的工程规模如表 10-2-1 所示。

表 10-2-1　提水工程规模

序号	泵站名称	设计流量/(m^3/s)	进水池设计水位/m	出水池设计水位/m	设计净扬程/m
1	鸡冠泵站	0.6	89.50	124.00	34.5
2	屯抱泵站	0.9	124.50	166.00	41.5

10.3　连通工程规模

本工程共有 5 处连通工程,其中江头干渠除满足直灌需水外,还将下六甲水库调蓄后的水量充水到长村水库;石祥河引水渠、南柳连接干渠、柳江西分干渠及龙旦干渠均利用罗柳总干渠、南干渠的空闲水量满足各自直灌需水,再将多余水量分别充水到石祥河水库、龙旦水库及丰收水库。

计算江头干渠规模时,首先多次试算确定长村水库汛期与非汛期的充水水位,避免造成水库大量弃水及江头干渠补水规模尽量最小,其次将长村水库需补水量叠加江头干渠沿线直灌需水,扣除下六甲水库与江头引水枢纽区间来水后,再对下六甲水库进行调节计算得到实际补水量,而后将下六甲水库实际补水量及区间自流水供水量叠加复核江头干渠沿线直灌及长村水库供水量,使长村水库及江头干渠直灌满足灌溉设计保证率要求,经多次试算江头干渠进水闸计算流量为 3.32 m^3/s,本次取设计流量为 3.5 m^3/s。长村水库汛期(5—9 月)与非汛期(10 月至翌年 4 月)充水水位分别为 141 m、142 m。

计算石祥河引水渠、南柳连接干渠、柳江西分干渠及龙旦干渠规模时,首先拟定一个引用流量,在此流量控制下,计算经上游用水后可引入各灌片的水量,该水量自上而下首先满足各渠道沿线直灌需水,余水再分别充蓄到石祥河水库、龙旦水库及丰收水库,而后将各渠道沿线直灌缺水量推算至下六甲水库断面,经下六甲水库调节计算后得到实际可补水量,其次再自下而上叠加引水量及下六甲水库实际补水量得到渠首引用流量,直到拟定流量与自下而上叠加的流量相等且满足供水、灌溉设计保证率及断面水资源开发利用率要求;由于石祥河水库承担的灌溉任务较重,缺口较大,优先考虑充蓄,富余水量再由龙旦水库、丰收水库充库使用。经试算,石祥河引水渠、南柳连接干渠、柳江西分干渠及龙旦干渠计算值分别为 1 m^3/s、1.52 m^3/s、1.23 m^3/s、1.42 m^3/s。

连通工程规模如表 10-3-1 所示。

表 10-3-1　连通工程规模

序号	灌片	工程名称	起点	终点	本次计算规模/(m³/s)	本次选择规模/(m³/s)		直灌面积/万亩
					合计	设计	加大	
1	罗柳灌片	江头干渠	进水闸	河村支渠分水闸	3.32	3.5	4.55	2.27
			河村支渠分水闸	新村闸	2.35	2.5	3.25	1.10
			新村闸	渠道末端	1.5	1.5	1.95	补水入长村灌片
2		南柳连接干渠	进水闸	古才支渠分水闸	1.52	1.5	1.95	1.42
			古才支渠分水闸	柳江倒虹吸	1.23	1.2	1.56	
3		石祥河引水渠	进水闸	石祥河水库	1	1	1.30	0.52
4	柳江西灌片	柳江西分干渠	柳江倒虹吸出口	下桥支渠分水口	1.23	1.2	1.56	1.76
			下桥支渠分水口	龙旦水库	0.7	0.7	0.91	
5		龙旦干渠	龙旦水库	龙兴支管分水口	1.42	1.5	1.95	1.43
			龙兴支管分水口	丰收水库	0.93	1	1.30	0.85

10.4　骨干输水工程规模

输水骨干工程分干渠、支渠两类,按照不同方法进行计算确定设计流量。本次改造渠道若计算成果小于原设计流量,则采用原设计流量;若计算成果大于原设计流量,则采用本次计算成果。

（1）干渠主要包括总干渠、干渠、分干渠,用水过程复杂,按照"逐旬长系列法"进行计算确定。经计算,干渠流量为 0.3~10.5 m³/s,见表 10-4-1。

（2）支渠主要包括支渠和分支渠,用水过程相对简单,按照各灌片灌水率进行计算。

①各灌片灌水率。

灌水率与灌区的作物组成、种植比例、作物允许灌水延续时间、栽种时间有关。根据灌区内各种作物的种植比例、各次灌水定额及初步确定的各次灌水延续时间,计算灌水率并绘制初步灌水率图。

由于各时期的初步灌水率大小相差悬殊,渠道输水断断续续,不利于管理,而且最大灌水率出现的时间短、次数少,利用最大灌水率计算的渠道流量偏大,渠道断面设计不经济。需对灌水率图进行修正。

灌水率图修正的主要原则为：

a. 全年各次灌水的灌水率应比较均匀，以累积 30 d 以上的最大灌水率为设计灌水率，短期的峰值不应大于设计灌水率的 20%，最小灌水率不应小于设计灌水率的 30%；

b. 宜避免经常停水，特别应避免小于 5 d 的短期停水；

c. 提前或推迟灌水日期不得超过 3 d，若同一种作物连续两次灌水均需变动灌水日期，不应一次提前，一次推后；

d. 延长或缩短灌水时间与原定时间相差不应超过 20%。

经计算修正，下六甲灌区灌水率为 0.303 ~ 0.388 m³/(s·万亩)，其中运江东灌片灌水率 0.377 m³/(s·万亩)，罗柳灌片灌水率 0.388 m³/(s·万亩)，柳江西灌片灌水率 0.303 m³/(s·万亩)，石祥河灌片灌水率 0.320 m³/(s·万亩)。各灌片灌水率汇总计算结果见灌水率见图 10-4-1 ~ 图 10-4-4 及表 10-4-2。

②支渠流量。

按照各渠道设计灌溉面积、各灌片灌水率、灌溉水利用系数计算，支渠流量为 0.1 ~ 0.9 m³/s，计算结果见表 10-4-1。

表 10-4-1　输水骨干工程规模汇总

序号	工程名称	起止点位置		流量/(m³/s)	
		起点	终点	设计流量	加大流量
一	运江东灌片				
(一)	干渠/分干渠				
1	落脉干渠	干渠进水闸	大乐分干渠分水闸	2.9	3.77
		大乐分干渠分水闸	侣塘支渠分水闸	0.9	1.17
(1)	大乐分干渠	大乐分干渠分水闸	渠道末端	1.5	2.0
2	长村水库引水渠	丁贡坝进水闸	长村水库	2.5	3.25
3	长村干渠	干渠分水闸	竹山支渠分水闸	4	5.20
		竹山支渠分水闸	新寨、料故支渠分水闸	3	3.90
4	云岩干渠	云岩水库	渠道末端	0.5	0.65
5	和平干渠	干渠进水闸	鹿鸣渡槽后分水闸	1	1.30
		鹿鸣渡槽后分水闸	渠道末端	0.6	0.78
6	凉亭干渠	干渠进水闸	渠道末端	2	2.60
7	长塘干渠	长塘水库	水晶干渠	1	1.30
8	太山干渠	太山水库	凉亭干渠	0.7	0.91
9	水晶干渠	干渠进水闸	甫上水库	2.5	3.25
		甫上水库	长塘、新定支渠分水闸	2	2.60

续表 10-4-1

序号	工程名称	起止点位置		流量/(m³/s)	
		起点	终点	设计流量	加大流量
(二)	支渠				
1	落脉干渠沿线支渠				
(1)	古琶支渠	古琶支渠分水闸	渠道末端	0.6	0.78
(2)	巴除支渠	巴除支渠分水闸	渠道末端	0.5	0.65
(3)	侣塘支渠	侣塘支渠分水闸	渠道末端	0.7	0.91
2	长村干渠沿线支渠				
(1)	南岸支渠	南岸支渠分水闸	渠道末端	0.1	0.13
(2)	龙平支渠	龙平支渠分水闸	渠道末端	0.1	0.13
(3)	三岔支渠	三岔支渠分水闸	渠道末端	0.3	0.39
(4)	暂村支渠	暂村支渠分水闸	渠道末端	0.1	0.13
(5)	土办支渠	土办支渠分水闸	渠道末端	0.1	0.13
(6)	中便支渠	中便支渠分水闸	渠道末端	0.3	0.39
(7)	竹山支渠	竹山支渠分水闸	渠道末端	0.5	0.65
(8)	回龙支渠	回龙支渠分水闸	渠道末端	0.1	0.13
(9)	西巴支渠	西巴支渠分水闸	渠道末端	0.1	0.13
(10)	新寨支渠	新寨支渠分水闸	渠道末端	0.4	0.52
(11)	料故支渠	料故支渠分水闸	渠道末端	0.2	0.26
3	凉亭干渠沿线支渠				0
(1)	石马支渠	石马支渠分水闸	渠道末端	0.4	0.52
4	长塘干渠沿线支渠				0
(1)	长学支渠	长学支渠分水闸	渠道末端	0.2	0.26
(2)	那马支渠	那马支渠分水闸	渠道末端	0.1	0.13
5	水晶干渠沿线支渠				0
(1)	官田支渠	官田支渠分水闸	渠道末端	0.1	0.13
(2)	福幸支渠	福幸支渠分水闸	渠道末端	0.2	0.26
(3)	雷安支渠	雷安支渠分水闸	渠道末端	0.3	0.39
(4)	保应支渠	保应支渠分水闸	渠道末端	0.2	0.26
(5)	新定支渠	新定支渠分水闸	渠道末端	0.1	0.13

续表 10-4-1

序号	工程名称	起止点位置		流量/(m³/s)	
		起点	终点	设计流量	加大流量
(6)	长塘支渠	长塘支渠分水闸	渠道末端	0.3	0.39
二	罗柳灌片				
(一)	干渠/分干渠				
1	游龙干渠	干渠进水闸	渠道末端	1	1.30
2	百丈一干渠	干渠进水闸	渠道末端	1	1.30
3	百丈二干渠	干渠进水闸	渠道末端	0.7	0.91
4	友谊干渠	干渠进水闸	渠道末端	0.3	0.39
5	罗柳总干渠	总干渠进水闸	冲天桥电站	10.5	14.00
		冲天桥电站	南、北干分水闸	8	10.40
6	罗柳北干渠	北干分水闸	屯抱泵站	3.5	4.55
		屯抱泵站	两旺水库	2	2.60
7	两旺干渠	两旺水库	百万水库	1.5	1.95
8	百万干渠	百万水库	渠道末端	0.3	0.39
9	罗柳南干渠	南干分水闸	热水支渠分水闸	5	6.50
		热水支渠分水闸	花山电站	3.5	4.55
(二)	支渠				
1	江头干渠沿线支渠				0
(1)	河村支渠	河村支渠分水闸	渠道末端	0.6	0.78
(2)	架村支渠	架村支渠分水闸	渠道末端	0.4	0.52
2	罗柳总干沿线支渠				0
(1)	大周支渠	大周支渠分水闸	渠道末端	0.1	0.13
(2)	敖村支渠	敖村支渠分水闸	渠道末端	0.2	0.26
(3)	秧岸支渠	秧岸支渠分水闸	渠道末端	0.4	0.52
(4)	易平支渠	易平支渠分水闸	渠道末端	0.6	0.78
(5)	弯龙支渠	弯龙支渠分水闸	渠道末端	0.1	0.13
(6)	红岭支渠	红岭支渠分水闸	渠道末端	0.1	0.13
(7)	吉村支渠	吉村支渠分水闸	渠道末端	0.2	0.26

续表 10-4-1

序号	工程名称	起止点位置		流量/(m³/s)	
		起点	终点	设计流量	加大流量
(8)	芙蓉支渠	芙蓉支渠分水闸	渠道末端	0.4	0.52
3	罗柳北干沿线支渠				0
(1)	益母支渠	益母支渠分水闸	渠道末端	0.3	0.39
(2)	林塘支渠	林塘支渠分水闸	渠道末端	0.2	0.26
(3)	三里支渠	三里支渠分水闸	渠道末端	0.2	0.26
(4)	屯抱支渠	屯抱泵站	渠道末端	0.9	1.17
(5)	吉次支渠	吉次支渠分水闸	渠道末端	0.3	0.39
(6)	吉音支渠	吉音支渠分水闸	渠道末端	0.8	1.04
4	罗柳南干沿线支渠				0
(1)	上山支渠	上山支渠分水闸	渠道末端	0.1	0.13
(2)	麻皮支渠	麻皮支渠分水闸	渠道末端	0.1	0.13
(3)	谭村支渠	谭村支渠分水闸	渠道末端	1.2	1.6
(4)	热水支渠	热水支渠分水闸	渠道末端	0.4	0.52
5	南柳连接干渠沿线支渠				0
(1)	古才支渠	古才支渠分水闸	渠道末端	0.3	0.39
三	柳江西灌片				0
(一)	干渠/分干渠				
1	牡丹干渠	牡丹水库	渠道末端	0.5	0.65
2	猛山干渠	猛山提水站	渠道末端	2.8	3.64
3	丰收南干渠	丰收水库	石龙分水闸	3	3.90
(1)	石龙分干渠	石龙分水闸	渠道末端	1.5	1.95
4	白屯沟干渠	白屯沟提水站	渠道末端	1.1	1.43
(二)	支渠				
1	柳江西分干沿线支渠				0
(1)	龙富支渠	龙富支渠分水闸	渠道末端	0.5	0.65
(2)	下桥支渠	下桥支渠分水闸	渠道末端	0.7	0.91
2	龙旦干渠沿线支渠				0
(1)	龙兴支渠	龙兴支管分水闸	管道末端	0.5	0.65

续表 10-4-1

序号	工程名称	起止点位置		流量/(m³/s)	
		起点	终点	设计流量	加大流量
3	猛山干渠沿线支渠				0
(1)	大山支渠	大山支渠分水闸	渠道末端	0.1	0.13
(2)	龙塘支渠	龙塘支渠分水闸	渠道末端	0.4	0.52
(3)	大曹支渠	大曹支渠分水闸	渠道末端	0.5	0.65
4	丰收南干渠沿线支渠				0
(1)	福堂支渠	福堂支渠分水闸	渠道末端	0.1	0.13
5	石龙分干渠沿线支渠				0
(1)	左村一支渠	左村一支渠分水闸	渠道末端	0.2	0.26
(2)	石塘支渠	石塘支渠分水闸	渠道末端	0.3	0.39
(3)	花山支渠	花山支渠分水闸	渠道末端	0.4	0.52
6	白屯沟干渠沿线支渠				0
(1)	白屯沟支渠	白屯沟支渠分水闸	石龙分干渠	0.7	0.91
四	石祥河灌片				0
(一)	干渠/分干渠				
1	石祥河干渠	干渠进水闸	马良支渠分水闸	9	11.25
		马良支渠分水闸	陇村支渠分水闸	7	8.75
		陇村支渠分水闸	武宣支渠分水闸	5	6.25
		武宣支渠分水闸	盘龙支渠分水闸	3	3.90
2	福隆干渠	福隆水库	石祥河干渠	0.5	0.65
3	乐业干渠	乐业水库	石祥河干渠	0.5	0.65
(二)	支渠				
1	石祥河干渠沿线支渠				0
(1)	石祥支渠	石祥支渠分水闸	渠道末端	0.2	0.26
(2)	赖山电灌支渠	赖山提水站出水池	渠道末端	0.2	0.26
(3)	马王电灌支渠	马王提水站出水池	渠道末端	0.2	0.26
(4)	马良支渠	马良支渠分水闸	渠道末端	1.5	1.95
①	赖山分支渠	赖山分水闸	渠道末端	0.5	0.65

续表 10-4-1

序号	工程名称	起止点位置		流量/（m³/s）	
		起点	终点	设计流量	加大流量
②	鱼步分支渠	鱼步分水闸	渠道末端	0.3	0.39
③	马良分支渠	马良分水闸	渠道末端	0.5	0.65
（5）	农场支渠	农场支渠分水闸	渠道末端	0.1	0.13
（6）	麻爪支渠	蔗木支渠分水闸	渠道末端	0.2	0.26
（7）	根村电灌一支渠	根村提水站出水池	渠道末端	0.2	0.26
（8）	根村电灌一支渠	根村提水站出水池	渠道末端	0.1	0.13
（9）	廷丁支渠	延丁支渠分水闸	渠道末端	0.1	0.13
（10）	廷仁支渠	廷仁支渠分水在	渠道末端	0.1	0.13
（11）	下陈支渠	下陈支渠分水闸	渠道末端	0.1	0.13
（12）	小浪支渠	小浪支渠分水闸	渠道末端	0.3	0.39
（13）	陇村支渠	陇村支渠分水闸	渠道末端	0.5	0.65
（14）	樟村支渠	樟村支渠分水口	渠道末端	0.4	0.52
（15）	武宣支渠	武宣支渠分水闸	渠道末端	1	1.30
（16）	石苟支渠	石苟支渠分水闸	渠道末端	0.4	0.52
（17）	七星支渠	七星支渠分水闸	渠道末端	0.2	0.26
（18）	大岭支渠	大岭支渠分水闸	渠道末端	0.6	0.78
（19）	盘龙支渠	盘龙支渠分水闸	渠道末端	0.4	0.52
（20）	灵湖支渠	灵湖支渠分水闸	灵湖	0.2	0.26

表 10-4-2 各灌片灌水率汇总

序号	一级灌片	设计灌溉面积/万亩	设计灌水率/[m³/（s·万亩）]
1	运江东灌片	12.80	0.377
2	罗柳灌片	18.85	0.388
3	柳江西灌片	9.00	0.303
4	石祥河灌片	18.45	0.320

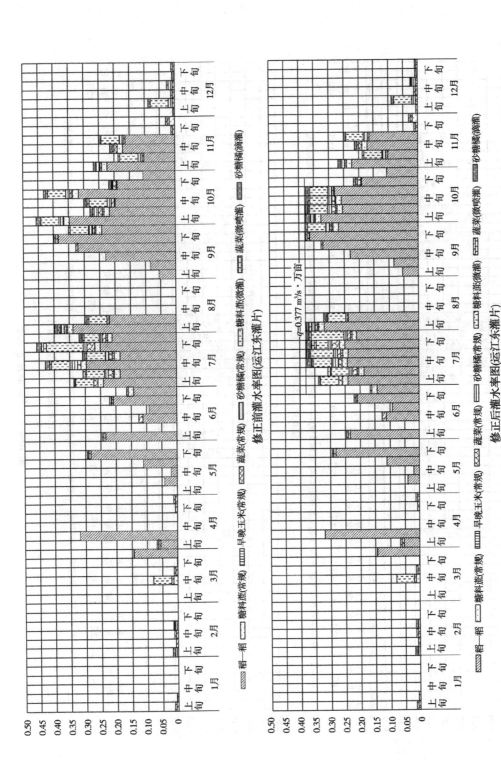

图 10-4-1　运江东灌片灌水率

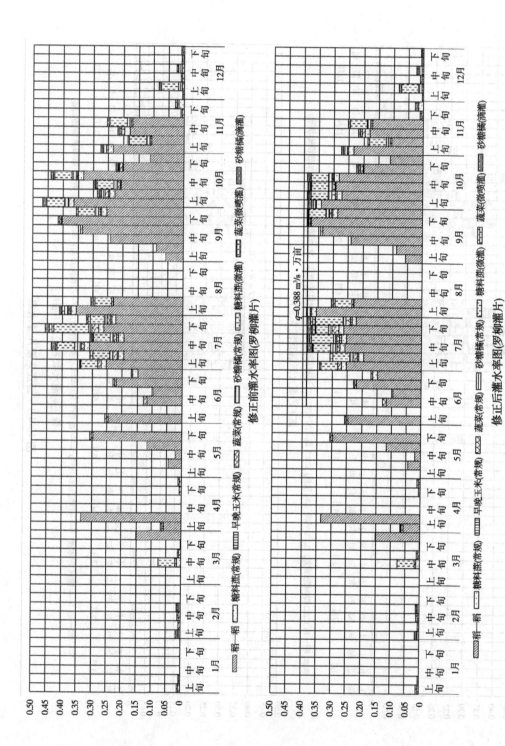

图 10-4-2 罗柳灌片灌水率

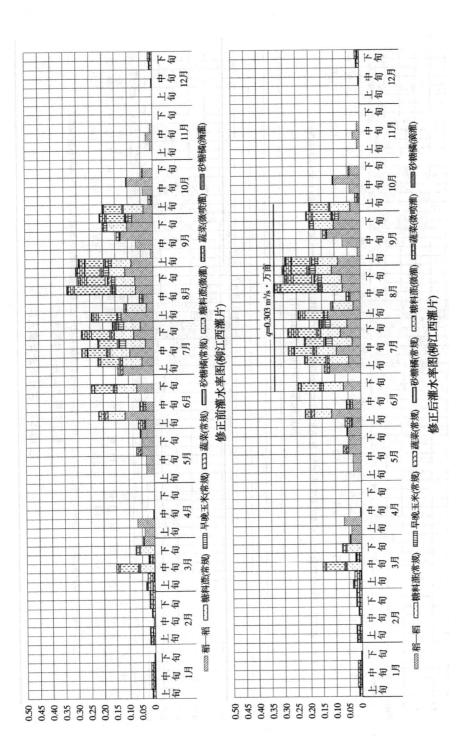

图 10-4-3　柳江西灌片灌水率

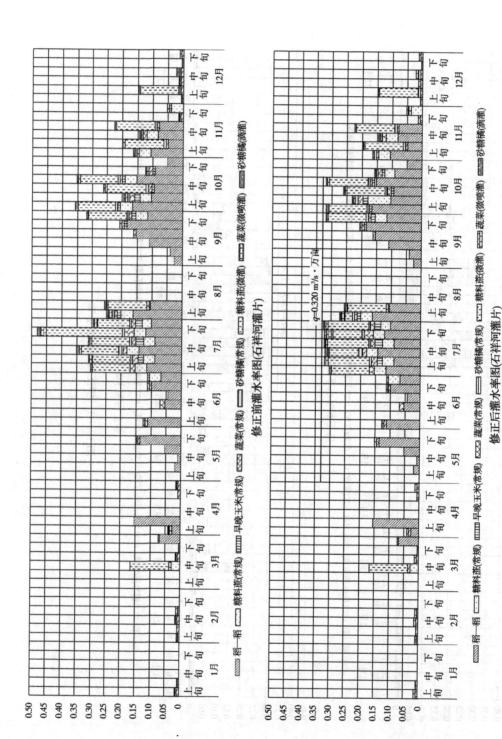

图 10-4-4　石祥河灌片灌水率

第 11 章　灌区管理

11.1　基本情况

下六甲灌区位于广西壮族自治区来宾市中东部。研究范围总面积约 4 252 km²(638 万亩),涉及广西来宾市金秀县、象州县和武宣县 3 个县 22 个乡镇 1 个农场。研究范围主要涉及的河流为罗秀河、水晶河、石祥河、马坪河以及其他小河等。根据最新土地调查成果,研究范围内耕园地面积 172.7 万亩,其中耕地 112.8 万亩,园地 59.9 万亩,耕园地主要分布在地形相对平缓的地区。

下六甲灌区的工程任务为农业灌溉,结合供水。灌区灌溉供水范围涉及金秀县、象州县和武宣县的 16 个乡镇、1 个农场,其中金秀 1 个乡镇,象州 10 个乡镇,武宣 5 个乡镇、1 个农场。通过新建下六甲灌区工程,满足 59.5 万亩耕园地灌溉用水。

11.2　工程管理体制

11.2.1　管理单位的类别与性质

目前为止,下六甲灌区范围内已有的国营水利管理单位 15 个,其中金秀县有凉亭坝水利工程管理所;象州县有罗秀河、长村水库、石龙电灌、马坪电灌 4 个水利工程管理处、水晶河 1 个水利工程管理所;武宣县有石祥河、福隆、乐业 3 个水库工程管理站,朗村、樟村、龙从、武农、根村 5 个电灌工程管理站。以上水利管理单位隶属所在县水利局管理,肩负所辖工程的工程维护、扩建、加固、运行调度、征收水费、开展综合经营等职能,是县直驻乡(镇)的二层机构。在经济上属全民所有,事业性质、独立核算,要求经济自立或给予差额补贴。

为使下六甲灌区工程顺利建成,并合理地调配水量,科学用水,满足农业灌溉用水要求,维护工程设施,充分发挥工程的经济效益和社会效益,拟设立专门的工程管理单位,进行统一的现代化管理和调配。

广西来宾市下六甲灌区工程管理分为工程建设期和工程运行期两部分。工程建设期管理单位的任务是负责实施工程建设的管理工作,建设期没有经营性收入,属公益型管理单位,在工程建设中需要的各项费用,在工程总投资中列支。工程主要供水对象为农田灌溉,运行期管理单位主要承担灌溉供水任务,其职责是维护管理工程,确保灌区工程安全运行,充分发挥工程效益,属社会公益性事业单位,为准公益性工程,因此灌区管理单位定性为事业单位。

11.2.2　工程运行管理机构设置及人员编制

11.2.2.1　工程运行管理机构设置

灌区工程管理是灌区建设和发展的重要环节,关系到工程的效益发挥和使用寿命,关系到灌区的可持续发展。

为统一管理和调配使用好灌区水资源,充分发挥水利工程兴利除弊作用,确保灌区经济社会稳定向前发展,依据《中华人民共和国水法》《水利工程管理体制改革实施意见》(国务院体改办 2002 年 9 月 3 日)、水利部《灌区管理暂行办法》等法律法规和意见要求,结合本工程实际情况,下六甲灌区建成后,以灌区内现有工程管理单位为班底,成立"下六甲灌区工程管理局",负责承担整个灌区的管理、运行调度和工程的维修养护。

参考国内及广西壮族自治区已建成灌区的运行机制,考虑水利工程设施分散等特点,为进一步强化群众参与管理,本工程管理拟采取专业管理与群众民主管理相结合的运行模式,灌区管理局作为运行期项目法人,负责统一管理整个灌区,隶属来宾市水利局直接领导。管理局下设金秀县管理分局、象州县管理分局和武宣县管理分局,其中金秀县管理分局管辖金秀县境内灌区系统、象州县管理分局管辖范围为象州县境内灌区系统,武宣县管理分局管辖武宣县境内灌区系统。各管理分局下设灌片管理所,管理所以下设水源工程管理站,骨干工程由灌区管理分局负责运行维护管理,田间配套工程由各行政村组成的"用水协会"在水源工程管理站的指导下进行管理。运行管理期机构设置见图 11-2-1。

11.2.2.2　管理机构岗位及人员编制

下六甲灌区管理机构由管理局,以及下辖的管理所和管理站组成,管理人员按专职人员配备。

本灌区工程设计灌溉面积 59.5 万亩,按照《水利工程管理单位定岗标准(试点)》规定,其工程管理单位定员级别为 3 级。

工程建成后运行管理机构按照新建项目建管一体的原则,整合现有的水库、灌区不同管理机构的人、责、权,成立"下六甲灌区管理局",隶属于来宾市水利局管理。测算管理局人员编制 393 人,其中整合现有管理人员 354 人,本次新增管理人员 39 人。新增管理机构及人员编制见表 11-2-1。

1. 管理局机关

局机关主要职责为:贯彻执行国家有关法律、法规、方针政策及上级主管部门决定、指令;拟订需水计划、实施供水计划,制订调度运用方案,进行水量动态管理和实时调度;参与供水水价制定,负责水费管理;制定供水水质监测与管理办法,建立水质监测管理信息系统,对可能发生的水污染事故拟订应急方案;负责水质及工程安全应急事故处理;建立工程管理信息系统,满足各级管理部门对信息交流及信息共享的需求,负责公共信息对外发布;协调与供水范围有关管理部门的关系。

下六甲灌区管理局统筹金秀县、象州县和武宣县境内各个灌片的建设及运行管理,本次根据下六甲灌区灌溉面积,下六甲灌区管理局拟新增编制人员 33 人,负责管理下六甲灌区,均为本次新增管理人员。下六甲灌区管理局机关部门设置及人员编制见表 11-2-2。

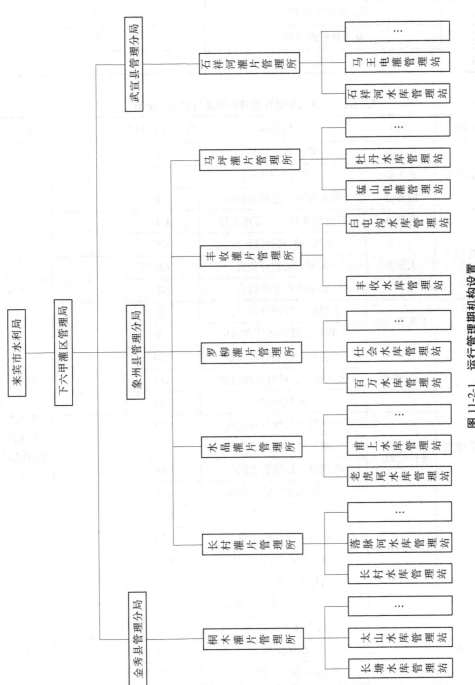

图 11-2-1　运行管理期机构设置

表 11-2-1　下六甲灌区新增管理机构及人员编制

序号	新增管理机构	新增人员编制/人
1	下六甲灌区管理局	33
2	金秀县管理分局	6
3	合计	39

表 11-2-2　下六甲灌区管理局机关设置及人员编制

岗位类别	部门	岗位名称	管理岗位代码	编制定员/人	说明
单位负责类	局长办	单位负责岗位	G1	3	
	总工办	技术总负责岗位	G2		
	财务办	财务与资产总负责岗位	G3		
行政管理类	行政办	行政事务负责与管理岗位	G4	3	
		文秘与档案管理岗位	G5		
	人事办	人事劳动教育负责	G6	2	
		安全生产管理岗位	G7		
技术管理类	工程管理办	工程技术管理负责岗位	G8	6	33人均为本次新增人员
		工程安全及防汛管理岗位	G9		
	计划办	工程规划计划管理岗位	G10		
		水土资源及环境管理岗位	G11		
		统计岗位	G12		
	灌排管理办	灌溉排水管理负责岗位	G13	6	
		灌溉排水管理岗位	G14		
		灌溉排水计量管理岗位	G15		
		灌溉排水水质管理岗位	G16		
	科技信息办	科技管理负责岗位	G17	5	
		灌溉试验管理岗位	G18		
		节水灌溉技术管理岗位	G19		
		信息系统管理岗位	G20		
财务与资产管理类	财务办	财务与资产管理负责岗位	G21	5	
		会计与水费管理岗位	G22		
		出纳岗位	G23		
		物资及器材管理岗位	G24		
水政监察类	水政办	水政监察岗位	G25	3	
合计				33	

2.灌区管理分局

1）分局机关

分局机关的岗位类别分为运行类和观测类，主要职责有监督下属机构执行下六甲灌区管理局拟订的供水计划、调度运用方案、水量监测、水费征收等。象州管理分局机关定员 28 人，武宣管理分局机关定员 12 人，均为现有灌区管理所内部人员调配；金秀管理分局机关定员 7 人，均为新增。各管理分局机关部门设置及人员编制见表 11-2-3。

表 11-2-3　下六甲灌区各分局机关设计及人员编制

岗位类别	序号	岗位名称	岗位代码	编制定员/人			说明
				金秀县管理分局	象州县管理分局	武宣县管理分局	
运行类	1	运行负责岗位	S1	1	1	1	象州和武宣分局为现有灌片管理所内部调配，金秀分局为新增
	2	灌溉渠道及建筑物运行岗位	S2	1	7	3	
	3	灌溉调配岗位	S3	1	2	1	
	4	水费记收岗位	S4	—	8	2	
	5	机电设备运行岗位	S5	1	4	2	
	6	通信及信息系统运行岗位	S6	1	2	1	
观测类	7	渠道和渠系建筑物安全监测岗位	S7	1	2	1	
	8	测水量水岗位	S8				
	9	水质及泥沙检测岗位	S9				
	10	地下水观测岗位	S10				
合计				7	28	12	

2）灌片管理所

整个灌区范围内共有 8 个灌片管理所，灌片管理所是在之前各个灌片管理处的基础上小范围变更之后的结果。组织架构和人员编排在之前的基础上适当调整和补充。每个灌片管理所的管辖范围内又包括若干个水源工程管理站。灌区供水水源以蓄水工程为主，河道引、提水工程为辅。工程建成后灌区内共有中型水库 4 座，小（1）型水库 16 座等。水源工程管理站主要负责管辖水库的水源工程枢纽建筑物监测维护、来水监测，实施完成供水计划。各灌片管理所及管理站的人员编制见表 11-2-4。

表 11-2-4　灌片管理所及管理站人员编制

序号	灌片管理所名称	管理站名称	编制定员/人	说明
1	长村灌片管理所	长村水库管理站	58	现有灌片管理所内部调配
2		落脉河水库管理站		
3		云岩水库管理站		
4		歪甲水库管理站		
5	水晶灌片管理所	老虎尾水库管理站	22	现有灌片管理所内部调配
6		水晶干渠引水枢纽管理站		
7		甫上水库管理站		
8	罗柳灌片管理所	兰靛坑水库管理站	80	现有灌片管理所内部调配
9		百万水库管理站		
10		仕会水库管理站		
11		跌马寨水库管理站		
12		两旺水库管理站		
13		罗柳总干引水枢纽管理站		
14	丰收灌片管理所	丰收水库管理站	40	现有灌片管理所内部调配
15		白屯沟电灌管理站		
16	马坪灌片管理所	猛山电灌管理站	25	现有灌片管理所内部调配
17		牡丹水库管理站		
18		龙旦水库管理站		
19	石祥河灌片管理所	石祥和水库管理站	88	现有灌片管理所内部调配
20		马王电灌管理站		
21		根村电灌管理站		
22		樟村电灌管理站		
23		福隆水库管理站		
24		乐业水库管理站		
25		赖山电灌管理站		
26		武农电灌管理站		
27		新龟岩泵站管理站		
28	桐木灌片管理所	长塘水库管理站	10	现有灌片管理所内部调配
29		太山水库管理站		
30		凉亭引水枢纽管理站		
合计			323	

11.2.3　工程建设期管理

11.2.3.1　建设期管理机构

按照水利部《关于贯彻落实〈国务院批转国家计委、财政部、水利部、建设部关于加强公益性水利工程建设管理若干意见的通知〉的实施意见》,地方项目由县级以上人民政府或其委托的同级水行政主管部门组建项目法人并报上级人民政府或其委托的水行政主管部门审批,其中总投资在 2 亿元以上的地方大型水利工程项目由项目所在地的省(自治区、直辖市及计划单列市)人民政府或其委托的水行政主管部门负责组建项目法人,任命法定代表人。项目法人是项目建设的责任主体,对项目建设的工程质量、工程进度、资金管理和生产安全负总责,并对项目主管部门负责。新建项目一般应按建管一体的原则组建项目法人。

下六甲灌区是以灌溉为主的准公益性水利工程,在灌区建设期间,由"下六甲灌区管理局"作为项目法人,负责组织实施工程建设期的工程建设、征地等管理。建设期机构设置见图 11-2-2。

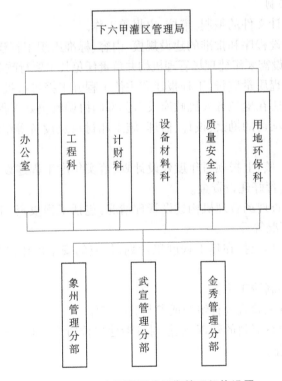

图 11-2-2　下六甲灌区建设期管理机构设置

11.2.3.2　工程建设期人员编制

下六甲灌区管理局是整个工程运作的核心,全面负责工程建设期工作,同时接受各方面监督,下设办公室、工程科、计财科、设备材料科、质量安全科及用地环保科、金秀管理分部、象州管理分部和武宣管理分部,分别负责项目建设的技术、经济、财务、招标和合同管理,建设单位定员 66 人,其中机关 21 人,灌区工程定员 45 人。

（1）作为法人代表的局长担负全面建设管理局的全面工作,负责筹集项目建设资金、按基本建设程序组织项目实施、对整个建设项目负责。

（2）副局长协助局长工作,负责分管业务工作。

（3）总工程师协助局长管理技术工作,独立处理工程建设技术问题,对项目建设的技术负责。

（4）办公室负责项目建设期间的行政事务,定员3人;工程科负责项目建设的工程技术、招标工作,定员3人;计财科负责项目建设的计划、财务和合同管理,定员3人;设备材料科负责项目建设的设备材料供应,定员3人;质量安全科负责项目建设的工程质量和安全保卫,定员3人;用地环保科负责项目建设的工程用地、环境保护及水土保持工作,定员3人。象州管理分部定员25人,武宣管理分部定员15人,金秀管理分部定员5人。

11.2.3.3　建设管理

按照水利部《水利工程建设项目管理规定》(水建〔1995〕128号)的规定,下六甲灌区管理局作为工程项目法人,具体负责本工程的招标投标、工程建设和竣工验收工作,严格依照有关规定和章程,对工程建设进行管理,建设期内管理模式采用"三制",内容如下。

1. 项目法人责任制

（1）组织初步设计文件的编制、审核、申报等工作。

（2）按照基本建设程序和批准的建设规模、内容、标准组织工程建设。

（3）根据工程建设需要组建现场管理机构并负责任免其主要行政及技术、财务负责人。

（4）负责办理工程质量监督、工程报建和主体工程开工报告报批手续。

（5）负责与项目所在地地方人民政府及有关部门协调解决好工程建设的外部条件。

（6）依法对工程项目的勘察、设计、监理、施工和材料及设备等组织招标,并签订有关合同。

（7）组织编制、审核、上报项目年度建设计划,落实年度工程建设资金,严格按照概算控制工程投资,用好、管好建设资金。

（8）负责监督检查现场管理机构建设管理情况,包括工程投资、工期、质量、生产安全和工程建设责任制情况等。

（9）负责组织制订、上报在建工程度汛计划、相应的安全度汛措施,并对在建工程安全度汛负责。

（10）负责组织编制竣工决算。

（11）负责按照有关验收规程组织或参与验收工作。

（12）负责工程档案资料的管理,包括对各参建单位所形成档案资料的收集、整理、归档工作进行监督、检查。

2. 招标投标制

依据《中华人民共和国招标投标法》,工程采用招标投标制,项目法人通过公开招标方式,选择建设监理单位和建筑安装工程、设备制造的承包方,招标工作由项目法人或其委托的具有相应资质的招标机构完成,招标文件依据《水利水电工程标准施工招标文件》进行编制,在合同中明确规定建设项目的投资额度、工程规模、技术标准、完成的数量、质量和工期等。全部招标投标工作接受政府部门的监督。投标方通过竞争中标后依法签订承包合同,主体工程施工承包人的资质应满足项目要求。

3. 建设监理

依据《水利工程建设监理规定》,工程实行建设监理制,项目法人依法通过招标选择建设监理单位,监理单位依据有关工程建设的法律、法规、规章和批准的项目建设文件、建设工程合同以及建设监理合同,在现场从事组织、管理、协调、监督工作,同时,监理单位要站在独立公正的立场上,协调建设单位与设计、施工等单位的关系。

11.2.3.4　建设管理模式

下六甲灌区工程规模大、范围广、专业跨度大,对建设单位的技术能力和管理能力要求高,传统平行发包模式很难满足建设需要。具体特点包括:

(1)工程规模大,范围广,项目管理工作繁重。下六甲灌区工程涉及 1 市、3 县、16 个乡镇、1 个农场,征地移民工作量大。

(2)建筑物种类繁多,涉及专业广,施工管理难度大。工程项目包含输水骨干工程、排灌沟渠改造工程、田间工程等众多单项工程。工程质量、安全、投资、进度管理等项目建设管理工作繁重。

(3)施工战线长,点多、面广,地质多变,施工期存在不可预见的岩溶、涌水等风险,此类因素为项目安全实施带来了管理难度。

(4)工程移民征迁涉及多个专项,外围边界条件复杂,建管队伍的协调量极大。

针对以上特点及目前建设管理单位的实际情况,下六甲灌区工程建议采用项目管理总承包(PMC)的建管模式。

该模式主要优势有:①引进具有设计咨询资质的优秀专业管理团队进行项目管理,可有效协调管理设计、施工单位,尤其从设计源头开始管控,更有利于达到质量、安全、进度、费用可控,确保工程顺利实施;②可最大程度地缓解建管单位技术、管理人员不足问题;③建设单位可利用有限资源,集中精力从宏观上把控项目实施,有利于提升工程建设管理水平,提高工作效率,保证工作质量,打造民生精品工程;④此模式下,合同范围内的工程投资风险完全由总承包单位承担,有效控制建设单位的投资风险。

项目管理总承包(PMC)模式是适应目前水利市场的实际情况、满足项目建设单位需求的一种工程总承包模式。政策方面,《关于进一步推进工程总承包发展的若干意见》建市〔2016〕93 号、《国务院办公厅关于促进建筑业持续健康发展的意见》〔2017〕19 号等文件从国家层面积极推行工程总承包模式;在水利行业内,水利部办公厅《关于印发 2018 年水利建设与管理工作要点的通知》中第 11 条"创新建设管理模式。因地制宜推行水利工程代建制、项目管理总承包、设计施工总承包等模式,提升水利建设管理专业化水平",水利部肯定项目管理总承包模式的同时,要求积极推广。国内多个省份的大中型水利、水生态治理项目已广泛采用了 PMC 项目管理总承包模式,得到了项目建设单位和行业主管部门的认可和好评。

11.2.4　工程建设招标投标方案

11.2.4.1　招标范围

根据 2001 年 6 月 18 日国家发展计划委员会第 9 号令《建设项目可行性研究报告增加招标内容以及核准招标事项暂行规定》及《中华人民共和国招投标法》的要求,下六甲灌区工程勘察设计、工程监理、工程施工及重要设备的采购应全部进行招标。招标的范围包括以下几个方面。

（1）勘察设计。

（2）工程施工监理。

（3）永久及临时工程施工。

（4）金结设备采购及安装。

（5）环保工程监理和监测。

（6）水土保持工程监理和监测。

（7）移民安置。

11.2.4.2　招标组织形式

项目法人在建设初期难以具备自行招标能力，建议采用委托招标方式。招标代理机构由项目法人自行选择，任何单位和个人不得以任何方式为项目法人指定招标代理机构。招标代理机构应是依法设立、从事招标代理业务并提供相关服务的社会中介组织。对于本工程，招标代理机构除应具备相关法律规定的条件外，还应具有招标代理乙级以上资质。

评标委员会由项目业主按有关法律和规定依法组建，负责评标；由项目业主的代表和有关技术、经济等方面的专家组成，且技术、经济方面的专家不少于2/3，一般是5人以上的单数，对比较复杂、投标估算金额较大的标段宜增加投标委员会成员；投标专家由项目业主根据投标时有关法律和规定，从相应的专家库中随机产生，特殊招标项目可由招标人直接确定。

若项目业主具备编制招标文件和组织评标的能力后，可以根据《工程建设项目自行招标试行办法》（国家发展计划委员会第5号令）及其他相关规定自行办理招标事宜。

11.2.4.3　招标方式

本项目勘察设计、工程监理、工程施工、设备采购等均采用公开招标，移民、环境和水保等专业性较强的可根据情况采用公开招标或邀请招标。招标主要基本情况见表11-2-5。

表 11-2-5　招标工程基本情况

项目	招标范围		招标组织方式		招标方式		不采用招标方式	说明
	全部招标	部分招标	自行招标	委托招标	公开招标	邀请招标		
勘察	√			√	√			
设计	√			√	√			
建设监理	√			√	√			
建筑工程	√			√	√			
安装工程	√			√	√			
金结设备采购及安装	√			√	√			
重要材料	√			√	√			
其他				√	√			

根据《关于进一步推进工程总承包发展的若干意见》(建市〔2016〕93 号)、《水利部关于调整水利工程建设项目施工准备开工条件的通知》水建管〔2017〕177 号,在可研报告批复后、环境影响评价文件等已经批准、年度投资计划已下达或建设资金已落实的情况下,即可进行项目管理总承包(PMC)招标,初设批复前即可由 PMC 承包人开展施工准备工作。在初设批复后由 PMC 承包人开展主体工程分包采购招标。

11.3　工程运行管理

11.3.1　管理原则和办法

11.3.1.1　管理模式

下六甲灌区水源工程以蓄水工程为主,河道引、提水工程为辅,通过骨干工程(取水枢纽、主干、支管等)和田间工程组成的自流灌溉系统向田间输水。

为进一步强化群众参与管理,工程管理采取专业管理与群众民主管理相结合的运行模式,灌区工程管理局整个灌区实行统一管理,各乡镇、村级用水合作组织实行分级分片管理。

11.3.1.2　管理办法

灌区管理局负责对水源、引水(引水枢纽)、输水(干管和支管)及配水实行专业统一管理,并制定工程运行有关的管理制度、办法和技术标准,及时进行骨干工程设施的维修养护,确保工程安全和正常运行;组织受益单位做好田间工程和平整土地;实行计划用水,提高灌溉质量,总结群众经验,推广科学用水。

行政村为单元组成的用水组,负责灌区内田间工程和用水管理,协助管理站进行水量调度,协调和执行辖区内用水关系与计划,维修、养护、管好用好斗、农、毛三级渠道工程。

11.3.2　工程运行管理费

工程运行管理费是对所建工程所形成的固定资产实施有效管理、保证工程正常运转的必要条件,包括修理费、材料费、燃料及动力费、职工薪酬、管理费、其他费用等,经测算,灌区工程全部实施后,工程正常运行期骨干工程的年运行费约为 8 500 万元。

本工程推荐灌溉水价为 0.30 元/m³,农村人饮原水水价为 0.54 元/m³,城镇原水水价为 1.0 元/m³,可基本维持灌区工程正常运行。工程管理单位应注重项目投资的控制与工程建成后灌溉供水效益的发挥,以利于实现财务良性运行。

11.3.3　工程调度运行方式

下六甲灌区项目通过新建或改建部分水源工程、输水骨干工程以及相关配套建筑物等工程,达到科学合理配置和提高水资源利用率的目的。

11.3.3.1　水库工程调度

下六甲灌区内共有中型水库 4 座、小(1)型水库 16 座,主要任务是为农业灌溉和乡镇供水。不同供水对象设计保证率不同,城乡供水保证率为 95%,农业灌溉设计保证率为 75%。在运行过程中主要满足以下要求：

（1）水库调度首先满足防洪要求。

（2）丰水年和丰水期的兴利运行，主要尽量满足用水，减少弃水；枯水年和枯水期的兴利运行，以最大综合效益进行调度，在满足城市用水的前提下，尽量保证灌溉用水。

（3）水库供水次序为：首先满足生态用水要求，其次满足城乡用水要求，最后满足水库下游灌区农业用水要求。

（4）保证生态用水。

（5）设计保证率以内年份按照需水量供水，设计保证率以外年份应考虑破坏，其中城乡用水破坏深度不超过 30%，农业灌溉用水年破坏深度不超过 50%。

（6）水库汛期调度运行方式。

主要原则：①保证大坝安全；②不给下游造成人为洪水；③尽可能利用洪水资源。

11.3.3.2　下六甲水库补水与灌区当地水源联合调度原则

下六甲水库按照水库运行调度制度及下六甲灌区灌溉用水需求要求下泄，需水库调蓄，通过罗柳总干引水枢纽及配套骨干渠系补水约 1 200 万 m³（均为需下六甲水库调蓄后补水量，下同）满足罗柳灌片用水需求，补水约 200 万 m³ 满足柳江西灌片用水需求，通过江头引水枢纽及配套骨干渠系补水至长村水库，补水约 400 万 m³ 满足运江东灌片用水需求。

优先利用当地水资源，对长村水库等充蓄水库设置充蓄上限（充蓄限制水位），当库水位高于该水位时停止引水充库，以避免过量引水造成水库大量弃水，同时保证水库防洪安全；当水库水位低于该水位时进行充库，以备以后时段使用。各水库充蓄水量，由水库调节能力和需水过程确定，以满足充蓄后水库供水区达到供水、灌溉设计保证率要求。

11.3.3.3　输水工程调度

输水工程调度运用主要是输水渠道或管道的控制运用，对各控制闸门、阀门、倒虹吸等重点建筑物的控制运用，以保证输水工程的安全。输水工程的运行一般原则是：

（1）引水渠进水闸的运行应与上下游工程相配合，在保证下游河道泄放生态水量要求的前提下有计划地进行引水，应防止超量引水。

（2）输水渠道要合理控制其水位、流量、流速，使输水渠道不漫堤顶，并使渠道不冲、不淤，以保证输水安全。

（3）输水管道应进行定期巡查，查看管道有无堵塞、连接处有无渗漏、设备锈蚀等影响管道正常运行的情况发生。

（4）水闸或阀门等按灌区用水计划确定不同的开度。

（5）灌排沟渠整修完工使用前宜进行通水复核试验。

（6）灌区排水工程应同灌区的雨情、汛情密切结合，根据排水区排水面积、暴雨的集水面积，涵闸等排水工程的设计标准及排水区域历史的水文气象资料、灾情等，编制可能出现不同雨情的排水计划，并根据实际情况及时调整。

11.4　工程管理范围和保护范围

为确保工程安全运行，便于实施管理和维护工作，有利于工程周围的水土保持，并考虑工程管理单位实现自我维持和发展的需要,确定工程管理范围和保护范围。

管理范围是指水利工程设施本身建设占地,以及有关生产维护、管理和观测设施占地的范围;保护范围是指为了确保水利工程在设计条件下安全运行和进行维护工作的需要,不允许单位和个人进行有损于水利工程设施和运行安全的活动范围。

本工程运行管理范围和保护范围的划定依据《广西壮族自治区水利工程管理条例(2016 修正)》(2016 年 11 月 30 日)。

11.4.1　工程管理范围

水库管理范围:

(1)大坝下游坡脚和坝肩外 50 m。

(2)溢洪道、泄水(涵)闸、消力池等其他建筑物两侧各 50 m。

(3)永久道路征地范围根据开挖线确定,不设管理范围。

(4)生产、生活区。

渠道工程管理范围:

(1)隧洞:隧洞进出口、施工支洞进口外轮廓线以外 5 m。

(2)渠系:管理范围为渠道左右外边坡脚线之间。

(3)泵站:管理范围为外轮廓线占压区域边界线以外 10 m。

(4)水闸:管理范围为闸坝两端各 50 m。

(5)阀井:管理范围为建筑物外轮廓以外 1 m。

11.4.2　工程保护范围

水库保护范围:

(1)水库库区管理范围外延至 300 m。

(2)大坝管理范围外延 200 m。

(3)溢洪道、泄水(涵)闸、消力池等附属建筑物管理范围外延 200 m。

渠道工程保护范围:

(1)渠道管理范围外延至 10 m。

(2)渡槽、涵洞、倒虹吸等架空和地下灌排建筑物垂直方向上下 2 m。

(3)泵站厂区构筑物和前池、进出水道等建筑物为管理范围外延 50 m。

11.4.3　土地利用要求

11.4.3.1　管理范围土地利用方案

工程管理范围内土地由项目法人征用,土地使用权归项目法人及管理单位,任何单位及个人不得侵占。

11.4.3.2　保护范围土地利用限制要求

工程保护范围土地不征用,土地及土地上附着物的所有权及使用权维持现状不变,但严禁破坏水土保持,严禁在保护范围内进行有妨碍建筑物正常运行、危害建筑物安全、水质污染等一切活动,根据工程管理要求和有关法规制定保护范围的管理办法。

11.5　工程管理设施及设备

11.5.1　交通设施

11.5.1.1　水库交通道路

本次新建、改扩建水库在建设期间,修建有工程对外及场内交通道路,工程运行期间,为满足工程管理需要,施工完成后对道路进行硬化,路面结构为混凝土路面。

11.5.1.2　渠道及管道交通道路

渠(管)道布置应与现有的农业生产、交通运输、村民生活等相关道路体系结合布置,遵循经济合理、节约用地的原则。工程运行期间,为满足工程管理需要,对施工完成后的渠(管)道施工辅道进行改建,路面结构为混凝土。

11.5.1.3　交通工具

参照《水库工程管理设计规范》(SL 106—2017)、《水利工程设计概(估)算编制规定》(水总〔2002〕116号)及管理机构设置情况,本次仅考虑新增机构配置车辆,共38辆,下六甲灌区工程交通工具配置见表11-5-1。

表 11-5-1　下六甲灌区工程交通工具配置

序号	管理单位	各类车辆/辆				
		工具车	小型客车	面包车	防汛车	摩托车
1	下六甲灌区管理局		3	2	2	
2	金秀灌区管理分局机关	1	1		1	1
3	象州灌区管理分局机关	3	2		2	11
4	武宣灌区管理分局机关	2	1		1	5
5	合计	6	7	2	6	17

11.5.2　生产生活设施

11.5.2.1　管理用房

灌区管理机构在整合灌区范围内现有管理机构的基础上确定,各管理分局所属的灌排工程管理处沿用现状各乡镇水管所管理用房,现状水库等水源工程经实地调研,人员编制及办公用房基本能够满足需要,因此本次设计管理用房面积主要考虑下六甲灌区管理局及3个下属管理分局所需面积。

管理单位办公用房及附属设施主要包括办公室、会议室、自动化控制室、车库、仓库、修配车间等。参照《水利工程管理单位定岗标准(试点)》、《水库工程管理设计规范》(SL 106—2017)的规定,并结合当地情况规划用房面积,根据灌区人员编制。灌区内原有管理人员356人,本次新增39人。初步了解原有灌区内的人均管理用房面积为20 m²,管理用地紧张,不利于管理工作的开展,故在原先基础上每人新增加 30 m² 管理用地。本次新成立的下六甲灌区管理局及其下属的金秀县、象州县和武宣县管理分局,办公面积按人均面积 15 m² 考虑,仓储按人均面积 35 m² 考虑。最终拟定建筑面积 13 370 m²,征地面积 40 110 m²。办公和仓储用地计算表面积明细见表 11-5-2。

表 11-5-2　办公和仓储用地计算表面积明细

单位	人数/人	新增管理用房面积/m²			
		管理面积	仓储面积	建筑面积	征地面积
下六甲灌区管理局	33	495	1 155	1 650	4 950
金秀县管理分局	6	90	210	300	900
象州县管理分局	26	390	910	1 300	3 900
武宣县管理分局	11	165	385	550	1 650
长村灌片管理所	58	1 740		1 740	5 220
水晶灌片管理所	22	660		660	1 980
罗柳灌片管理所	80	2 400		2 400	7 200
丰收灌片管理所	40	1 200		1 200	3 600
马坪灌片管理所	25	750		750	2 250
石祥河灌片管理所	69	2 070		2 070	6 210
乐梅灌片管理所	23	690		690	2 070
桐木灌片管理所	2	60		60	180
总计	395			13 370	40 110

11.5.2.2　管理用水用电

管理用水用电以就近水网和电网接入为原则。具体安排为:用水就近从当地城乡供水管网接入,用电从所在乡镇的电网接入。

第 12 章　经济评价

12.1　概　述

12.1.1　评价依据与计算原则

本次经济评价主要依据的文件如下：

（1）《建设项目经济评价方法与参数》（第三版）（发改投资〔2006〕1325 号）。

（2）《水利建设项目经济评价规范》（SL 72—2013）。

（3）《广西壮族自治区物价局 财政厅 水利厅关于调整我区水资源费征收标准的通知》（桂价费〔2015〕66 号）。

根据工程的施工进度安排及实施计划，本工程按 2022 年开始施工计算，建设期为 4 年。本工程的大部分永久性建筑物主要为壅水建筑物、引水/节制水闸、灌溉渠道，建筑物级别为 3~5 级，根据《水利水电工程合理使用年限及耐久性设计规范》（SL 654—2014），合理使用年限为 30~50 年，经综合分析，本工程正常运行期取 40 年。经济评价计算期为 44 年。

12.1.2　主要工作内容

本项目经济评价包括国民经济评价和财务评价。

国民经济评价主要是根据下六甲灌区工程新增投资及新增效益进行，以水源至用户整体作为评价对象。

财务分析主要是根据下六甲灌区工程以及灌区范围内现有骨干工程整体的成本费用和供水量，测算骨干工程末端供水成本，分析贷款能力和财务生存能力，提出维持工程良性运行的政策或建议。

12.2　费用测算

12.2.1　工程投资

根据本工程投资匡算成果，下六甲灌区规划阶段骨干工程静态投资 37.1 亿元。投资组成见表 12-2-1。

表 12-2-1　下六甲灌区工程投资组成　　　　　　单位:万元

序号	工程或费用名称			骨干工程分年度投资				
				合计	第 1 年	第 2 年	第 3 年	第 4 年
1	骨干工程	工程部分	建筑工程	164 304	41 076	49 291	41 076	32 861
2			机电设备及安装工程	9 372	2 343	2 812	2 343	1 874
3			金属结构及安装工程	4 056	1 014	1 217	1 014	811
4			临时工程	23 316	5 829	6 995	5 829	4 663
5			独立费用	28 147	7 037	8 444	7 037	5 629
6			预备费 基本预备费	34 380	8 595	10 314	8 595	6 876
7			预备费 价差预备费					
8			建设期利息					
9			小计	263 575	65 894	79 073	65 894	52 714
10		建设移民征地补偿		89 820	22 455	26 946	22 455	17 964
11		环境保护工程		9 684	2 421	2 905	2 421	1 937
12		水土保持工程		7 484	1 871	2 245	1 871	1 497
13		骨干工程投资合计		370 563	92 640	111 168	92 640	74 112

12.2.2　流动资金

参考类似工程,流动资金按年运行费的 10%估算,取 1 000 万元。流动资金在运行期第 1 年初投入,计算期末一次收回。

12.2.3　成本费用

12.2.3.1　年运行费

年运行费主要包括材料费、燃料及动力费、修理费、职工薪酬、管理费、库区基金、水资源费、其他费用、固定资产保险费等,各项费用计算原则、费率和参数,根据灌区实际情况和《水利建设项目经济评价规范》(SL 72—2013)进行计算。

(1)材料费:本工程为灌溉工程,材料费按固定资产原值的 0.1%计算。

(2)燃料及动力费:本工程的燃料及动力费主要为泵站提水电费,根据泵站特性、抽水量和电价计算。灌区内有 7 座扬水泵站,提水水量 2 283 万 m^3,扬程 13~39.0 m,灌区农业生产电价为 0.387 5 元/(kW·h),经计算多年平均运行电费约 110 万元。

(3)修理费:本工程为灌溉工程,材料费按固定资产原值的 1%计算。

(4)职工薪酬:根据灌区管理测算成果,灌区管理人员计划 395 人,人均工资按 3.5 万元/年,职工福利、保险、公积金等薪酬按工资的 62%计取,则人均职工薪酬为 5.67 万元/年。

（5）管理费：主要包括差旅费、办公费、审计费等，按职工薪酬的1.0倍计算。

（6）库区基金：本工程未新建水库及库区移民安置等，不计此项费用。

（7）水资源费：本工程主要任务是灌溉，根据《广西壮族自治区物价局 财政厅 水利厅关于调整我区水资源费征收标准的通知》（桂价费〔2015〕66号），农业灌溉免征水资源费，因此本工程不计水资源费。

（8）其他费用：包括工程观测、临时设施费等费用，按材料费、燃料及动力费、修理费、职工薪酬等4部分费用的10%计取。

（9）固定资产保险费：按固定资产原值的0.1%计取。

（10）维持现状的灌溉工程运行费：灌区维持现状的灌溉工程主要包括灌区的水库、泵站、渠/管道等工程，主要包括5座中型水库、15座小（1）型水库和约200 km长渠/管道工程，这些工程的主要任务是灌溉。参考现状及当地工作人员了解类似经验、经典型调查、分类统计计算，维持现状的灌溉工程年运行费用约为500万元。

12.2.3.2 折旧费

折旧费采用综合折旧率按年平均提取，折旧年限40年，综合折旧率取2.5%。

12.2.3.3 电站补偿费用

本次规划对下六甲电站、和平电站2座电站的运行方式进行了调整，影响廷岭电站、中平电站、和平电站发电量减少280万kW·h，现行上网电价为0.32~0.28元/kW·h，按行上网电价计算，共计补偿84万元。

12.2.4 更新改造费用

更新改造费用为金属结构及机电设备等一次性更新改造费用，参考类似工程，本次按金属结构、机电设备固定资产投资的80%考虑。

12.3 国民经济评价

12.3.1 评价原则

（1）下六甲灌区为以公益性为主的项目，采用费用效益分析方法进行评价。

（2）本次评价遵循费用与效益计算口径一致的原则，按本工程的增量费用和增量效益进行评价。

（3）由于本次工程未对全部田间工程进行改造，投资亦不是全部田间工程投资，因此，本次国民经济评价以骨干工程末端为计算断面。

（4）国民经济评价计算期取44年，其中建设期4年，运行期40年。基准年定在工程开工的第1年初。

（5）费用效益分析的社会折现率取8%。

12.3.2 费用

12.3.2.1 固定资产投资

固定资产投资在本工程静态总投资匡算编制的基础上进行调整得出。下六甲灌区骨干工程静态总投资为 370 560 万元,扣除国民经济内部转移支付(土地占用税和施工税金等),固定资产投资为 338 718 万元,分年度投资见表 12-3-1。

表 12-3-1 国民经济分年度投资表　　单位:万元

调整前投资	调整后投资	调整后分年度投资			
		第 1 年	第 2 年	第 3 年	第 4 年
370 560	338 718	80 992	102 230	85 294	70 202

12.3.2.2 年运行费

年运行费指工程运行期每年所需支出的全部运行管理费用。年运行费采用分项详细计算法进行估算,包括材料费、燃料及动力费、修理费、职工薪酬、管理费、其他费用等,各项费用参数取值见 12.2.3 节,经计算本工程经济评价年运行费为 8 709 万元,各项费用见表 12-3-2。

表 12-3-2 年运行费用　　单位:万元

序号	项目	费用
1	材料费	261
2	燃料及动力费	110
3	修理费	2 612
4	职工薪酬合计	2 240
5	管理费	2 464
6	其他费用	522
7	现有工程运行维修费	500
	合计	8 709

12.3.2.3 流动资金

流动资金按年运行费的 10% 估算,为 871 万元。

12.3.2.4 更新改造费用

更新改造费用按金属结构、机电设备固定资产投资的 80% 考虑,为 9 437 万元。该费用投入于工程运行后第 20 年。

12.3.3　效益

12.3.3.1　灌溉效益

下六甲灌区工程灌溉范围内农田种植的主要粮食作物有水稻、甘蔗等,主要经济作物有蔬菜、砂糖橘等水果。

由于干旱缺水,灌区内耕地复种指数偏低。2018 年,灌区内农作物总播种面积为 93 万亩,作物综合复种指数为 1.5。下六甲灌区工程的实施使灌区内水利基础设施得到根本性的改善,规划灌溉面积达 59.5 万亩,播种面积 110.3 万亩,复种指数提高至 1.85,其中水稻播种面积达 18.9 万亩,单产由现状的 300~500 kg/亩提高为 650 kg/亩,为粮食产量和安全提供保障;甘蔗播种面积 16.9 万亩,水源充足后,单产由现状的 4.5~5.5 t/亩提高至 8 t/亩,产量得到保证,促进糖业发展;同时优化种植结构,充分利用水土资源,种植并发展套种名特优水果、蔬菜等高附加值农作物,实现粮食产量和种植业效益大幅度提高。

本工程的效益主要体现在新增或恢复灌溉效益、改善灌溉效益两部分效益。新增或恢复灌溉效益根据不同作物有无灌溉工程亩产量的增加;改善效益主要体现在灌溉保证率由 50%增加至 85%后亩均产量的增加。

不同作物有无灌溉设施亩均产量,根据当地水利部门、农业部门和统计部门调查统计资料及实地调查成果。作物单价采用市场价。水利工程分摊系数根据作物种类不同,取 0.25~0.4,本工程分摊系数取 0.5。

经计算,本工程实施后灌区粮食作物增产约 10 万 t,农业产值增加 16 亿元/年,考虑分摊系数后,本工程年新增灌溉效益约为 4.9 亿元,如表 12-3-3 所示。

表 12-3-3　本工程实施后新增效益情况

序号	作物		播种面积/万亩	产量增加/万 t	产值增加/万元	灌溉效益增加/万元
1	粮食作物	水稻	37.8	8.4	23 463	6 098
2		玉米	7.8	0.9	1 814	930
3		其他	5.2	0.8	1 539	575
4		小计	50.8	10.1	26 816	7 603
5	经济作物	糖料蔗	16.9	50.5	25 242	7 611
6		蔬菜	23.8	32.3	80 793	25 939
7		水果	4.5	5.2	18 331	4 832
8		其他	14.3	2.9	7 173	3 138
9		小计	59.5	90.9	131 539	41 520
	合计		110.3	101.0	158 355	49 123

12.3.3.2　乡镇供水效益

乡镇供水水厂断面新增乡镇供水量 943 万 m³。

乡镇供水效益采用影子水价法,水厂断面水价暂按 1.0 元/m³ 计取,则乡镇供水效益为 943 万元。

12.3.4　国民经济评价指标

采用上述费用和效益计算经济评价指标。经分析计算,本工程的经济内部收益率为 9.11%,大于社会折现率 8%;经济净现值 45 515 万元,大于 0;经济效益费用比 1.12,大于 1。因此,本工程经济可行。

12.3.5　敏感性分析

敏感性分析表明,当投资增加或效益减少 10% 时,经济内部收益率均高于社会折现率 8%;经济净现值大于 0,经济效益费用比大于 1,说明本项目抗风险能力较强。

12.4　资金筹措初步方案

本工程为农田灌排骨干工程,根据《水利产业政策》,本工程属于甲类水利工程,建设资金主要从中央和地方预算内资金、水利建设基金及其他可用于水利建设的财政性资金安排,因此本工程的资金来源为中央和广西壮族自治区。

下六甲灌区位于广西,享受国家西部开发政策。本工程为新建大型灌区,根据"发改农经规〔2019〕2028 号"颁布的《重大水利工程中央预算内投资专项管理办法》,参考百色灌区、驮英水库及灌区工程等工程,建议本项目骨干工程资金筹措方案为:申请中央预算占骨干工程资本金的 60%,为 22.3 亿元;剩余 40% 由广西筹集,约 14.8 亿元。

12.5　财务评价

12.5.1　水价分析

12.5.1.1　现状水价

1.现状农业水价

依据《象州县人民政府关于调整国有水利工程农业水费标准的通知》(象政发〔1996〕11 号),象州县现状灌溉水价为自流灌溉 0.02 ~ 0.025 元/m³,提水灌溉 0.025 ~ 0.03 元/m³。

根据《武宣县农业水价综合改革(石祥河灌区)农业用水价格方案(征求意见稿)》,武宣县粮食作物和经济作物的基准水价分别为 0.007 元/m³、0.045 元/m³,超计划 20% ~ 50% 部分水价分别为 0.011 元/m³、0.068 元/m³,超计划 50% 以上水价分别为 0.014 元/m³、0.09 元/m³。

目前灌区缺乏量水设施,农民节水观念不强,水费征收制度也不完善,导致用水户拖欠水费现象严重,水费收缴率很低,电灌站提水电费由县级财政承担。现状灌区水费征收标准为 30 元/亩,现状亩均用水量约为 600 m³/亩(斗渠口),折算水量价格为 0.05

元/m³。水费主要由各水管站和乡村水管员从各用水户征收。

2. 现状乡镇供水水价

根据调查,象州县乡镇生活水价 1.9~3.8 元/m³。武宣县乡镇生活用水水价 1.2~2.4 元/m³。

现状农村生活用水水价大部分在 0.5~2 元/m³。

12.5.1.2 可承受水价测算

1. 农业灌溉水价

灌区种植结构以水稻、甘蔗、砂糖橘等作物为主,有水灌溉后年亩均综合产值在 4 000 元/亩左右,按以上文件,农民水费承受能力按 5% 计算,为 200 元/亩,农田综合用水定额约 470 m³/亩,则农户可承受水价为 0.43 元/m³(用水户断面),骨干工程末端可承受水价为 0.37 元/m³。

2. 城镇生活可承受水价测算

现状灌区内城镇人均可支配收入为 3.3 万元,年用水费约 200 元,约占年人均可支配收入的 0.6%。考虑经济基数的提高,2018—2035 年受水区人均收入增长速度拟定为 2%,根据预测,2035 年城镇人均可支配收入为 4.5 万元。居民生活用水的经济承受能力水价按水费支出占可支配收入的 0.6% 初步估算,可承受水费为 270 元/(人·年)。设计水平年 2035 年,灌区城镇生活人均年净用水量 55 m³,估算 2035 年可承受单方水价为 4.9 元/m³。扣除水厂运行成本、配水管网费用、污水处理费及少量利润,并参考周边大藤峡等灌区的分析成果,测算骨干工程末端城镇居民经济上可承受原水水价约 1.0 元/m³。

3. 农村生活可承受水价测算

现状灌区内农民人均可支配收入为 1.2 万元,年用水费约 50 元,约占年人均可支配收入的 0.4%。2018—2035 年受水区人均收入增长速度拟定为 2%,根据预测,2035 年农民人均可支配收入为 1.7 万元。

农村生活用水的经济承受能力水价按水费支出占农民人均可支配收入的 0.4% 初步估算,灌区农村生活可承受水费为 68 元/(人·年)。设计水平年 2035 年,灌区农村生活人均年净用水量 33 m³,估算 2035 年可承受水价约 2 元/m³,扣除水厂运行成本、配水管网费用等,并参考周边大藤峡等灌区分析成果,测算骨干工程末端农村居民经济上可承受水价约 0.5 元/m³。

12.5.1.3 单方水成本测算

考虑灌区当地水源及已有工程与本次新建、续建工程是相互依存,共同发挥效益的实际情况,并且灌区建成后将实施灌区所有水利设施统一调度、统一管理,为平抑灌区工程的水价,维持工程良性运行。本次分按新增供水量、总供水量两种方案,对灌区骨干末端单方水成本进行分析。

经计算,以新增供水量为基础分析,单方水总成本 2.98 元/m³,单方水运行成本 1.10 元/m³;以灌区总供水量为基础分析,单方水总成本 0.54 元/m³,单方水运行成本 0.30 元/m³,见表 12-5-1。

表 12-5-1 灌溉单方水成本测算

序号	项目	按新增供水量计算	按总供水量计算
1	总成本费用/万元	11 273	15 475
2	年运行费/万元	4 167	8 564
3	供水量/万 m³	3 779	28 785
4	单方水总成本/(元/m³)	2.98	0.54
5	单方水运行成本/(元/m³)	1.10	0.30

12.5.2 财务初步评价

考虑尽量不增加农民负担,建议农业灌溉按运行成本征收,农村人饮水价按总成本 0.3 元/m³,农村人饮原水水价为 0.54 元/m³,城镇原水水价为 1.0 元/m³,可基本维持灌区工程正常运行。灌区建成后,随着灌区经济不断发展,农民水价承受能力进一步加强,可逐步提高水费征收价格。

12.6 综合评价

采用上述费用和效益计算经济评价指标。经分析计算,本工程的经济内部收益率为 9.11%,大于社会折现率 8%;经济净现值 45 515 万元,大于 0;经济效益费用比 1.12,大于 1。因此,本工程经济可行。

灌溉水价为 0.30 元/m³,农村人饮原水水价为 0.54 元/m³,城镇原水水价为 1.0 元/m³,可基本维持灌区工程正常运行。

参考文献

［1］岳金隆,邢小燕,路豪杰.灌区输水骨干工程设计流量计算方法的研究与思考［J］.水利水电工程设计,2020,39(4):29-30.

［2］汪志农.灌溉排水工程学［M］.2 版.北京:中国农业出版社,2009.

［3］郭元裕.农田水力学［M］.3 版.北京:中国水利水电出版社,1999.

［4］李远华.节水灌溉理论与技术［M］.武汉:武汉水利电力大学出版社,1999.

［5］陈玉民,郭国双.中国主要作物需水量与灌溉［M］.北京:水利电力出版社,1995.

［6］叶秉如.水利计算及水资源规划［M］.北京:中国水利水电出版社,1995.